U0252508

计算电磁学要论

（第三版）

盛新庆　著

科学出版社

北　京

内 容 简 介

本书以剖析典型电磁问题求解过程的方式，对计算电磁学近六十年来的重要成果进行了简明扼要的总结和论述，全书共 5 章。第 1 章讲述电磁规律的各种数学表述，为后续各章的基础；第 2~4 章分别讲述矩量法、有限元法、时域有限差分法，为计算电磁学的核心内容；第 5 章讲述混合法，为前述各章内容的灵活运用。

本书可作为研究生教材，也可供从事电磁场理论和数值计算的研究生、教师、科技工作者阅读参考，还可供电磁场应用(如天线、微波电路)等领域的科技工作者参考。

图书在版编目(CIP)数据

计算电磁学要论/盛新庆著. —3 版. —北京：科学出版社, 2018.5
ISBN 978-7-03-057369-8

Ⅰ. ①计… Ⅱ. ①盛… Ⅲ. ①电磁计算 Ⅳ. ①TM15

中国版本图书馆 CIP 数据核字(2018) 第 094565 号

责任编辑：刘凤娟／责任校对：杨 然
责任印制：吴兆东／封面设计：无极书装

科学出版社 出版
北京东黄城根北街 16 号
邮政编码：100717
http://www.sciencep.com

北京虎彩文化传播有限公司 印刷

科学出版社发行 各地新华书店经销

*

2004 年 2 月第 一 版 2022 年 1 月第四次印刷
2008 年 9 月第 二 版 开本：720 × 1000 B5
2018 年 5 月第 三 版 印张：14 1/2 插页：3
字数：280 000

定价：98.00 元

(如有印装质量问题，我社负责调换)

第 三 版 序

本书第二版距今近十年。经过这十年，电磁计算能力已显著提升。促成计算能力提升的因素很多，但最为重要的因素有两个：①区域分解算法取得突破性进展；②高性能计算平台飞跃发展。第一点在第二版中毫无阐述；第二点虽有阐述，但也已不合时宜。这是再版此书最重要的原因。新版中修订了 2.1.12 小节并行技术，并将此小节名称改为“高性能计算技术”，增加了区域分解矩量法、区域分解有限元方法、区域分解合元极方法，扼要反映了这两个方面的主要成果与进展。另外，为了更加鲜明地突出本书特点 —— 要其当要、略其当略，此版略去了第二版中现在看来并不重要或讨论不够深入的一些内容：2.2.4 小节单积分方程的数值性能及实现、2.4 节二维半物体的散射、3.4 节点边元。经过这 10 年，作者对有些问题的理解也有变化，这些反映在 3.1.1 小节泛函变分表达式、4.1.2 小节完全匹配吸收层的修订中。除此之外，此版还增加了一些习题，以便作为研究生教材使用。

盛新庆

2017 年 8 月于北京

第 二 版 序

此版《计算电磁学要论》作了些修订和增补。修订之处很多，这里不一一列举。着重指出两处：第 1 章中的均匀介质目标单积分方程表述与讨论；第 4 章中的完全匹配吸收层数值实现。增补内容主要有：第 1 章中的非均匀介质积分方程讨论；第 2 章中的金属目标散射场相位的计算、散射场计算结果的校验、快速计算中的并行技术、均匀介质单积分方程的数值实现及性能讨论；第 3 章中的点边元和高阶有限元；第 5 章中的混合高频渐近法与全波数值方法。除此之外，还增加了一个关键词索引。

盛新庆

2007 年 8 月于北京

第一版序

盛新庆博士乃中国科技大学徐善驾教授之高足。在科大得博士学位以后，即赴美国伊利诺伊大学任博士后，任职于国际著名的电磁所，在权威教授 J.M.Jin, Weng Chew 的指导下深入研究电磁理论及计算方法，随后往香港城市大学与容启宁教授共同研究电磁计算方法。他因此能深入了解电磁计算学各家的奥秘，并叠积各派之长，在电磁计算学的领域内，是一个难得的专才。该书是盛博士集三家学派的精华所完成的著作。其优点不仅在其内容广泛，能深入浅出，更可贵的是因为作者曾是数位大师级教授的重量级的研究骨干，所以对电磁计算学有其特殊的悟性，上至基本原则，下至编程序的细节，他都能了如指掌。毕竟一本工程的著作是有别于数学类的著作。书中的方程及函数只求合理推导而不讲究数学分析。重要的是这些方程和函数必须经过计算实验以确定其可应用性。就因为该书的作者是一个实干出身的学者，读者可放心地应用该书中的每一个方程或函数，因为它是作者亲身试用过的产物。该书诚可作为初入此行者的指引，并可减少他们走冤枉路的风险。本人专此为盛博士祝贺该书的出版。

梅冠香

Life Fellow of IEEE

美国加州大学伯克利分校教授

香港城市大学讲座教授

2003 年 11 月于香港

前 言

计算电磁学自20世纪60年代兴起，至今近六十年。虽文献浩瀚，所述问题各异，然体例相仿：先述麦克斯韦方程的离散化，再述程序实现的数值结果。盖此二端实为计算电磁学之精要。不离散化，计算机无法运行；无程序实现的数值结果，无法令人信服。就离散化这一端而言，虽计算电磁学文献繁杂，然离散方法不出三种：矩量法、有限元法、时域有限差分法。这三种方法离散机制不同，数值性能也绝异。简而言之，离散积分方程形式者为矩量法，离散泛函变分形式者为有限元法，直接离散麦克斯韦方程者为时域有限差分法。对这三种方法，已有不少专著进行了总结，然大多是对某一方法进行叙述，通而论之者少。即便有之，或由于出版年份过早未能对近年成果进行总结，或由于体例之故未能简而要。就程序实现这一端而言，现有论著往往只是给出最终的数值结果。对如何将离散化数学表达式转化成计算机程序，程序运行的数值性能如何，论之者少之又少，此实乃计算电磁学之缺憾也。因为将离散化数学表达式转化成正确运行的计算机程序并非想象中的那么容易，实际上计算电磁学每一项工作的大部分时间都在这一步上。而且，讲究、技巧颇多，程序效率精度往往因人而异。固然这一步工作，通则少，经验多，很难提炼。然细思之，通过典型案例的分析，还是能达到举一反三的目的。至于论著中数值性能论述的普遍缺少，更是使阅者往往对方法的认识止于皮相。兹就新庆在计算电磁学多年研究体会并参考已有文献，以典型案例细致彻底剖析的方式，对计算电磁学中的三种方法并而述之，成此一书。以期初学者阅后，既能尽快上手工作，又能对此学科有一全貌的了解。

本书以典型电磁领域实际问题为中心，从解决问题中引出方法；在解决问题中详述方法原理、增效技术、运用技巧、实现程序；从求解结果中论述方法的计算性能。至于方法在其他问题中的推广应用，严格的数学证明，本书只指出其参考文献，不作仔细论述。

盛新庆

2018 年 5 月于北京

目　　录

第 1 章　电磁规律的数学表述

电磁规律有多种数学表述形式，虽原则上等价，然数值性能绝异。本章着重阐述电磁规律的三种数学表述形式：矢量偏微分方程组、矢量波动方程和矢量积分方程，它们分别是时域有限差分法、有限元法和矩量法的基础。

1.1　电磁场的确定性矢量偏微分方程组

一个电磁问题的确定性矢量偏微分方程组应由三部分组成：麦克斯韦方程组，介质本构关系，求解域的边界条件。下面依次叙述。

1.1.1　麦克斯韦方程组

麦克斯韦在安培、法拉第等的基础上，通过引入位移电流，建立了如下完整表述电磁规律的方程组：

$$\nabla \times \boldsymbol{E} + \frac{\partial \boldsymbol{B}}{\partial t} = 0 \quad (\text{法拉第定律}) \tag{1.1}$$

$$\nabla \times \boldsymbol{H} - \frac{\partial \boldsymbol{D}}{\partial t} = \boldsymbol{J} \quad (\text{麦克斯韦–安培定律}) \tag{1.2}$$

$$\nabla \cdot \boldsymbol{D} = \rho \quad (\text{电位移高斯定律}) \tag{1.3}$$

$$\nabla \cdot \boldsymbol{B} = 0 \quad (\text{磁感应高斯定律}) \tag{1.4}$$

一般说来，方程左边中的量为描述电磁场的物理量，其中，$\boldsymbol{E}$ 为电场强度 $(\mathrm{V \cdot m^{-1}})$，$\boldsymbol{D}$ 为电位移矢量 $(\mathrm{C \cdot m^{-2}})$，$\boldsymbol{H}$ 为磁场强度 $(\mathrm{A \cdot m^{-1}})$，$\boldsymbol{B}$ 为磁感应强度 $(\mathrm{Wb \cdot m^{-2}})$；右边为激励电磁场的源项，其中，$\boldsymbol{J}$ 为电流强度 $(\mathrm{A \cdot m^{-2}})$，$\rho$ 为电荷密度 $(\mathrm{C \cdot m^{-3}})$。由电荷守恒可写出电流连续性方程：

$$\nabla \cdot \boldsymbol{J} = -\frac{\partial \rho}{\partial t} \tag{1.5}$$

将方程 (1.1) 两边同取散度便可得方程 (1.4)；将方程 (1.2) 两边同取散度并结合方程 (1.5) 便可得方程 (1.3)，因此不难看出上述五个方程只有三个是独立的。这三个独立方程也并非在解决具体问题上都有用，而且对于不同问题的求解，方程的选择也有所不同。譬如，对于静电问题我们往往只用 (1.1)、(1.3) 两个方程，因为此问题中磁场不存在，其他方程实际上是毫无意义的；对于静磁问题我们往往只用 (1.2) 和 (1.3) 两个方程，因为此问题中电场不存在，其他方程也就毫无意义；对于时变电流、时变等效电流或时变等效磁流产生的电磁波问题，我们往往用 (1.1) 和 (1.2) 两个方程，因为其他方程并不能给我们求解 $\boldsymbol{E}$、$\boldsymbol{H}$、$\boldsymbol{D}$、$\boldsymbol{B}$ 提供帮助。很明显，这些方程并不足以确定未知物理量。以电磁波问题为例，矢量方程 (1.1) 和 (1.2) 只能给出 6 个标量方程，远不足以确定 $\boldsymbol{E}$、$\boldsymbol{H}$、$\boldsymbol{D}$、$\boldsymbol{B}$ 所含的 12 个未知标量。因此要确定未知量，我们还必须提供其他关系，这便是 1.1.2 小节要讲述的介质**本构关系**，即 $\boldsymbol{D}$、$\boldsymbol{B}$ 和 $\boldsymbol{E}$、$\boldsymbol{H}$ 的关系，$\boldsymbol{J}$ 和 $\boldsymbol{E}$ 的关系。

1.1.2　介质本构关系

介质本构关系通常是由试验确定或根据介质的微观结构推导而得。一般来说，对于很多介质，它们的本构关系都可写成

$$\boldsymbol{D} = \varepsilon \boldsymbol{E} \tag{1.6}$$

$$\boldsymbol{B} = \mu \boldsymbol{H} \tag{1.7}$$

$$\boldsymbol{J} = \sigma \boldsymbol{E} \tag{1.8}$$

这里，ε、μ 和 σ 分别称为介电常数 ($\mathrm{F \cdot m^{-1}}$)、磁导率 ($\mathrm{H \cdot m^{-1}}$) 和电导率 ($\mathrm{S \cdot m^{-1}}$)。如果介质中这些本构参数随空间位置而变，则此类介质称为非均匀介质，反之，则为均匀介质；如果介质中这些本构参数是随频率而变化的函数，则此类介质称**色散介质**，如等离子体、水、生物肌体组织和雷达吸波材料，反之，则为非色散介质；如果介质中这些本构参数是张量形式，则此类介质称为**各向异性介质**，如等离子体的介电常数，铁氧体中的磁导率等都是张量。当然也有些介质的本构关系更复杂，不能写成方程 (1.6)~ 方程 (1.8) 的形式，如**手征介质**，这种介质中的电位移矢量不仅与电场强度有关，而且还与磁场强度有关；磁感应强度不仅与磁场强度有关，也与电场强度有关。鉴于本书所限范围，在此就不详述了。有了上述介质的本构关系，如果本构参数不随时间变化，确定电磁波的方程 (1.1) 和方程 (1.2) 便可简化为

$$\nabla \times \boldsymbol{E} = -\mu \frac{\partial \boldsymbol{H}}{\partial t} \tag{1.9}$$

$$\nabla \times \boldsymbol{H} = \varepsilon \frac{\partial \boldsymbol{E}}{\partial t} + \boldsymbol{J} \tag{1.10}$$

1.1.3　求解域的边界条件

有了描述电磁规律的麦克斯韦方程组以及反映介质特征的本构关系，还不足以确定电磁场。要确定电磁场，还须给出求解域的边界条件。边界条件多种多样，

因问题而异。下面列举几种常见的边界条件。在电磁领域中，很多闭域问题的求解域边界都是金属，如腔本征值问题、金属体的散射问题等。如果视金属为理想电导体，那么此类问题的边界条件就可写成

$$\boldsymbol{n} \times \boldsymbol{E} = 0 \tag{1.11}$$

或

$$\boldsymbol{n} \times \boldsymbol{\nabla} \times \boldsymbol{H} = 0 \tag{1.12}$$

这里，$\boldsymbol{n}$ 是边界的单位法向矢量。数学上常称式 (1.11) 为**第一类边界条件**，为未知量，在边界为已知固定值；称式 (1.12) 为**第二类边界条件**，为未知量的导数，在边界为已知固定值。在某些问题中，可将边界等效地视为理想磁导体，此时便有

$$\boldsymbol{n} \times \boldsymbol{H} = 0 \tag{1.13}$$

或

$$\boldsymbol{n} \times \boldsymbol{\nabla} \times \boldsymbol{E} = 0 \tag{1.14}$$

与闭域问题不同，开域问题 (如辐射和散射问题) 的边界条件通常不能写成第一类或第二类边界条件，而是**第三类边界条件**。这类边界为未知量和未知量的导数在边界的确定关系。例如，自由空间的辐射和散射问题，其无限远处的边界条件为

$$\lim_{r\to\infty} r \left[\boldsymbol{\nabla} \times \begin{pmatrix} \boldsymbol{E} \\ \boldsymbol{H} \end{pmatrix} + \mathrm{j}k_0 \hat{\boldsymbol{r}} \times \begin{pmatrix} \boldsymbol{E} \\ \boldsymbol{H} \end{pmatrix}\right] = 0 \tag{1.15}$$

这里，$r = \sqrt{x^2+y^2+z^2}$。这也就是我们通常所说的**索末菲辐射条件**。实际上，根据具体问题的实际情况，以简化问题为目的而推导出各种各样的第三类边界条件。例如，将海洋、地表等有耗介质视为阻抗边界；根据散射场特征导出的局域吸收边界条件；根据波导传输模式导出的吸收边界条件。限于本书所定范围，在此就不详述了。有兴趣的读者，可在文献 [1] 中了解阻抗边界条件，在文献 [2] 的 11.7~11.9 节中了解局域吸收边界条件，在文献 [3] 中了解由波导模式导出的吸收边界条件。

1.1.4 频域中的麦克斯韦方程

前面 3 小节讲述了确定任意时变电磁场的麦克斯韦方程组、本构关系以及边界条件。实际上，在很多时候我们只关心单一频率电磁场，即**正弦电磁场**的特征；或者为了简化问题，我们先研究正弦电磁场的特征，然后通过傅里叶逆变换得到任意时变电磁场的特征。对于正弦电磁场，便可表示成一个与时间无关的复矢量和一

个约定时因子 $\mathrm{e}^{\mathrm{j}\omega t}$ 相乘，这里 ω 是角频率。这样方程 (1.9) 和方程 (1.10) 便可简化为

$$\nabla\times\boldsymbol{E}=-\mathrm{j}\omega\mu\boldsymbol{H} \tag{1.16}$$

$$\nabla\times\boldsymbol{H}=\mathrm{j}\omega\varepsilon\boldsymbol{E}+\boldsymbol{J} \tag{1.17}$$

上式中已略去了约定时因子 $\mathrm{e}^{\mathrm{j}\omega t}$。为了使上述方程有更明确的物理意义，引入包括位移电流和位移磁流的广义电磁流概念。在这种概念下，感应电磁流便可写成

$$\boldsymbol{J}'=(\sigma+\mathrm{j}\omega\varepsilon)\boldsymbol{E}=y\boldsymbol{E} \tag{1.18}$$

$$\boldsymbol{M}=\mathrm{j}\omega\mu\boldsymbol{H}=z\boldsymbol{H} \tag{1.19}$$

这里，参数 y 与单位长度导纳有相同量纲，称其为**导纳率**；参数 z 与单位长度阻抗有相同量纲，称其为**阻抗率**。这样上述方程便可统一地理解成：电场是由变化磁流产生的，磁场是由变化电流产生的。更具体些，将感应电磁流与外加电磁流 (即源) 分开，上述方程便可写成

$$-\nabla\times\boldsymbol{E}=z\boldsymbol{H}+\boldsymbol{M}^{\mathrm{i}} \tag{1.20}$$

$$-\nabla\times\boldsymbol{H}=y\boldsymbol{E}+\boldsymbol{J}^{\mathrm{i}} \tag{1.21}$$

这里，z 和 y 代表了介质的特征，而 $\boldsymbol{J}^{\mathrm{i}}$ 和 $\boldsymbol{M}^{\mathrm{i}}$ 分别表示外加电流和磁流。方程 (1.20) 和方程 (1.21) 是我们常用的描述正弦电磁场的方程，经常也被称作**频域中的麦克斯韦方程**。

1.1.5　唯一性定理

我们已经说明，在给出介质的本构关系以及求解域的边界条件后，就可以求解麦克斯韦方程，确定出电磁场的分布和变化。在本节，我们将进一步说明在何种边界条件下，电磁场是唯一的。下面以频域中的电磁场为例来说明。至于时域中的电磁场的唯一性条件可仿照此节内容进行获得，也可参阅文献 [4]。

假设被曲面 S 包围的区域里有一组激励源 $\boldsymbol{J}$ 和 $\boldsymbol{M}$。这组激励源产生的场一定满足方程 (1.20) 和方程 (1.21)。假设此问题有两组解 $\boldsymbol{E}^{\mathrm{a}}, \boldsymbol{H}^{\mathrm{a}}$ 和 $\boldsymbol{E}^{\mathrm{b}}, \boldsymbol{H}^{\mathrm{b}}$，则它们的差记为

$$\delta\boldsymbol{E}=\boldsymbol{E}^{\mathrm{a}}-\boldsymbol{E}^{\mathrm{b}} \tag{1.22}$$

$$\delta\boldsymbol{H}=\boldsymbol{H}^{\mathrm{a}}-\boldsymbol{H}^{\mathrm{b}} \tag{1.23}$$

将解 a 满足的方程减去解 b 满足的方程便得

$$\nabla\times\delta\boldsymbol{E}=-z\delta\boldsymbol{H} \tag{1.24}$$

$$\nabla \times \delta \boldsymbol{H} = y \delta \boldsymbol{E} \tag{1.25}$$

将式 (1.24) 乘以 $\delta \boldsymbol{H}^*$，再将式 (1.25) 先取共轭后乘以 $\delta \boldsymbol{E}$，最后将所得方程式相减得

$$\delta \boldsymbol{E} \cdot \nabla \times \delta \boldsymbol{H}^* - \delta \boldsymbol{H}^* \cdot \nabla \times \delta \boldsymbol{E} = z\,|\delta \boldsymbol{E}|^2 + y^* |\delta \boldsymbol{H}|^2 \tag{1.26}$$

由矢量恒等式可知上式左边为 $-\nabla \cdot (\delta \boldsymbol{E} \times \delta \boldsymbol{H}^*)$，这样便有

$$\nabla \cdot (\delta \boldsymbol{E} \times \delta \boldsymbol{H}^*) + z\,|\delta \boldsymbol{E}|^2 + y^* |\delta \boldsymbol{H}|^2 = 0 \tag{1.27}$$

对上式在 S 所围区域作积分，并利用高斯散度定律，可得

$$\oint (\delta \boldsymbol{E} \times \delta \boldsymbol{H}^*) \cdot \mathrm{d}S + \int \left(z\,|\delta \boldsymbol{E}|^2 + y^* |\delta \boldsymbol{H}|^2 \right) \mathrm{d}\tau = 0 \tag{1.28}$$

如果式 (1.28) 中的面积分项为零，那么体积分项也一定为零。于是便有

$$\int \left[\mathrm{Re}(z)\,|\delta \boldsymbol{E}|^2 + \mathrm{Re}(y) |\delta \boldsymbol{H}|^2 \right] \mathrm{d}\tau = 0 \tag{1.29}$$

$$\int \left[\mathrm{Im}(z)\,|\delta \boldsymbol{E}|^2 - \mathrm{Im}(y) |\delta \boldsymbol{H}|^2 \right] \mathrm{d}\tau = 0 \tag{1.30}$$

对于有耗介质，$\mathrm{Re}(z)$ 和 $\mathrm{Re}(y)$ 是正数。因此如果介质中处处有耗，不论多么小，方程 (1.29) 只有在处处 $\delta \boldsymbol{E} = \delta \boldsymbol{H} = 0$ 时成立。对于无耗介质，我们可以看出，只要域中所储电能和所储磁能相等，方程 (1.30) 便能成立。这意味着，在谐振情形，电磁场不唯一。这种不唯一给数值计算带来了一定的困难，例如，矩量法中的内谐振问题。它的具体情形、解决办法将在第 2 章讲述。

根据上面论述，我们可得下面**唯一性定律**：对于有耗介质，如果区域边界的切向电场确定，或切向磁场确定，或部分切向电场确定，部分切向磁场确定，那么此区域中的电磁场是唯一确定的。对于无耗介质，存在无数谐振解。

1.2 电磁场的矢量波动方程

前述电磁规律的描述方程，不论是时域中的方程 (1.9) 和方程 (1.10)，还是频域中的方程 (1.20) 和方程 (1.21)，都是由两个方程组成的方程组形式，同时含有两个未知矢量 $\boldsymbol{E}$ 和 $\boldsymbol{H}$。这一节将设法消除一个未知矢量，将两个方程组成的方程组转化成一个方程。这里还是以频域中的方程 (1.20) 和方程 (1.21) 为例来讲述。为了消除方程 (1.20) 中的未知矢量 $\boldsymbol{H}$，可先将方程两边同除以 z 再同取旋度，然后利用式 (1.21) 便得

$$\nabla \times \left(\frac{1}{z} \nabla \times \boldsymbol{E} \right) + y \boldsymbol{E} = -\boldsymbol{J}^{\mathrm{i}} - \nabla \times \left(\frac{1}{z} \boldsymbol{M}^{\mathrm{i}} \right) \tag{1.31}$$

同样，将方程 (1.21) 两边同除以 y，再取旋度，然后代入式 (1.20) 便得

$$\nabla\times\left(\frac{1}{y}\nabla\times\boldsymbol{H}\right)+z\boldsymbol{H}=-\boldsymbol{M}^{\mathrm{i}}+\nabla\times\left(\frac{1}{y}\boldsymbol{J}^{\mathrm{i}}\right) \tag{1.32}$$

方程 (1.31) 和方程 (1.32) 称为非均匀**矢量波动方程**。在均匀介质中，方程 (1.31) 和方程 (1.32) 可简化为

$$\nabla\times(\nabla\times\boldsymbol{E})-k^2\boldsymbol{E}=-z\boldsymbol{J}^{\mathrm{i}}-\nabla\times\boldsymbol{M}^{\mathrm{i}} \tag{1.33}$$

$$\nabla\times(\nabla\times\boldsymbol{H})-k^2\boldsymbol{H}=-y\boldsymbol{M}^{\mathrm{i}}+\nabla\times\boldsymbol{J}^{\mathrm{i}} \tag{1.34}$$

这里，$k=\sqrt{-zy}$ 被称为介质中的波数。

1.3　电磁场的矢量积分方程

积分方程的形式因问题而异，但大体可用一种模式来建立，即先用等效原理将问题分成规则和不规则两部分，然后解析求解出规则部分，最后利用规则部分的解建立未知等效源在不规则部分的方程。下面讲述如何建立自由空间中物体散射的积分方程，以说明建立积分方程的方法。我们先阐述分解问题的等效原理，再讲述源在自由空间中产生的场，即自由空间中麦克斯韦方程的解，最后按三类不同的物体：金属体、均匀介质体和非均匀介质体，分别建立描述它们的积分方程。

1.3.1　等效原理 [5]

等效原理是由唯一性定律引申而来的，它的一个重要用途就是告诉我们如何分解问题才能保证与原问题一致。等效原理形式多种多样，下面主要介绍三种形式。如图 1-1(a) 所示，S 是一个虚构的边界面，其内有源且介质非均匀，其外无源且介质均匀。显然，这是一个源在非均匀介质中产生场的复杂问题。如果我们只关心 S 外的场，那么便可将此问题等效成一个只有在 S 上有源的规则问题，此问题的解与原问题的解在 S 外是一样的。这有下面三种等效形式。

第一种形式是如图 1-1(b) 所示，假设 S 内的场为零，S 上有一组等效源 $\boldsymbol{J}_s$ 和 $\boldsymbol{M}_s$，它们满足

$$\boldsymbol{M}_s=\boldsymbol{E}\times\boldsymbol{n} \tag{1.35}$$

$$\boldsymbol{J}_s=\boldsymbol{n}\times\boldsymbol{H} \tag{1.36}$$

由边界连续性条件可知，此等效问题中 S 外的场在边界 S 的切向上与原问题是一样的。根据唯一性定律可知此问题的解与原问题的解在 S 外一样。又因为等效问题中 S 内的场为零，所以我们可以进一步假设 S 内是均匀介质，且与 S 外相同。

这样原问题便等效成一个 S 上的一组等效源 $\boldsymbol{J}_s$ 和 $\boldsymbol{M}_s$ 在均匀介质中产生场的问题。这是一个规则问题，1.3.2 节将给出解析解，这是一种常用的等效形式，又称为**惠更斯原理**。注意，此等效形式既需等效电流源，又需等效磁流源，除此无法保证既要 S 内的场为零，又要 S 外的场在边界 S 上与原问题一样。

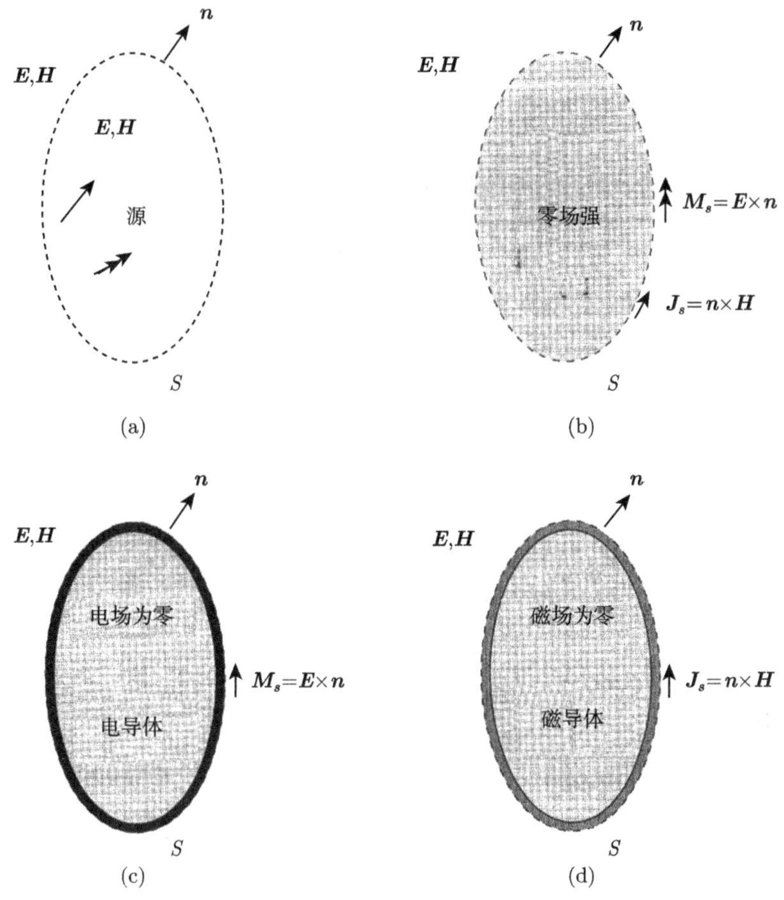

图 1-1　等效原理示意图

与第一种形式不同，第二种等效形式是假设 S 内为理想电导体，从而保证 S 内的电场为零，如图 1-1(c) 所示。这样便可只需 S 上的等效磁流源 $\boldsymbol{M}_s$ 来保证 S 外的场与原问题是一样的。如果 $\boldsymbol{M}_s$ 满足

$$\boldsymbol{M}_s = \boldsymbol{E} \times \boldsymbol{n} \tag{1.37}$$

由边界连续性条件可知，此等效问题 S 外的电场在边界 S 的切向上与原问题是一样的。根据唯一性定律得到此问题的解与原问题的解在 S 外一样。这样原问题便等效成一个理想电导体上等效磁流源 $\boldsymbol{M}_s$ 产生场的问题。如果我们选择 S 为规则

形状 (如球)，此问题的解也能解析给出。

第三种等效形式与第二种等效形式相似，只是将理想电导体换成理想磁导体，如图 1-1(d) 所示，那样便可只需 S 上的等效电流源 $\boldsymbol{J}_s$ 来保证 S 外的场与原问题是一样的。如果 $\boldsymbol{J}_s$ 满足

$$\boldsymbol{J}_s = \boldsymbol{n} \times \boldsymbol{H} \tag{1.38}$$

由边界连续性条件可知，此等效问题 S 外的磁场在边界 S 的切向上与原问题是一样的。根据唯一性定律得到此问题的解与原问题的解在 S 外一样。这样原问题便等效成一个理想磁导体上等效电流源 $\boldsymbol{J}_s$ 产生场的问题。如果我们选择 S 为规则形状 (如球)，此问题的解也能解析给出。

1.3.2　自由空间中麦克斯韦方程的解 [6]

源在自由空间中产生的场可通过求解麦克斯韦方程解析表达出来。下面就以电流源为例，讲述如何通过引入矢量势函数和标量势函数，求解麦克斯韦方程。因为在自由空间中有下面方程：

$$\boldsymbol{\nabla} \cdot \boldsymbol{H} = 0 \tag{1.39}$$

根据矢量恒等式 $\boldsymbol{\nabla} \cdot \boldsymbol{\nabla} \times \boldsymbol{A} = 0$，可以定义**矢量势**$\boldsymbol{A}$，使

$$\boldsymbol{H} = -\boldsymbol{\nabla} \times \boldsymbol{A} \tag{1.40}$$

将上式代入式 (1.16) 便有

$$\boldsymbol{\nabla} \times (\boldsymbol{E} - \mathrm{j}\omega\mu\boldsymbol{A}) = 0 \tag{1.41}$$

注意，任何梯度场的旋度为零，即有矢量恒等式 $\boldsymbol{\nabla} \times \boldsymbol{\nabla}\phi = 0$，因而，为表达电场 $\boldsymbol{E}$，需再引入一个**标量势**ϕ，这样 $\boldsymbol{E}$ 便可表达为

$$\boldsymbol{E} - \mathrm{j}\omega\mu\boldsymbol{A} = \boldsymbol{\nabla}\phi \tag{1.42}$$

将式 (1.40) 和式 (1.42) 代入式 (1.17) 便有

$$\boldsymbol{\nabla} \times \boldsymbol{\nabla} \times \boldsymbol{A} - k^2\boldsymbol{A} = -\boldsymbol{J} + \mathrm{j}\omega\varepsilon\boldsymbol{\nabla}\phi \tag{1.43}$$

这里，$k = \omega\sqrt{\mu\varepsilon}$。使用矢量恒等式，式 (1.43) 可改写为

$$\boldsymbol{\nabla}(\boldsymbol{\nabla} \cdot \boldsymbol{A}) - \boldsymbol{\nabla}^2\boldsymbol{A} - k^2\boldsymbol{A} = -\boldsymbol{J} + \mathrm{j}\omega\varepsilon\boldsymbol{\nabla}\phi \tag{1.44}$$

显然，$\boldsymbol{A}$ 不能由关系式 (1.40) 唯一确定。要确定 $\boldsymbol{A}$ 还需给出 $\boldsymbol{\nabla} \cdot \boldsymbol{A}$。为求解方便，这里我们选择

$$\boldsymbol{\nabla} \cdot \boldsymbol{A} = \mathrm{j}\omega\varepsilon\boldsymbol{\nabla}\phi \tag{1.45}$$

于是方程 (1.44) 便简化为只是含有矢量势 $\boldsymbol{A}$ 的矢量偏微分方程：

$$\nabla^2\boldsymbol{A}+k^2\boldsymbol{A}=\boldsymbol{J} \tag{1.46}$$

这便是**矢量亥姆霍兹方程**。通过对方程 (1.43) 取散度，以及利用式 (1.45)，便可得到关于标量势的标量亥姆霍兹方程：

$$\nabla^2\phi+k^2\phi=\frac{1}{\mathrm{j}\omega\varepsilon}\nabla\cdot\boldsymbol{J} \tag{1.47}$$

此时引入矢量势 $\boldsymbol{A}$ 的意义便可看出，因为在某些正交曲线坐标系下，矢量亥姆霍兹方程可简化为标量亥姆霍兹方程。在直角坐标系下有

$$\nabla^2A_x+k^2A_x=J_x \tag{1.48}$$

$$\nabla^2A_y+k^2A_y=J_y \tag{1.49}$$

$$\nabla^2A_z+k^2A_z=J_z \tag{1.50}$$

这里，A_x, A_y, A_z 和 J_x, J_y, J_z 是 $\boldsymbol{A}$ 和 $\boldsymbol{J}$ 在直角坐标系下的分量。因为标量亥姆霍兹方程的格林函数为

$$G(\boldsymbol{r}|\boldsymbol{r}')=-\frac{\mathrm{e}^{-\mathrm{j}k|\boldsymbol{r}-\boldsymbol{r}'|}}{4\pi|\boldsymbol{r}-\boldsymbol{r}'|} \tag{1.51}$$

这里，$\boldsymbol{r}'$ 代表源点位置，$\boldsymbol{r}$ 代表场点位置，这样便有

$$\boldsymbol{A}(\boldsymbol{r})=-\int\boldsymbol{J}(\boldsymbol{r}')G(\boldsymbol{r}|\boldsymbol{r}')\mathrm{d}\tau' \tag{1.52}$$

标量势 ϕ 可由式 (1.45) 直接得到

$$\phi(\boldsymbol{r})=\frac{1}{\mathrm{j}\omega\varepsilon}\nabla\cdot\boldsymbol{A}(\boldsymbol{r}) \tag{1.53}$$

也可通过求解式 (1.47) 得到

$$\phi(\boldsymbol{r})=-\frac{1}{\mathrm{j}\omega\varepsilon}\int\nabla'\cdot\boldsymbol{J}(\boldsymbol{r}')G(\boldsymbol{r}|\boldsymbol{r}')\mathrm{d}\tau' \tag{1.54}$$

于是电场 $\boldsymbol{E}$ 便有两种表达式：一种是将式 (1.52) 和式 (1.53) 代入式 (1.42) 得

$$\boldsymbol{E}=-\mathrm{j}\omega\mu\int\left[1+\frac{1}{k^2}\nabla\nabla\cdot\right]\boldsymbol{J}G\mathrm{d}\tau' \tag{1.55}$$

另一种是将式 (1.52) 和式 (1.54) 代入式 (1.42) 得

$$\boldsymbol{E}=-\mathrm{j}\omega\mu\int\left[\boldsymbol{J}+\frac{1}{k^2}\nabla(\nabla'\cdot\boldsymbol{J})\right]G\mathrm{d}\tau' \tag{1.56}$$

注意，这两种表达式不相同。前者的两个 ∇ 算子都是对场点 $\boldsymbol{r}$，即都是作用在格林函数 G 上，导致积分核奇异点阶次很高。然而由于等效源无须被作用，在某些条件下，如计算远场，能化简得到简明的表达式，因而此表达形式一般用于计算远场。后者的两个 ∇ 算子，一个对场点 $\boldsymbol{r}$，作用在格林函数 G 上；一个对源点 $\boldsymbol{r}'$，作用在等效源上，因而积分核奇异点阶次低于前者，一般用于计算近场。再将式 (1.52) 代入式 (1.40)，便有

$$\boldsymbol{H} = -\int \boldsymbol{J} \times \nabla G \mathrm{d}\tau' \tag{1.57}$$

为了以后书写简洁，我们引入下面两个积分微分算子 $\boldsymbol{L}, \boldsymbol{K}$，分别定义为

$$\boldsymbol{L}(\boldsymbol{X}) = -\mathrm{j}k \int \left[\boldsymbol{X} + \frac{1}{k^2} \nabla(\nabla' \cdot \boldsymbol{X}) \right] G \mathrm{d}\tau' \tag{1.58}$$

$$\boldsymbol{K}(\boldsymbol{X}) = -\int \boldsymbol{X} \times \nabla G \mathrm{d}\tau' \tag{1.59}$$

这样电磁场 $\boldsymbol{E}$ 和 $\boldsymbol{H}$ 便可写成

$$\boldsymbol{E} = Z\boldsymbol{L}(\boldsymbol{J}) \tag{1.60}$$

$$\boldsymbol{H} = \boldsymbol{K}(\boldsymbol{J}) \tag{1.61}$$

这里，$Z = \sqrt{\mu/\varepsilon}$。用相同的方法或电磁对偶原理可求出等效磁流产生的电磁场为

$$\boldsymbol{E} = -\boldsymbol{K}(\boldsymbol{M}) \tag{1.62}$$

$$\boldsymbol{H} = \frac{1}{Z}\boldsymbol{L}(\boldsymbol{M}) \tag{1.63}$$

于是根据线性叠加原理，电流和磁流共同产生的电磁场便为

$$\boldsymbol{E} = Z\boldsymbol{L}(\boldsymbol{J}) - \boldsymbol{K}(\boldsymbol{M}) \tag{1.64}$$

$$\boldsymbol{H} = \frac{1}{Z}\boldsymbol{L}(\boldsymbol{M}) + \boldsymbol{K}(\boldsymbol{J}) \tag{1.65}$$

1.3.3 金属体散射问题积分方程的建立

假设有一个电磁波 $\boldsymbol{E}^{\mathrm{i}}, \boldsymbol{H}^{\mathrm{i}}$ 照射到一个边界为 S 的金属体上，此金属体自然会产生散射场。下面便介绍如何建立一个积分方程来求解散射场。在 S 上应用上述等效原理的第一形式便知：散射场可等效为由 S 上的等效源在均匀介质中产生的场。这组等效源满足

$$\boldsymbol{M} = \boldsymbol{E} \times \boldsymbol{n} \tag{1.66}$$

$$\boldsymbol{J} = \boldsymbol{n} \times \boldsymbol{H} \tag{1.67}$$

由于金属体表面的切向电场为零，所以上面的等效磁流源为零。故散射场便可只用等效电流 $\boldsymbol{J}$ 表达:

$$\boldsymbol{E}^{\mathrm{s}} = Z\boldsymbol{L}(\boldsymbol{J}) \tag{1.68}$$

$$\boldsymbol{H}^{\mathrm{s}} = \boldsymbol{K}(\boldsymbol{J}) \tag{1.69}$$

根据总场为入射场与散射场之和可得

$$\boldsymbol{E} = \boldsymbol{E}^{\mathrm{i}} + Z\boldsymbol{L}(\boldsymbol{J}) \tag{1.70}$$

$$\boldsymbol{H} = \boldsymbol{H}^{\mathrm{i}} + \boldsymbol{K}(\boldsymbol{J}) \tag{1.71}$$

根据金属体表面的切向电场为零可得

$$[\boldsymbol{E}^{\mathrm{i}} + Z\boldsymbol{L}(\boldsymbol{J})]|_t = 0 \tag{1.72}$$

方程 (1.71) 两边叉乘 $\boldsymbol{n}$，利用关系式 (1.67) 可得

$$\boldsymbol{J} - \boldsymbol{n} \times \boldsymbol{K}(\boldsymbol{J}) = \boldsymbol{n} \times \boldsymbol{H}^{\mathrm{i}} \tag{1.73}$$

方程 (1.72) 中的符号 $|_t$ 表示切向分量，此方程常被称为**电场积分方程**，因为它是根据电场边界条件建立的。方程 (1.73) 常被称为**磁场积分方程**，因为它是根据磁场边界条件建立的。原则上说，电场积分方程和磁场积分方程是等价的，但从求解角度说，它们有本质的不同。因为电场积分方程 (1.72) 中，未知函数等效电流 $\boldsymbol{J}$ 只出现在算子 $\boldsymbol{L}$ 的积分里，而磁场积分方程 (1.73) 中，$\boldsymbol{J}$ 不仅出现在算子 $\boldsymbol{K}$ 的积分里，而且还出现在积分外，故在数学上它们分属不同的积分类型，前者属**第一类弗雷德霍姆积分方程**，后者属**第二类弗雷德霍姆积分方程**。它们具体的数值性能差异将在第 2 章详述。

1.3.4 均匀介质体散射问题积分方程的建立

本节讲述如何建立求解电磁波 $\boldsymbol{E}^{\mathrm{i}}$, $\boldsymbol{H}^{\mathrm{i}}$ 照射到均匀介质体散射场的积分方程。设背景空间和介质体的介质参数分别为 ε_1、μ_1，ε_2、μ_2。在介质体边界 S 上应用等效原理的第一形式便知: 介质体外的散射场可等效为 S 上的等效源在均匀介质 ε_1, μ_1 中产生的场。这组等效源满足

$$\boldsymbol{M}_1 = \boldsymbol{E}_1 \times \boldsymbol{n}_1 \tag{1.74}$$

$$\boldsymbol{J}_1 = \boldsymbol{n}_1 \times \boldsymbol{H}_1 \tag{1.75}$$

这里，$\boldsymbol{E}_1$, $\boldsymbol{H}_1$ 为介质体外在边界 S 上的场，$\boldsymbol{n}_1$ 为由介质体内指向外的边界法向单位矢量。于是介质体外的散射场便可表达为

$$\boldsymbol{E}^{\mathrm{s}} = Z_1\boldsymbol{L}_1(\boldsymbol{J}_1) - \boldsymbol{K}_1(\boldsymbol{M}_1) \tag{1.76}$$

$$\boldsymbol{H}^{\mathrm{s}} = \frac{1}{Z_1}\boldsymbol{L}_1(\boldsymbol{M}_1) + \boldsymbol{K}_1(\boldsymbol{J}_1) \tag{1.77}$$

这里，$Z_1 = \sqrt{\mu_1/\varepsilon_1}$。根据总场为入射场与散射场之和，可建立如下方程：

$$\boldsymbol{E}_1 - Z_1\boldsymbol{L}_1(\boldsymbol{J}_1) + \boldsymbol{K}_1(\boldsymbol{M}_1) = \boldsymbol{E}^{\mathrm{i}} \tag{1.78}$$

$$\boldsymbol{H}_1 - \frac{1}{Z_1}\boldsymbol{L}_1(\boldsymbol{M}_1) - \boldsymbol{K}_1(\boldsymbol{J}_1) = \boldsymbol{H}^{\mathrm{i}} \tag{1.79}$$

方程 (1.78) 和方程 (1.79) 两边叉乘 $\boldsymbol{n}_1$，并利用关系式 (1.74) 和式 (1.75)，可得

$$-\boldsymbol{M}_1 - \boldsymbol{n}_1 \times [Z_1\boldsymbol{L}_1(\boldsymbol{J}_1) - \boldsymbol{K}_1(\boldsymbol{M}_1)] = \boldsymbol{n}_1 \times \boldsymbol{E}^{\mathrm{i}} \tag{1.80}$$

$$\boldsymbol{J}_1 - \boldsymbol{n}_1 \times \left[\frac{1}{Z_1}\boldsymbol{L}_1(\boldsymbol{M}_1) + \boldsymbol{K}_1(\boldsymbol{J}_1)\right] = \boldsymbol{n}_1 \times \boldsymbol{H}^{\mathrm{i}} \tag{1.81}$$

方程 (1.80) 是根据区域外电场建立的，称为**区域外电场积分方程**；方程 (1.81) 是根据区域外磁场建立的，称为**区域外磁场积分方程**。这两个方程都是描述区域外电磁场的，原则上等价，不独立。因为每个方程都含有两个未知数 $\boldsymbol{J}_1$ 和 $\boldsymbol{M}_1$，故还需另一个方程方可求出这对未知数 $\boldsymbol{J}_1$ 和 $\boldsymbol{M}_1$。这个方程可通过区域内的电磁场得到。由于介质体为均匀体，故介质体内的场也可用一组 S 上的等效源在均匀介质 ε_2, μ_2 中产生场来等效。这组等效源满足

$$\boldsymbol{M}_2 = \boldsymbol{E}_2 \times \boldsymbol{n}_2 \tag{1.82}$$

$$\boldsymbol{J}_2 = \boldsymbol{n}_2 \times \boldsymbol{H}_2 \tag{1.83}$$

这里，$\boldsymbol{E}_2, \boldsymbol{H}_2$ 为介质体内在边界 S 上的场，$\boldsymbol{n}_2$ 为由介质体外指向内的边界法向单位矢量。由于介质体内不存在外加源，故介质体内的电磁场便可表达为

$$\boldsymbol{E}_2 = Z_2\boldsymbol{L}_2(\boldsymbol{J}_2) - \boldsymbol{K}_2(\boldsymbol{M}_2) \tag{1.84}$$

$$\boldsymbol{H}_2 = \frac{1}{Z_2}\boldsymbol{L}_2(\boldsymbol{M}_2) + \boldsymbol{K}_2(\boldsymbol{J}_2) \tag{1.85}$$

这里，$Z_2 = \sqrt{\mu_2\varepsilon_2}$。方程 (1.84) 和方程 (1.85) 两边叉乘 $\boldsymbol{n}_2$，并利用关系式 (1.82) 和式 (1.83) 可得

$$-\boldsymbol{M}_2 = \boldsymbol{n}_2 \times [Z_2\boldsymbol{L}_2(\boldsymbol{J}_2) - \boldsymbol{K}_2(\boldsymbol{M}_2)] \tag{1.86}$$

$$\boldsymbol{J}_2 = \boldsymbol{n}_2 \times \left[\frac{1}{Z_2}\boldsymbol{L}_2(\boldsymbol{M}_2) + \boldsymbol{K}_2(\boldsymbol{J}_2)\right] \tag{1.87}$$

这两个方程分别称为**区域内电场积分方程**和**区域内磁场积分方程**。它们都是描述介质体内电磁场的，原则上等价，不独立。根据介质交界面场的连续性条件可知 $\boldsymbol{J}_1=$

$-\boldsymbol{J}_2$, $\boldsymbol{M}_1=-\boldsymbol{M}_2$。为了书写方便，令 $\boldsymbol{J}_1=\boldsymbol{J}$, $\boldsymbol{M}_1=\boldsymbol{M}$, $\boldsymbol{E}_1=\boldsymbol{E}$, $\boldsymbol{H}_1=\boldsymbol{H}$，$\boldsymbol{n}_1=\boldsymbol{n}$，这样区域外的电场积分方程和磁场积分方程可分别写成

$$\boldsymbol{M}+\boldsymbol{n}\times[Z_1\boldsymbol{L}_1(\boldsymbol{J}_1)-\boldsymbol{K}_1(\boldsymbol{M}_1)]=-\boldsymbol{n}\times\boldsymbol{E}^{\mathrm{i}} \tag{1.88}$$

$$\boldsymbol{J}-\boldsymbol{n}\times\left[\frac{1}{Z_1}\boldsymbol{L}_1(\boldsymbol{M})+\boldsymbol{K}_1(\boldsymbol{J})\right]=\boldsymbol{n}\times\boldsymbol{H}^{\mathrm{i}} \tag{1.89}$$

区域内的电场积分方程和磁场积分方程可分别写成

$$\boldsymbol{M}=-\boldsymbol{n}\times[Z_2\boldsymbol{L}_2(-\boldsymbol{J})-\boldsymbol{K}_2(-\boldsymbol{M})] \tag{1.90}$$

$$\boldsymbol{J}=\boldsymbol{n}\times\left[\frac{1}{Z_2}\boldsymbol{L}_2(-\boldsymbol{M})+\boldsymbol{K}_2(-\boldsymbol{J})\right] \tag{1.91}$$

这样从区域外的两个方程 (1.88) 和 (1.89) 中选出一个，再从区域内的两个方程 (1.90) 和 (1.91) 中选出一个，组成方程组便能确定未知数 $\boldsymbol{J}$ 和 $\boldsymbol{M}$。

上述方式给出的方程组在实际计算中会有问题，这将在第 2 章详述。下面给出另外一个方程组。很简单，将式 (1.88) 减去式 (1.90)，式 (1.89) 减去式 (1.91) 便得

$$\boldsymbol{n}\times[Z_2\boldsymbol{L}_2(-\boldsymbol{J})-\boldsymbol{K}_2(-\boldsymbol{M})-Z_1\boldsymbol{L}_1(\boldsymbol{J})+\boldsymbol{K}_1(\boldsymbol{M})]=\boldsymbol{n}\times\boldsymbol{E}^{\mathrm{i}} \tag{1.92}$$

$$\boldsymbol{n}\times\left[\frac{1}{Z_2}\boldsymbol{L}_2(-\boldsymbol{M})+\boldsymbol{K}_2(-\boldsymbol{J})-\frac{1}{Z_1}\boldsymbol{L}_1(\boldsymbol{M})-\boldsymbol{K}_1(\boldsymbol{J})\right]=\boldsymbol{n}\times\boldsymbol{H}^{\mathrm{i}} \tag{1.93}$$

与上述方程组不同，这个方程组的每个方程式都是由区域内和区域外场共同构成的。在第 2 章我们要阐述为何它有较好的数值性能。这个方程组是由 Poggio, Miller, Chang, Harrington，Wu 共同提出的，因而简称 **PMCHW 方程**。

上面给出的积分方程都是方程组形式，由两个独立方程组成。下面将讲述如何用一个积分方程来确定均匀介质体散射场。我们先用一个新的等效原理形式。与等效原理的第一形式不同，区域外的电磁场不再是零，而是电场与区域内一样，介质仍用区域内介质代替。这样区域内电磁场便可用一个等效电流源 $\boldsymbol{J}_e$ 表达为

$$\boldsymbol{E}^{\mathrm{s}}=Z_2\boldsymbol{L}_2(\boldsymbol{J}_e) \tag{1.94}$$

$$\boldsymbol{H}^{\mathrm{s}}=\boldsymbol{K}_2(\boldsymbol{J}_e) \tag{1.95}$$

因为此时等效磁流源为零，这样介质体内的总场就是

$$\boldsymbol{E}_2=Z_2\boldsymbol{L}_2(\boldsymbol{J}_e) \tag{1.96}$$

$$\boldsymbol{H}_2=\boldsymbol{K}_2(\boldsymbol{J}_e) \tag{1.97}$$

然后与上述建立区域外积分方程一样，可建立方程 (1.80) 和方程 (1.81)。根据连续性条件及式 (1.96) 和式 (1.97)，方程中的等效源可表示成

$$\boldsymbol{M}_1 = \boldsymbol{E}_1 \times \boldsymbol{n}_1 = \boldsymbol{E}_2 \times \boldsymbol{n}_1 = Z_2\boldsymbol{L}_2(\boldsymbol{J}_e) \times \boldsymbol{n}_1 \tag{1.98}$$

$$\boldsymbol{J}_1 = \boldsymbol{n}_1 \times \boldsymbol{H}_1 = \boldsymbol{n}_1 \times \boldsymbol{H}_2 = \boldsymbol{n}_1 \times \boldsymbol{K}_2(\boldsymbol{J}_e) \tag{1.99}$$

将式 (1.98) 和式 (1.99) 代入式 (1.80) 和式 (1.81) 便得

$$\boldsymbol{n} \times [Z_2\boldsymbol{L}_2(\boldsymbol{J}_e) - Z_1\boldsymbol{L}_1(\boldsymbol{n}_1 \times \boldsymbol{K}_2(\boldsymbol{J}_e)) + \boldsymbol{K}_1(Z_2\boldsymbol{L}_2(\boldsymbol{J}_e) \times \boldsymbol{n}_1)] = \boldsymbol{n} \times \boldsymbol{E}^{\mathrm{i}} \tag{1.100}$$

$$\boldsymbol{n} \times \left[\boldsymbol{K}_2(\boldsymbol{J}_e) - \frac{1}{Z_1}\boldsymbol{L}_1(Z_2\boldsymbol{L}_2(\boldsymbol{J}_e) \times \boldsymbol{n}_1) - \boldsymbol{K}_1(\boldsymbol{n}_1 \times \boldsymbol{K}_2(\boldsymbol{J}_e))\right] = \boldsymbol{n} \times \boldsymbol{H}^{\mathrm{i}} \tag{1.101}$$

方程 (1.100) 与方程 (1.101) 等价，选择任何一个便能确定其含有的唯一未知数 $\boldsymbol{J}_e$。确定 $\boldsymbol{J}_e$ 后，便能由方程 (1.94) 和方程 (1.95) 计算远区散射场。注意，这种描述均匀介质体散射的形式，虽然方程个数减为 1，但是也费了不少代价，那就是方程变复杂了，即等效电流 $\boldsymbol{J}_e$ 被算子作用两次。

为方便起见，称方程 (1.100) 为均匀介质的**电场单积分方程**，称方程 (1.101) 为均匀介质的**磁场单积分方程**。这两个方程的数值性能也有很大不同。因为电场单积分方程中作用在 $\boldsymbol{J}_e$ 上的两个算子是不同的，这种方式使得离散方程条件数比单算子要差；磁场单积分方程中作用在 $\boldsymbol{J}_e$ 上的两个算子是相同的，这种方式使得离散方程条件数比单算子要好。

1.3.5　非均匀介质体散射问题积分方程的建立

与金属体、均匀介质体的等效源只在面上不同，非均匀介质体的等效源在体上，从而建立的积分方程是体积分方程。假设非均匀介质体的介电常数和电导率分布分别为 $\varepsilon(\boldsymbol{r})$、$\sigma(\boldsymbol{r})$，则入射电磁波在介质体上产生的感应电流为

$$\boldsymbol{J}_{\mathrm{eq}}(\boldsymbol{r}) = [\sigma(\boldsymbol{r}) + \mathrm{j}\omega(\varepsilon(\boldsymbol{r}) - \varepsilon_0)]\,\boldsymbol{E}(\boldsymbol{r}) = \tau(\boldsymbol{r})\boldsymbol{E}(\boldsymbol{r}) \tag{1.102}$$

根据麦克斯韦方程，此感应电流又可写成

$$\boldsymbol{J}_{\mathrm{eq}}(\boldsymbol{r}) = \frac{\tau}{\mathrm{j}\omega\varepsilon + \sigma}\nabla \times \boldsymbol{H} \tag{1.103}$$

此感应电流在背景均匀介质中产生的场为

$$\boldsymbol{E}^{\mathrm{s}} = Z\boldsymbol{L}(\boldsymbol{J}_{\mathrm{eq}}) \tag{1.104}$$

$$\boldsymbol{H}^{\mathrm{s}} = \boldsymbol{K}(\boldsymbol{J}_{\mathrm{eq}}) \tag{1.105}$$

这里的算子 $\boldsymbol{L}$ 和 $\boldsymbol{K}$ 与前面面积分方程中的算子有相同的形式，唯一不同之处在于，此处的积分是体积分。根据总场为入射场与散射场之和，可得

$$\boldsymbol{E} = Z\ \boldsymbol{L}(\boldsymbol{J}_{\text{eq}}) + \boldsymbol{E}^{\text{i}} \tag{1.106}$$

或

$$\boldsymbol{H} = \boldsymbol{K}(\boldsymbol{J}_{\text{eq}}) + \boldsymbol{H}^{\text{i}} \tag{1.107}$$

将式 (1.102) 代入式 (1.106) 得下列**电场体积分方程**：

$$\boldsymbol{E} = Z\ \boldsymbol{L}(\tau\boldsymbol{E}) + \boldsymbol{E}^{\text{i}} \tag{1.108}$$

将式 (1.103) 代入式 (1.107) 得下列**磁场体积分方程**：

$$\boldsymbol{H} = \boldsymbol{K}\left(\frac{\tau}{\text{j}\omega\varepsilon + \sigma}\nabla \times \boldsymbol{H}\right) + \boldsymbol{H}^{\text{i}} \tag{1.109}$$

注意，上述非均匀介质目标的体积分方程，与表述金属体的面积分方程不同，不论是电场体积分方程 (1.108)，还是磁场体积分方程 (1.109)，都是第二类弗雷德霍姆积分方程。

问　题

1. 我们知道，在相同的介质中，不同的源能产生不同的场。现在假定有两组源：$\boldsymbol{J}^{\text{a}}, \boldsymbol{M}^{\text{a}}$ 和 $\boldsymbol{J}^{\text{b}}, \boldsymbol{M}^{\text{b}}$, 在相同介质中，它们分别产生电磁场 $\boldsymbol{E}^{\text{a}}, \boldsymbol{H}^{\text{a}}$ 和 $\boldsymbol{E}^{\text{b}}, \boldsymbol{H}^{\text{b}}$。问它们之间存在什么样的关系？

2. 假设一点磁流源 $\hat{e}_\theta\delta(\boldsymbol{r} - \boldsymbol{r}_a)$ 在一个金属目标表面产生了如下磁场:

$$\boldsymbol{H} = -\text{j}k\frac{\text{e}^{-\text{j}kr}}{4\pi r}\boldsymbol{H}^{PS}$$

这里，$\boldsymbol{H}^{PS}$ 是电场幅值为单位值的入射波照射目标所产生的散射场。现在假定在金属表面有一个磁流源 $\boldsymbol{M}$，试证明此磁流源在 $\boldsymbol{r}_a$ 处产生的磁场分量为

$$\boldsymbol{H}_\theta = -\text{j}k\frac{\text{e}^{-\text{j}kr}}{4\pi r}\int_s \boldsymbol{M}\cdot\boldsymbol{H}^{PS}\text{d}S$$

3. 假定电磁波在手征介质中传播，该介质本征关系如下：

$$\boldsymbol{D} = \varepsilon\boldsymbol{E} + \xi\boldsymbol{H}$$
$$\boldsymbol{B} = \varsigma\boldsymbol{E} + \mu\boldsymbol{H}$$

试推导该介质中电磁波的方程。

4. 举例说明等效原理的重要性。

5. 用矢量恒等式证明如下关系：

$$\int \left[\boldsymbol{I} + \frac{1}{k^2}\boldsymbol{\nabla}\boldsymbol{\nabla}\cdot\right] \boldsymbol{J} G \mathrm{d}\tau' = \int \left[\boldsymbol{J} + \frac{1}{k^2}\boldsymbol{\nabla}\left(\boldsymbol{\nabla}'\cdot\boldsymbol{J}\right)\right] G \mathrm{d}\tau'$$

参 考 文 献

[1] Senior T B A. Impedance boundary conditions for imperfectly conducting surface[J]. Appl. Sci. Res. B, 1960, 8: 418∼436.

[2] Peterson A F, Ray S L, Mittra R. Computational Methods for Electromagnetics[M]. New York:IEEE Press, 1998.

[3] Ise K, Inoue K, Koshiba M. Three-dimensional finite-element solution of dielectric scattering obstacles in a rectangular waveguide[J]. IEEE Trans. Antennas Propagat., 1990, 38(9):1352∼1359.

[4] Stratton J A. Electromagnetic Theory[M]. New York: McGraw-Hill, 1941.

[5] Harrington R F. Time-Harmonic Electromagnetic Fields[M]. New York: McGraw-Hill, 1961.

[6] Tai C T. Dyadic Green's Functions in Electromagnetic Theory[M]. Scratton, PA: International Textbook Company, 1971.

第2章 矩 量 法

简而言之，离散积分方程数学表达形式的离散化方法称为**矩量法**。由于积分方程自动满足辐射边界条件，因而矩量法也就尤为适合求解开域问题，如散射和辐射问题。细察矩量法之演进可以看出：这种方法不仅是起于开域问题，也是成于开域问题，更是臻于开域问题。因此，以求解散射问题为例来讲述矩量法，不仅能便于简，更能得其要。矩量法历经 40 年之演进，内容之丰可想而知。即便仅局限于散射问题，也非能以短短一章详述之。然细思之，矩量法之要不出四端：① 如何选取基函数和试函数；② 奇异点的处理技术；③ 积分方程形式与离散矩阵性态之关系；④ 矩量法离散矩阵方程的快速求解技术。而矩量法在这四端中的重要进展，在三维物体散射问题中有着最集中的表现。这方面虽有专著论述，然细致完备者少。由此之故，本章就以求解三维物体散射问题为例，详述此四端。至于二维物体、周期结构，还有辐射问题，本章末节将给出求解要点，详细完整的求解留给读者仿照进行或参考文献 [1] 和 [2]。

2.1 三维金属体的散射

传授问题的求解技术，要在细致而完备。备而不细，求解技术易沦为不能解决问题的泛泛说辞；细而不备，求解技术也会沦为不能解决问题的支零技巧。本节起于三维金属体散射问题之叙述，止于问题的计算机求解结果。分节逐次介绍求解的每一步骤，遇到的每一细节。

2.1.1 问题的数学表述

有很多目标，如飞机、坦克等都可近似地认为是金属体。雷达就是通过发射电磁波，然后接收这些目标的散射信号来确定目标的位置、速度的。这些实际问题都可归结为三维金属体的散射问题。由于雷达和目标一般距离较远，因而入射波往往可视为平面波，即

$$\boldsymbol{E}^{\mathrm{i}}(\boldsymbol{r}) = (\cos\alpha\hat{\boldsymbol{\theta}} + \sin\alpha\hat{\boldsymbol{\phi}})\mathrm{e}^{-\mathrm{j}\boldsymbol{k}^{\mathrm{i}}\cdot\boldsymbol{r}} \tag{2.1}$$

$$\boldsymbol{H}^{\mathrm{i}}(\boldsymbol{r}) = \frac{1}{Z}\hat{\boldsymbol{k}}^{\mathrm{i}} \times \boldsymbol{E}^{\mathrm{i}}(\boldsymbol{r}) \tag{2.2}$$

这里，$\hat{\boldsymbol{\theta}}, \hat{\boldsymbol{\phi}}$ 是球坐标系的单位矢量，α 是极化角，Z 是波阻抗，$\boldsymbol{k}^{\mathrm{i}}$ 是传播矢量。

$$\boldsymbol{k}^{\mathrm{i}} = k_0(\sin\theta^{\mathrm{i}}\cos\phi^{\mathrm{i}}\hat{\boldsymbol{x}} + \sin\theta^{\mathrm{i}}\sin\phi^{\mathrm{i}}\hat{\boldsymbol{y}} + \cos\theta^{\mathrm{i}}\hat{\boldsymbol{z}}) \tag{2.3}$$

其中，θ^{i}, ϕ^{i} 是球坐标系下的入射角。由 1.3.3 小节知，在金属体表面可建立如下积分方程：

$$[\boldsymbol{E}^{\mathrm{i}} + ZL(\boldsymbol{J})]|_t = 0 \tag{2.4}$$

或

$$\boldsymbol{J} - \hat{\boldsymbol{n}} \times \boldsymbol{K}(\boldsymbol{J}) = \hat{\boldsymbol{n}} \times \boldsymbol{H}^{\mathrm{i}} \tag{2.5}$$

方程 (2.4) 中的符号 $|_t$ 表示切向分量。算子 $\boldsymbol{L}$，$\boldsymbol{K}$ 在 1.3.2 小节中已定义。理论上，上述两个方程等价，只要选择其一便能求解出未知等效电流 $\boldsymbol{J}$。$\boldsymbol{J}$ 一旦求出，远处的散射场便也可容易算出。这样，下面的关键问题便是求解积分方程 (2.4) 或方程 (2.5)。显然，对于任意形状金属体，解析求解积分方程不可能，只能凭借计算机进行求解。而要用计算机来求解积分方程，其第一步便是将积分方程离散化。

2.1.2　矩量法的离散化模式

本节主要从形式上介绍矩量法离散化的步骤，随后几小节再对每一步骤详细阐述。通常，积分方程都可写成下面形式：

$$Lf = g \tag{2.6}$$

这里，L 为线性算子，g 是已知函数，f 为待定未知函数。将 f 用一组基函数 $\{f_1, f_2, f_3, \cdots\}$ 的线性组合表示成

$$f = \sum_j \alpha_j f_j \tag{2.7}$$

这里，α_j 是待定的标量，f_j 是基函数。将式 (2.7) 代入式 (2.6)，再由算子 L 的线性性质，可得

$$\sum_j \alpha_j L f_j = g \tag{2.8}$$

然后再选一组试函数 $\{\omega_1, \omega_2, \omega_3, \cdots\}$。用每一个试函数跟方程 (2.8) 做内积，由算子 L 的线性性质可得

$$\sum_j \alpha_j \langle \omega_i, L f_j \rangle = \langle \omega_i, g \rangle \tag{2.9}$$

这里，$i = 1, 2, 3, \cdots$。这组方程可写成矩阵形式：

$$[A]\{\alpha\} = \{g\} \tag{2.10}$$

其中，

$$\{g\} = \{\langle \omega_i, g \rangle\} \tag{2.11}$$

$$[A] = [\langle \omega_i, Lf_j \rangle] \tag{2.12}$$

如果矩阵 $[A]$ 非奇异，那么其逆存在。这样 $\{\alpha\}$ 便可求出：

$$\{\alpha\} = [A]^{-1}\{g\} \tag{2.13}$$

这样 f 的解便由式 (2.7) 给出。上述便是矩量法的完整离散化过程。矩量法之名来源于数学，我们知道数学上常称 $\int x^n f(x)\mathrm{d}x$ 为函数 f 的 n 阶矩，这里不过是用 ω_n 来代替 x^n。

2.1.3 基函数和试函数的选取

由 2.1.2 节可知，离散积分方程的第一步就是选取基函数和试函数。基函数和试函数的选取有相当的灵活性。于是在选取它们时便有方便与否之考虑，精度高低之讲究，效率高低之比较。下面便就这些方面进行阐述。我们先讲基函数，再谈试函数。通常，基函数分两类：一类为全域基函数，另一类为局域基函数。顾名思义，全域基函数是定义在整个求解域上的函数。这类基函数在早期被 Ritz 和伽辽金 (Galerkin) 用于求解过某些特殊问题。但由于对很多问题，尤其是二维和三维问题，这类基函数很难构造，因而现在很少使用。目前通常使用的是局域基函数。局域基函数一般是按照下述方式构造的：首先将整个求解域分成很多子区域，然后在每个子区域中选择若干位置上的函数值作为参数，用多项式插值得到整个子区域的函数，最后整个区域待定函数的表达式便由子区域函数叠加而成。不难看出，局域基函数的构造关键在两点：一是如何选择子区域形状；二是如何选择插值参数。子区域形状多种多样。一般来说，如果求解域是面，三角形较为通用、方便；如果求解域是体，四面体较为通用、方便。这是因为，任何一个面都可用三角形来剖分，任何一个体都可用四面体来剖分。像商业软件 HYPERMESH，ANSYS 等都能对任何区域进行剖分。至于如何恰当地选取插值参数，则要视具体的积分方程而定。一般说来，如果积分方程中出现了 n 阶微分，那么待定函数表达式在整个区域中应具有 $n-1$ 阶导数连续。道理很明显，因为如果待定函数表达式不具有 $n-1$ 阶导数连续，那么积分方程中的 n 阶微分便出现无限值。

下面就以构造离散面积分方程 (2.4) 的基函数为例，来具体阐释上述基函数构造原则。我们选择较为通用的三角形作为子区域形状。因为积分方程中的算子 $\boldsymbol{L}$ 需对待定函数作散度，这便要求构造的待定函数表达式需能作散度，也就是散度值有限。将这一要求应用到相邻子区域的交界处，即相邻三角形的公共边，便得出待定函数表达式在公共边的法向分量应连续。为达到这一要求，选择三角形每条边上的法向分量 $J_i(i=1,2,3)$ 作为插值参数，如图 2-1 所示。这样三角形上的等效电流

便可插值成

$$\boldsymbol{J}=\sum_{i=1}^{3}J_i\boldsymbol{g}_i \tag{2.14}$$

其中，

$$\boldsymbol{g}_i=\frac{l_i}{2\Delta}\boldsymbol{\rho}_i \tag{2.15}$$

这里，l_i 是三角形第 i 条边的长度，Δ 是三角形面积，$\boldsymbol{\rho}_i$ 是对应于第 i 个顶点的位置矢量。

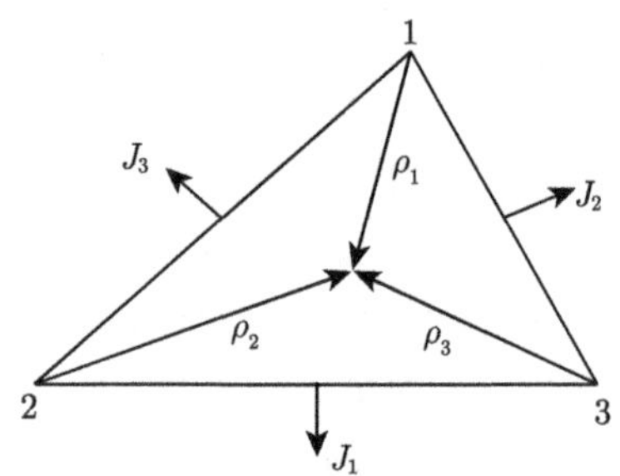

图 2-1　RWG 基函数

这样构造出的基函数通常被称为 **RWG 基函数**，它是由三位学者 Rao,Wilton 和 Glisson 首先在文献 [3] 中提出的。不难验证，$\boldsymbol{g}_i$ 在三角形第 i 条边上的法向分量值为 1，在三角形第 $j(j\neq i)$ 条边上的法向分量值为 0。这使得三角形上的插值函数 $\boldsymbol{J}$ 在三角形各条边上的法向分量就是对应的插值参数 J_i。因为相邻三角形有共同的 J_i，故 RWG 基函数在相邻三角形交界处能保证连续性。

试函数的选取也是多种多样的，可取点脉冲，还可取定义在连接两个三角形中心直线上的线性函数，还可取与基函数相同的形式，相应得到的方式分别称为点匹配、线匹配和 Galerkin 匹配。显然，就实施而言，点匹配最易，线匹配其次，Galerkin 匹配最繁。然计算效果上以 Galerkin 匹配最稳定。另外，试函数的选取也与实际计算中的具体操作有密切关系。譬如，若将 $\boldsymbol{L}$ 算子中的梯度直接作用在格林函数 G 上，则奇异阶必然升高，造成数值计算困难，影响精度，故常用矢量恒等式将梯度转移作用在试函数上，这样试函数就不能选取点脉冲了。

2.1.4　离散积分方程及性态分析

有了基函数，待求面等效电流 $\boldsymbol{J}$ 便可表示成

$$\boldsymbol{J}=\sum_{i=1}^{N_S}J_i\boldsymbol{g}_i \tag{2.16}$$

这里，N_S 表示求解域 S 剖分成三角形后的边总数，$\boldsymbol{g}_i$ 是 RWG 矢量基函数，已在 2.1.3 节给出。不过要注意此处的 $\boldsymbol{g}_i$ 是定义在共用一条边的两个三角形上的。将式 (2.16) 代入式 (2.4)，并取 $\boldsymbol{g}_i$ 为试函数，可得下面离散化方程：

$$[P^{\mathrm{TE}}]\{J\} = \{b^{\mathrm{TE}}\} \tag{2.17}$$

其中，

$$P_{ij}^{\mathrm{TE}} = -Z\int_S \boldsymbol{g}_i \cdot \boldsymbol{L}(\boldsymbol{g}_j)\mathrm{d}S \tag{2.18}$$

$$b_i^{\mathrm{TE}} = \int_S \boldsymbol{g}_i \cdot \boldsymbol{E}^{\mathrm{i}}\mathrm{d}S \tag{2.19}$$

上述离散化方程称为**电场同向离散化方程**，因为试函数和基函数同向。我们也可取试函数为 $\hat{\boldsymbol{n}} \times \boldsymbol{g}_i$，与基函数不同向，这样便可得下面的**电场异向离散化方程**：

$$[P^{\mathrm{NE}}]\{J\} = \{b^{\mathrm{NE}}\} \tag{2.20}$$

其中，

$$P_{ij}^{\mathrm{NE}} = -Z\int_S \hat{\boldsymbol{n}} \times \boldsymbol{g}_i \cdot \boldsymbol{L}(\boldsymbol{g}_j)\mathrm{d}S \tag{2.21}$$

$$b_i^{\mathrm{NE}} = \int_S \hat{\boldsymbol{n}} \times \boldsymbol{g}_i \cdot \boldsymbol{E}^{\mathrm{i}}\mathrm{d}S \tag{2.22}$$

仿此，将式 (2.16) 代入式 (2.5)，取 $\boldsymbol{g}_i$ 为试函数，可得**磁场同向离散化方程**：

$$[P^{\mathrm{TH}}]\{J\} = \{b^{\mathrm{TH}}\} \tag{2.23}$$

其中，

$$P_{ij}^{\mathrm{TH}} = \int_S \boldsymbol{g}_i \cdot \left[\boldsymbol{g}_j - \hat{\boldsymbol{n}} \times \boldsymbol{K}(\boldsymbol{g}_j)\right]\mathrm{d}S \tag{2.24}$$

$$b_i^{\mathrm{TH}} = \int_S \boldsymbol{g}_i \cdot \hat{\boldsymbol{n}} \times \boldsymbol{H}^{\mathrm{i}}\mathrm{d}S \tag{2.25}$$

取 $\hat{\boldsymbol{n}} \times \boldsymbol{g}_i$ 为试函数，可得**磁场异向离散化方程**：

$$[P^{\mathrm{NH}}]\{J\} = \{b^{\mathrm{NH}}\} \tag{2.26}$$

其中，

$$P_{ij}^{\mathrm{NH}} = \int_S \hat{\boldsymbol{n}} \times \boldsymbol{g}_i \cdot \left[\boldsymbol{g}_j - \hat{\boldsymbol{n}} \times \boldsymbol{K}(\boldsymbol{g}_j)\right]\mathrm{d}S \tag{2.27}$$

$$b_i^{\mathrm{NH}} = \int_S \hat{\boldsymbol{n}} \times \boldsymbol{g}_i \cdot \hat{\boldsymbol{n}} \times \boldsymbol{H}^{\mathrm{i}} \mathrm{d}S \tag{2.28}$$

理论上，这四个离散化方程等价，然实际上，它们的性态绝异。让我们来分析上面系数矩阵的对角元素。当 $i=j$ 时，不难推出，式 (2.21) 和式 (2.27) 中的积分为零，而式 (2.18) 和式 (2.24) 中的积分非零。而且，积分 (2.18) 和 (2.24) 在 $i=j$ 时一般要大于在 $i \neq j$ 时。故 $[P^{\mathrm{TE}}]$, $[P^{\mathrm{TH}}]$ 为似对角占优矩阵，矩阵性态应该较好，$[P^{\mathrm{NE}}]$, $[P^{\mathrm{NH}}]$ 为弱对角线元素矩阵，矩阵性态应该较差。进一步，因为 $[P^{\mathrm{TH}}]$ 源于磁场积分方程，是第二类弗雷德霍姆积分方程，$[P^{\mathrm{TE}}]$ 源于电场积分方程，是第一类弗雷德霍姆积分方程，$[P^{\mathrm{TH}}]$ 应该比 $[P^{\mathrm{TE}}]$ 有更好的条件数。为了证实这些分析，我们计算了直径为一个波长的金属球的各种离散矩阵的条件数，如表 2-1 所示。由表可看出，$[P^{\mathrm{TH}}]$ 性态最好，$[P^{\mathrm{TE}}]$ 次之，至于 $[P^{\mathrm{NE}}]$ 和 $[P^{\mathrm{NH}}]$ 已经完全是病态矩阵了。

表 2-1　金属球的各种离散矩阵的条件数

未知数个数	$[P^{\mathrm{TE}}]$	$[P^{\mathrm{NE}}]$	$[P^{\mathrm{TH}}]$	$[P^{\mathrm{NH}}]$
3456	1.920×10^2	1.486×10^9	1.52×10^1	2.182×10^9

2.1.5　奇异点的处理

下面具体讲述如何计算矩阵 $[P^{\mathrm{TH}}]$ 和 $[P^{\mathrm{TE}}]$ 中的元素。在场点和源点相距较远时，计算不难。因为此时元素计算表达式中的被积函数是平滑函数，可用**三角形数值积分方法**，即按下列通常数值积分公式计算：

$$\frac{1}{\Delta} \int_T f(\boldsymbol{r}) \mathrm{d}S = \sum_{i=1}^{n} \omega_i f(\boldsymbol{r}_i) \tag{2.29}$$

这里，Δ 为三角形的面积，T 表示三角形积分区域，n 的大小取决于要求的精度。如精度要求不高，可取 $n=1$，即取三角形的中心点，此时的权因子 ω_1 为 1 ；如精度要求高些，可取 $n=4$，即取三角形中心外加三个顶点，此时的权因子 ω_i 为 3/4,1/12,1/12,1/12；如精度要求再高，可取 $n=7$，即取三角形中心外加三个顶点和三条边的中点，此时的权因子 ω_i 为 9/20,1/20 ,1/20,1/20,2/15,2/15,2/15。固然 n 取值越大，精度越高，但这是以舍弃效率为代价的。矩量法中计算矩阵元素是非常耗时的，极大地影响着整个矩量法的效率，故在实际计算中 n 的取值要视精度和效率权衡而定。一般取 $n=4$，精度已足够了。在计算矩阵元素中，麻烦的是在场点和源点相距较近即 $k|\boldsymbol{r}-\boldsymbol{r}'| \ll 1$ 时，因为此时元素计算表达式中的被积函数变化剧烈，尤其是在场点和源点重合时，被积函数已是奇异函数了。而这些元素的计算精度对整个矩量法的最终精度又尤为重要，故须采取一些特殊处理技术。让我们

先来考虑积分 $\int_S \boldsymbol{g}_i \cdot \boldsymbol{L}(\boldsymbol{g}_j)\mathrm{d}S$。根据矢量恒等式

$$\boldsymbol{b} \cdot \boldsymbol{\nabla} a = \boldsymbol{\nabla} \cdot (a\boldsymbol{b}) - a\boldsymbol{\nabla} \cdot \boldsymbol{b} \tag{2.30}$$

积分式 $\int_S \boldsymbol{g}_i \cdot \boldsymbol{L}(\boldsymbol{g}_j)\mathrm{d}S$ 的第二项可表示成

$$\int_S \int_{S'} \boldsymbol{g}_i \cdot \boldsymbol{\nabla}(\boldsymbol{\nabla}' \cdot \boldsymbol{g}_j G)\mathrm{d}S'\mathrm{d}S = \int_S \int_{S'} \left[\boldsymbol{\nabla} \cdot (\boldsymbol{g}_i(\boldsymbol{\nabla}' \cdot \boldsymbol{g}_j)G) - \boldsymbol{\nabla} \cdot \boldsymbol{g}_i \boldsymbol{\nabla}' \cdot \boldsymbol{g}_j G\right] \mathrm{d}S'\mathrm{d}S \tag{2.31}$$

再由高斯定律，上式右边第一项可写成线积分形式：

$$\int_S \int_{S'} \boldsymbol{\nabla} \cdot (\boldsymbol{g}_i \boldsymbol{\nabla}' \cdot \boldsymbol{g}_j G)\mathrm{d}S'\mathrm{d}S = \oint_l \boldsymbol{g}_i \int_{S'} \boldsymbol{\nabla}' \cdot \boldsymbol{g}_j G\mathrm{d}S' \cdot \hat{\boldsymbol{m}}\mathrm{d}l \tag{2.32}$$

这里，l 是三角形的边界，$\hat{\boldsymbol{m}}$ 是三角形边界的法向单位矢量。因为 $\boldsymbol{g}_i$ 在对应的第 i 条边上的法向分量为 1，在其他边上的法向分量为 0，所以上述围绕三角形边界的线积分实为在第 i 条边的线积分。而此积分将与共用此边的相邻三角形上的类似积分相抵消，因为相邻三角形在此边有相同的插值参数，相反的法向单位矢量。于是

$$\int_{S'} \boldsymbol{g}_i \cdot \boldsymbol{L}(\boldsymbol{g}_j)\mathrm{d}S = -\mathrm{j}k \int_S \int_{S'} \left[\boldsymbol{g}_i \cdot \boldsymbol{g}_j - \frac{1}{k^2}\boldsymbol{\nabla} \cdot \boldsymbol{g}_i \boldsymbol{\nabla}' \cdot \boldsymbol{g}_j\right] G\mathrm{d}S'\mathrm{d}S = \int_S MG\mathrm{d}S \tag{2.33}$$

通常将上述积分写成两部分：

$$\int_S MG\mathrm{d}S = \int_{S-S_0} MG\mathrm{d}S + \int_{S_0} MG\mathrm{d}S \tag{2.34}$$

这里，S_0 是奇异点附近非常小的区域，如图 2-2 所示。上式右边的第一项通常称为**主值积分项**，第二项称为**奇异点残留项**。因为式 (2.34) 中的被积函数为一阶奇异，故奇异点残留项值应为零。为了用数值方法计算式 (2.34) 的主值积分，将格林函数 G 写成两项：

$$G = \frac{1}{4\pi R}(\mathrm{e}^{-\mathrm{j}kR} - 1) + \frac{1}{4\pi R} \tag{2.35}$$

按泰勒级数展开，式 (2.35) 中第一项便为

$$\frac{1}{4\pi R}(\mathrm{e}^{-\mathrm{j}kR} - 1) \approx -\frac{k^2}{8\pi}R + \mathrm{j}\frac{k}{24\pi}(k^2R^2 - 6), \quad kR \ll 1 \tag{2.36}$$

此项无奇异点，可按常规方法计算。式 (2.35) 中的第二项将在后面给出其解析表达。

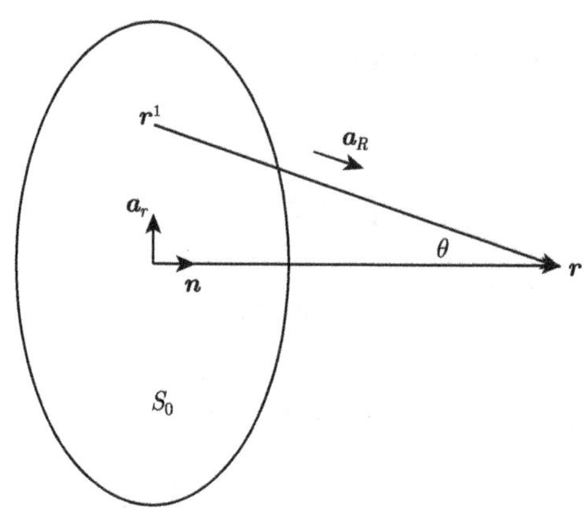

图 2-2　奇异点附近小区域 S_0

不同于 $\int_S \boldsymbol{g}_i \cdot \boldsymbol{L}(\boldsymbol{g}_j)\mathrm{d}S$ 积分式，$\int_S \boldsymbol{g}_i \cdot \hat{\boldsymbol{n}} \times K(\boldsymbol{g}_j)\mathrm{d}S$ 中的奇异点残留项不再是零，因为 $\boldsymbol{\nabla} G$ 导致了高阶奇异点。下面首先计算 $K(\boldsymbol{g}_j)$ 中的奇异点残留项。因为 S_0 非常小，所以其上的等效电流可视为常数，这样就有

$$\int_{S_0} \boldsymbol{g}_j \times \boldsymbol{\nabla} G\mathrm{d}S \approx \boldsymbol{g}_j \times \int_{S_0} \boldsymbol{\nabla} G\mathrm{d}S \tag{2.37}$$

以及

$$\boldsymbol{\nabla} G = \boldsymbol{\nabla}\frac{\mathrm{e}^{-\mathrm{j}kR}}{4\pi R} \approx \frac{1}{4\pi}\boldsymbol{\nabla}\frac{1}{R} \tag{2.38}$$

于是

$$\int_{S_0} \boldsymbol{g}_j \times \boldsymbol{\nabla} G\mathrm{d}S \approx \frac{1}{4\pi}\boldsymbol{g}_j \times \int_{S_0} \boldsymbol{\nabla}\frac{1}{R}\mathrm{d}S \tag{2.39}$$

如图 2-2 所示，将 $\boldsymbol{\nabla}(1/R)$ 表示成

$$\boldsymbol{\nabla}\frac{1}{R} = -\frac{\boldsymbol{a}_R}{R^2} = -\frac{\hat{\boldsymbol{n}}}{R^2}\cos\theta + \frac{\hat{\boldsymbol{a}}_r}{R^2}\sin\theta \tag{2.40}$$

这里，$\boldsymbol{a}_R = (\boldsymbol{r} - \boldsymbol{r}')/R$。根据积分区域的对称性，上式中的 $\hat{\boldsymbol{a}}_r$ 方向分量为零。于是

$$\int_{S_0} \boldsymbol{\nabla}\frac{1}{R}\mathrm{d}S = -\hat{\boldsymbol{n}}\int_{S_0} \frac{\cos\theta}{R^2}\mathrm{d}S = -\hat{\boldsymbol{n}}\int_{S_0} \mathrm{d}\Omega = -\hat{\boldsymbol{n}}\Omega \tag{2.41}$$

式中，Ω 是 S_0 所展立体角。对于常见光滑曲面 $\Omega = 2\pi$，这样 $K(\boldsymbol{g}_j)$ 中的奇异点残留项为

$$\int_{S_0\to 0} \boldsymbol{g}_j \times \boldsymbol{\nabla} G \mathrm{d}S' \approx -\frac{\Omega}{4\pi}\boldsymbol{g}_j \times \hat{\boldsymbol{n}} \tag{2.42}$$

于是便可得到

$$\begin{aligned}\int_S \boldsymbol{g}_i \cdot \hat{\boldsymbol{n}} \times K(\boldsymbol{g}_j)\mathrm{d}S =& \frac{\Omega}{\pi}\int_S \hat{\boldsymbol{n}} \times \boldsymbol{g}_i \cdot (\hat{\boldsymbol{n}} \times \boldsymbol{g}_j)\mathrm{d}S \\ &+ \int_S \hat{\boldsymbol{n}} \times \boldsymbol{g}_i \cdot \left(PV\int_{S'} \boldsymbol{g}_j \times \boldsymbol{\nabla} G \mathrm{d}S'\right)\mathrm{d}S\end{aligned} \tag{2.43}$$

其中，符号 $PV\int_{S'}$ 表示主值积分。下面就讲它的计算。将 $\boldsymbol{\nabla} G$ 表示成

$$\boldsymbol{\nabla} G = -\frac{1}{4\pi}\frac{\boldsymbol{R}}{R^3}(\mathrm{j}kR-1)\mathrm{e}^{-\mathrm{j}kR} \tag{2.44}$$

相似地，将 $\boldsymbol{\nabla} G$ 表示成两项：

$$\boldsymbol{\nabla} G = \frac{1}{4\pi}\frac{\boldsymbol{R}}{R^3}\left[-(\mathrm{j}kR+1)\mathrm{e}^{-\mathrm{j}kR}+1+\frac{1}{2}k^2R^2\right] - \frac{1}{4\pi}\frac{\boldsymbol{R}}{R^3}\left(1+\frac{1}{2}k^2R^2\right) \tag{2.45}$$

同样利用泰勒级数展开，式 (2.45) 中第一项便为

$$\begin{aligned}&\frac{1}{4\pi}\frac{\boldsymbol{R}}{R^3}\left[-(\mathrm{j}kR+1)\mathrm{e}^{-\mathrm{j}kR}+1+\frac{1}{2}k^2R^2\right] \\ \approx&\frac{k^3}{4\pi}\boldsymbol{R}\left[\frac{kR}{8}\left(1-\frac{1}{18}k^2R^2\right)+\mathrm{j}\frac{1}{3}\left(1-\frac{1}{10}k^2R^2\right)\right]\end{aligned} \tag{2.46}$$

这里，$kR \ll 1$。由此可见，式 (2.45) 中的第一项无奇异点，可按常规方法计算其积分。剩下的问题是如何计算积分式 (2.35) 和式 (2.45) 中的第二项。为了书写方便，我们用 T 表示三角形积分区域，用 ∂T 表示其边界。三角形三顶点用 $\boldsymbol{r}_i(i=1,2,3)$ 表示，其对应边用 E_i 表示。设 $\boldsymbol{r}_0$ 是场点 r 在源区三角形积分区域所在平面的投影点。在积分区域所在平面，我们建立以 $\boldsymbol{r}_0$ 为原点的极坐标系 (P,ϕ)，如图 2-3 所示。这样 $\boldsymbol{R}=\boldsymbol{r}-\boldsymbol{r}'$ 便能表示成

$$\boldsymbol{R}=\boldsymbol{r}-\boldsymbol{r}_0-(\boldsymbol{r}'-\boldsymbol{r}_0)=\boldsymbol{d}-\boldsymbol{P} \tag{2.47}$$

于是式 (2.35) 和式 (2.45) 中第二项的计算便转化为对下列主值积分的计算：

$$I_n(\boldsymbol{r})=\int_{T-T_\varepsilon}\frac{\mathrm{d}T}{R^n},\quad n=1,3 \tag{2.48}$$

$$I_{nP}(\boldsymbol{r}) = \int_{T-T_\varepsilon} \frac{\boldsymbol{P}}{R^n} \mathrm{d}T, \quad n = 1,3 \tag{2.49}$$

其中，T_ε 为以 r_0 为中心的半径非常小的圆形区域。注意，在实际计算式 (2.34) 和式 (2.43) 时，被积函数中除 G 和 $\boldsymbol{\nabla} G$ 外，还有其他变量 M 和 $\boldsymbol{g}_j$，但这些变量与 G、$\boldsymbol{\nabla} G$ 奇异项相比在被积区域变化缓慢，可视为常数提到积分号外。根据极坐标系下的面散度计算公式有

$$\frac{1}{R} = \boldsymbol{\nabla}_S \cdot \left(\frac{R}{P}\hat{\boldsymbol{P}}\right) \tag{2.50}$$

由高斯定律可得

$$\begin{aligned} I_1 &= \int_{T-T_\varepsilon} \frac{\mathrm{d}T}{R} \\ &= \int_{T-T_\varepsilon} \boldsymbol{\nabla}_S \cdot \left(\frac{R}{P}\hat{\boldsymbol{P}}\right) \mathrm{d}T \\ &= \int_{\partial T} \left(\frac{R}{P^2}\boldsymbol{P}\right) \cdot \hat{\boldsymbol{u}} \mathrm{d}l + \int_{\partial T_\varepsilon} \frac{R}{\varepsilon}(\hat{\boldsymbol{\varepsilon}} \cdot \hat{\boldsymbol{u}}) \varepsilon \mathrm{d}\phi \end{aligned} \tag{2.51}$$

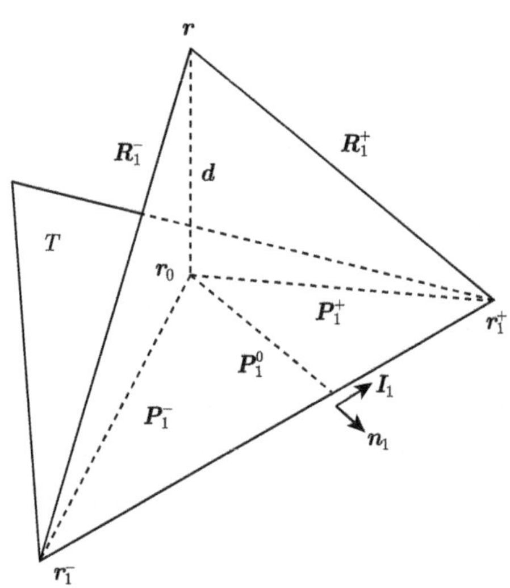

图 2-3 场点在源三角形平面的投影

因为 $\hat{\boldsymbol{l}}_i \cdot \hat{\boldsymbol{u}}_i = 0$，$\boldsymbol{P}_i^0 \cdot \hat{\boldsymbol{u}}_i$ 在边 E_i 上是常数 P_j^0，再加上

$$\frac{R}{P^2} = \frac{1}{R} + \frac{d^2}{P^2 R} \tag{2.52}$$

故

$$I_1 = \sum_{i=1}^{3} P^0 \int_{E_i} \left(\frac{1}{R} + \frac{d^2}{P^2 R}\right) \mathrm{d}l - d \int_{\partial T_\varepsilon} \mathrm{d}\phi \tag{2.53}$$

又有

$$\int_{E_i} \frac{\mathrm{d}l}{R} = \int_{l_i^-}^{l_i^+} \frac{\mathrm{d}l}{\sqrt{l^2 + (P_i^0)^2 + d^2}} = \ln \frac{R_i^+ + l_i^+}{R_i^- + l_i^-} \tag{2.54}$$

和

$$\begin{aligned}\int_{E_i} \frac{d^2}{P^2 R} \mathrm{d}l &= \int_{l_i^-}^{l_i^+} \frac{\mathrm{d}l}{[l^2 + (P_i^0)^2] \sqrt{l^2 + (P_i^0)^2 + d^2}} \\ &= \frac{1}{|P_i^0 d|} \left[\arctan \frac{|d|\, l_i^+}{|P_i^0|\, R_i^+} - \arctan \frac{|d|\, l_i^-}{|P_i^0|\, R_i^-}\right]\end{aligned} \tag{2.55}$$

以及

$$\int_{\partial T_\varepsilon} \mathrm{d}\phi = \sum_{i=1}^{3} \left(\arctan \frac{l_i^+}{P_i^0} - \arctan \frac{l_i^-}{P_i^0}\right) \tag{2.56}$$

式 (2.54)~ 式 (2.56) 中所有符号的正负上标分别表示所对应边两端点的对应值，利用下面恒等式：

$$\arctan \alpha - \arctan \beta = \arctan \frac{\alpha - \beta}{1 + \alpha\beta} \tag{2.57}$$

可得

$$\arctan \frac{l_i^+}{P_i^0} - \arctan \frac{|d|\, l_i^+}{|P_i^0|\, R_i^+} = \arctan \frac{P_i^0 l_i^+}{(R_i^0)^2 + |d|\, R_i^+} \tag{2.58}$$

这里，$\left(R_i^0\right)^2 = \left(P_i^0\right)^2 + d^2$。令

$$f_i = \ln \frac{R_i^+ + l_i^+}{R_i^- + l_i^-} \tag{2.59}$$

$$\beta_i = \arctan \frac{P_i^0 l_i^+}{(R_i^0)^2 + |d|\, R_i^+} - \arctan \frac{P_i^0 l_i^-}{(R_i^0)^2 + |d|\, R_i^-} \tag{2.60}$$

这样就有

$$I_1 = \int_{T - T_\varepsilon} \frac{\mathrm{d}T}{R} = \sum_{i=1}^{3} (P_i^0 f_i - |d|\, \beta_i) \tag{2.61}$$

下面再来计算 I_{1P}，根据极坐标系下的面梯度计算公式有

$$\nabla_s R = \frac{\boldsymbol{P}}{R} \tag{2.62}$$

这样 I_{1P} 便可表达为

$$\begin{aligned} I_{1P} &= \int_{T-T_\varepsilon} \nabla_s R \,\mathrm{d}T \\ &= \int_{\partial T} R\,\hat{\boldsymbol{u}}\mathrm{d}l + \int_{\partial T_\varepsilon} R\,\hat{\boldsymbol{u}}\mathrm{d}l \\ &= \sum_{i=1}^{3} \hat{\boldsymbol{u}}_i \int_{l_i^-}^{l_i^+} \sqrt{l^2 + (P_i^0)^2 + d^2}\mathrm{d}l \\ &= \frac{1}{2}\sum_{i=1}^{3} \hat{\boldsymbol{u}}_i \left[(R_i^0)^2 f_i + R_i^+ l_i^+ - R_i^+ l_i^+\right] \end{aligned} \tag{2.63}$$

利用相似的方法将 $1/R^3$ 表示成

$$\frac{1}{R^3} = -\nabla \cdot \left(\frac{1}{PR}\hat{\boldsymbol{P}}\right) \tag{2.64}$$

便可计算出 I_3 为

$$I_3 = \beta_i/d \tag{2.65}$$

利用关系

$$\frac{\boldsymbol{P}}{R^3} = -\nabla_s\left(\frac{1}{R}\right) \tag{2.66}$$

可计算出 I_{3P} 为

$$I_{3P} = -\sum_{i=1}^{3} \hat{\boldsymbol{u}}_i f_i \tag{2.67}$$

注意，当 $R_i^\pm + l_i^\pm = 0$ 时，f_i 的计算表达式奇异，因为 R_i^0, P_i^0 也为 0，I_1、I_{1P} 表达式中的 f_i 与 R_i^0 或 P_i^0 相乘仍可算，值为零。I_{3P} 表达式中的 $\hat{\boldsymbol{u}}_i f_i$ 与共用此边的另一个三角形中的对应量抵消。另一个需要注意的是，为了避免 $d = 0$ 带来的 I_3 表达式的奇异，我们通常计算 $d \cdot I_3$。

2.1.6 电场和磁场积分方程之比较

在 2.1.4 小节中已指出电场积分方程是第一类弗雷德霍姆积分方程，而磁场积分方程是第二类弗雷德霍姆积分方程，故从磁场积分方程出发得到的离散矩阵的

条件数要比电场积分方程好得多。例如，用迭代方法求解最终离散方程，求解离散磁场积分方程的收敛速度要快得多。这是电场和磁场积分方程在计算性能上的差别。除此之外，它们还有很多其他差别。下面再列举几条。

如果散射物体是非常薄的或者其厚度可以忽略，那么在这类物体的离散方程中，物体上表面未知等效电流的方程和对应的物体下表面未知等效电流的方程是一样的。显而易见，这样组成的总方程是奇异的，不可求解。然而，仔细分析可以发现，在电场离散积分方程中，上表面未知数前的系数与下表面其对应的未知数前的系数一样。为此可以将上表面未知数加上其对应的下表面未知数作为新的未知数。这样，未知数个数也就从 n 减为 $n/2$。由于对应于上表面未知数的 $n/2$ 个方程是线性无关的，因此新引入的未知数可以解出。不难知道，远处的散射场可由这些新未知数表达，而离散磁场积分方程则不具有上述性质。因为在离散磁场积分方程中，方程系数的计算由两项构成：一项对物体上、下表面未知数前系数的贡献一样；另一项对物体上、下表面未知数前系数的贡献绝对值相等、符号相反，因而无法组成新的未知量以减少未知量个数。因此对于非常薄的物体，只能应用电场积分方程去求解。

再考虑频率很低的情况。我们知道电场积分方程中的算子 $\boldsymbol{L}$ 有两项：一项为矢量势的贡献，另一项为标量势的贡献。在频率很低时，矢量势的贡献趋于零，主要是标量势的贡献。从算子 $\boldsymbol{L}$ 表达式可知，标量势的大小由电流源的散度完全确定。我们知道任何旋度场的散度为零，这就表明在频率很低时电场积分方程中的电流源有不唯一倾向，离散电场积分方程的病态性便是这种不唯一倾向的反映。离散磁场积分方程则没有这种问题。因此，对于频率很低的问题，应用磁场积分方程较为合适。当然也可用电场积分方程，不过需要一些特殊处理技术，具体可参看文献 [2] 的 10.6 节。需要说明的是，这里所说的频率高低是针对剖分的电尺度大小而言的，即频率很低的意思是剖分的最小尺寸远小于 0.1λ，与所用频率的绝对大小无关。

这里还想指出，一般情况下基于电场积分方程的矩量法精度是要高于磁场积分方程的，尤其是在剖分不够细的情况下。这是因为磁场积分方程矩量法中的奇异点残留项不为零。此奇异点残留项的精确计算涉及立体角的计算，它是一个与物体边界形状特征相关的量，而在一般计算处理中，都将其视为 2π。

2.1.7 内谐振问题

由第 1 章的唯一性定律可知，对于无耗区域，电磁场不能由边界的切向电场或切向磁场唯一确定。而上述的电场或磁场积分方程正是分别根据边界的切向电场、磁场确定的。这便产生了矩量法中的**内谐振问题**：即在物体边界组成腔的谐振频率点，离散电场或磁场积分方程奇异。文献 [2] 的第 6 章给出了多种解决内谐振问题的办法，下面将介绍其中一种较为方便实用的方法。方法很简单，只需要将离散电场积分方程和磁场积分方程作如下方式的组合：

$$\left(\alpha\left[P^{\mathrm{TE}}\right]+Z(1-\alpha)\left[P^{\mathrm{TH}}\right]\right)\{J\}=\left\{\alpha b^{\mathrm{TE}}+Z(1-\alpha)\, b^{\mathrm{TH}}\right\} \tag{2.68}$$

这里，α 为 0 和 1 之间的组合系数。先将磁场同向离散方程乘以特性阻抗 Z 再作相加，是为了保证相加前的矩阵元素绝对值大小相当。方程 (2.68) 通常称为联合积分方程。下面解释为何上述方程能消除内谐振问题。为叙述方便，取 $\alpha=0.5$，上述方程实际上相当于根据下述边界条件建立：

$$\boldsymbol{E}|_t+Z\hat{\boldsymbol{n}}^{+}\times\boldsymbol{H}=0 \tag{2.69}$$

这里，$\hat{\boldsymbol{n}}^{+}$ 表示由内指向外，下面出现的 $\hat{\boldsymbol{n}}^{-}$ 表示由外指向内。根据关系 $\boldsymbol{J}=\sigma\boldsymbol{E}$，$\boldsymbol{J}=\hat{\boldsymbol{n}}^{-}\times\boldsymbol{H}$，由式 (2.69) 可得 $\sigma=1/Z$。这表明边界是有耗边界，故这种有耗边界所围区域的谐振频率一定为复数。因为实际计算中的频率为实数，故不可能遇上内谐振问题，这是一种不太严格的解释。下面给出较为严格的证明。先用式 (2.69) 的共轭去点乘式 (2.69)，再在求解域作积分可得

$$\int_S|\boldsymbol{E}_t|^2+Z^2|\boldsymbol{H}_t|^2\,\mathrm{d}S+2Z\left\{\mathrm{Re}\int_S[\boldsymbol{E}\times\boldsymbol{H}^*]\cdot(-\hat{\boldsymbol{n}}^{+})\mathrm{d}S\right\}=0 \tag{2.70}$$

上式第二项是表示流进区域能量的坡印亭矢量，其值不小于零，故可推出区域内非常接近边界处的 $\boldsymbol{E}_t$ 和 $\boldsymbol{H}_t$ 同时为零。这表明离散联合积分方程没有内谐振问题。

因此，实际计算时一般采用联合积分方程 (2.68)。数值实验表明，α 取 0.2 时，方程 (2.68) 有较好的条件数，迭代求解收敛速度快。随 α 增大，迭代求解收敛速度变慢，但精度提高。这不难解释，因为 2.1.6 小节就已分析得出：电场积分方程精度高，离散方程条件数较大；磁场积分方程精度较差，离散方程条件数较小。

2.1.8　快速多极子技术

前面几小节论述了如何离散积分方程，以获得性能良好的线性方程组。下面便要讲述如何快速求解这个线性方程组。解线性方程组的方法可分两类：一类为直接法，如高斯消除法；一类为迭代法，如共轭梯度法。因为矩量法线性方程组的系数矩阵是满阵，如用直接法求解，则计算机内存需达 $O\left(N^2\right)$，运算量达 $O\left(N^3\right)$；如用迭代法求解，内存一样需达 $O\left(N^2\right)$，而每次迭代的运算量达 $O\left(N^2\right)$(这里 N 为未知数的个数)。如此之多的内存需求，如此之大的运算量，极大地限制了矩量法的应用范围，致使 20 世纪 90 年代以前，矩量法仅适用于电小尺寸物体。20 世纪 90 年代以后，情况发生了变化，目前矩量法已可计算相当大的电大尺寸物体。这主要归功于 Rokhlin 在文献 [4] 中提出的快速多极子 (FMM) 技术。此技术在文献 [5]

中有侧重于电磁应用的详细阐释，并在文献 [6] 中成功地应用于计算电磁学。这是一种减少内存需求，加快矩阵与矢量相乘的技术。

1. 快速多极子技术的基本思路

大家知道，迭代法的运算量主要取决于矩阵与矢量相乘的运算量。从物理意义上看，矩阵与矢量相乘虽实际上是源点对场点的作用，然由于考虑的整个源点和场点是重合的，因此也可在形式上认为是等效电流的相互作用。快速多极子技术的基本思路是首先将未知等效电流分成小组。所分小组可按如下方式进行：首先用一个适当大小的长方体将物体刚好包住，然后将此长方体分成小长方体 (小长方体究竟多大合适，下面再作具体分析)，并将非空小长方体标出储存。此处非空小长方体是指其内有未知等效电流的小长方体，也就是被物体边界切割的小长方体。对任何一个非空小长方体，其他的非空小长方体可分两类：一类为近相互作用，另一类为远相互作用。通常，两小长方体中心之间的距离小于半个波长的为近相互作用，否则为远相互作用。

下面来分析两小长方体 A 和 B 的远相互作用。设 A 和 B 内分别都有 100 个未知数，如图 2-4 所示。如果用通常方式来执行它们之间的相互作用，则需 100×100 次计算机操作。而快速多极子技术是用一种新的方式来执行 A 和 B 之间的远相互作用的。其基本思路是将整个相互作用过程分解成三步：聚集、转移、发散。聚集就是将分布在 A 内的 100 个未知数所对应的等效电流聚集在 A 的中心。其目的就是获得一组具有下列转移特性的新函数：A 内所有等效电流对远处的作用可由执行这组函数的转移完成。转移就是将聚集过程中得到的一组函数由 A 的中心转移到 B 的中心。发散就是将转移到 B 中心的那组函数发散到 B 内所有 100 个未知数所对应的等效电流上，从而完成 A 和 B 的远相互作用。此种作用方式可由图 2-5 表示。本小节 2. 将阐述平面波函数具有的上述转移特性，而且在能保证高精度的情况下，所需平面波个数少于原未知数个数。这就是说，完成新函数从 A 中心到 B 中心的转移，只需少于 100 次的计算机操作。这就是快速多极子技术能加快完成 A 和 B 远

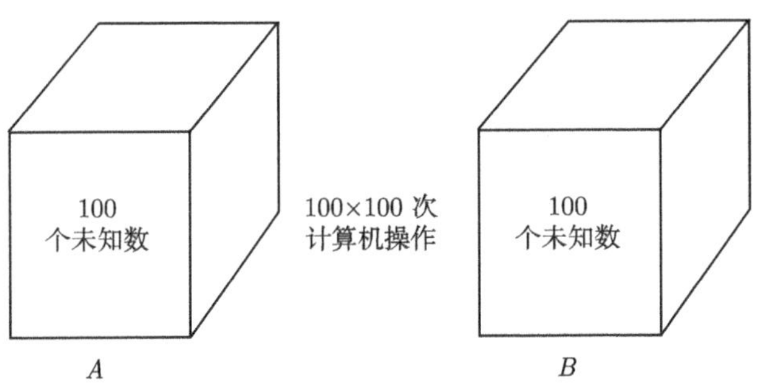

图 2-4 远相互作用常规实施办法示意图

相互作用的原因。作用过程的分解来源于积分方程中格林函数的多极子展开，故此项技术称为**快速多极子技术**。由于格林函数的多极子展开在近相互作用时很难达到满意精度，所以这种新作用方式只适用远相互作用。这也是我们将相互作用分成近相互作用和远相互作用的原因。

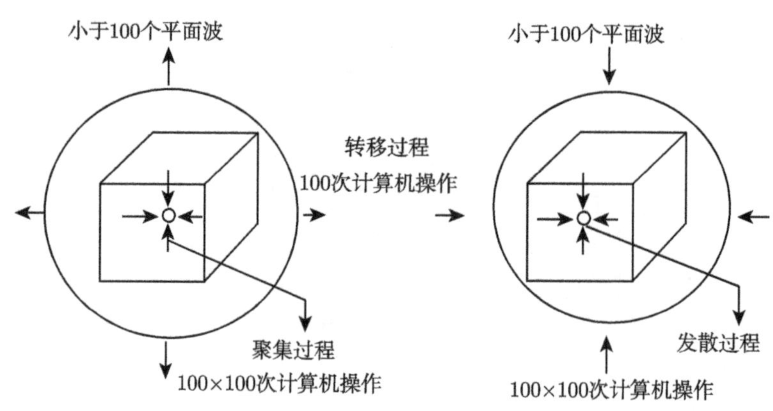

图 2-5　远相互作用快速多极子技术实施办法示意图

下面来解决上述遗留下来的一个问题：即小长方体多大合适。由上述分析可以知道：转移步骤所需计算量很小。然而，聚集和发散步骤并非如此，实际上，将原来 100 个未知数所对应的 100 个基函数聚集成大致 100 个平面波函数，需要 100×100 次计算机操作；将 100 个平面波函数发散给 100 个未知数所对应的 100 个基函数，也需要 100×100 次计算机操作。因此，如果只考虑两个小长方体的远相互作用，快速多极子技术所需计算量是超过通常方式的计算量的。然而，当我们考虑 100 个小长方体的远相互作用时，情况就不是这样了。此时有 $100 \times 100=$ 10000 个未知数，用通常方式完成它们的相互作用需 $10000\times$ 10000 次计算机操作。例如，用快速多极子技术，每个小长方体中的聚集需 100×100 次计算机操作，现有 100 个小长方体，因此整个聚集需 $100 \times 100 \times 100$ 次计算机操作。同样道理，整个发散需 $100 \times 100 \times 100$ 次计算机操作。至于转移步骤，因为完成一次转移需 100 次计算机操作，现有 100 个小长方体，需 100×100 次转移，因此整个转移也需 $100 \times 100 \times 100$ 次计算机操作。故用快速多极子技术完成整个相互作用需 3 组 $100 \times 100 \times 100$ 次计算机操作，大大小于通常方式的计算量。由此可见，小长方体尺寸不能过大，因为过大会导致聚集和发散两步骤的计算量过大；小长方体尺寸不能过小，因为过小会导致转移步骤的计算量过大。严格来说，假如有 N 个未知数，分成 M 组，这样每组大致有 N/M 个未知数。根据上面分析，聚集和发散步骤所需计算机操作都是 $O(N^2/M)$，转移步骤需 $O(MN)$ 次计算机操作。因此完成整个相互作用需要 $O(N^2/M + MN)$ 次计算机操作。不难知道，在 $M = N^{1/2}$ 时，完成整个相互作用需要的计算机操作次数最少为 $O(N^{3/2})$。不难分析，此时的内存需要量也为 $O(N^{3/2})$。

2. 快速多极子技术的数学原理

由 2.1.4 小节知道，离散积分方程系数矩阵的元素可表示成

$$Z_{ij} = \int_S \int_{S'} \boldsymbol{g}_i \cdot P(G)\boldsymbol{g}_j \mathrm{d}S'\mathrm{d}S \tag{2.71}$$

这里，$P(G)$ 表示作用在格林函数 G 上的算子。假设 $\{x\}$ 和 $\{y\}$ 分别代表相距较远的两小长方体 A、B 中的未知数。那么 $\{x\}$ 对 $\{y\}$ 的作用可表示成

$$\{y\} = [Z]\{x\} \tag{2.72}$$

由本小节 1. 可知，快速多极子技术将此矩阵和矢量相乘分解成聚集、转移、分散三步骤进行。现在便具体介绍此分解过程，此分解过程主要靠下面两个数学恒等式。第一个便是关于格林函数的**加法定律**[15]：

$$\frac{\mathrm{e}^{-\mathrm{j}k|r+d|}}{|r+d|} = -\mathrm{j}k\sum_{l=0}^{\infty}(-1)^l(2l+1)\mathrm{j}_l(kd)\mathrm{h}_l^{(2)}(kr)\mathrm{P}_l(\hat{\boldsymbol{d}}\cdot\hat{\boldsymbol{r}}) \tag{2.73}$$

这里，j_l 是第一类球面 Bessel 函数，$\mathrm{h}_l^{(2)}$ 是第二类球面 Hankel 函数，P_l 是 Legendre 多项式，以及 $d<r$。值得注意的是，在 $l<z$ 时，函数 $\mathrm{j}_l(z)$ 和 $\mathrm{h}_l^{(2)}(z)$ 幅值大致保持常数；在 $l>z$ 时，函数 $\mathrm{j}_l(z)$ 衰减非常快，而 $\mathrm{h}_l^{(2)}(z)$ 递增非常快。这样当 $d \ll r$ 时，式 (2.73) 能在保证高精度下截断。这样展开式 (2.73) 便可写成

$$\frac{\mathrm{e}^{-\mathrm{j}k|r+d|}}{|r+d|} = -\mathrm{j}k\sum_{l=0}^{L}(-1)^l(2l+1)\mathrm{j}_l(kd)\mathrm{h}_l^{(2)}(kr)\mathrm{P}_l(\hat{\boldsymbol{d}}\cdot\hat{\boldsymbol{r}}) \tag{2.74}$$

通常取 $L = kd + 2\ln(kd+\pi)$ 就能保证较高精度了。第二个恒等式便是式 (2.74) 中 $\mathrm{j}_l\mathrm{P}_l$ 的平面波展开

$$4\pi(-\mathrm{j})^l\mathrm{j}_l(kd)\mathrm{P}_l(\hat{\boldsymbol{d}}\cdot\hat{\boldsymbol{r}}) = \oint \mathrm{e}^{-\mathrm{j}\boldsymbol{k}\boldsymbol{r}\cdot\boldsymbol{d}}\mathrm{P}_l(\hat{\boldsymbol{k}}\cdot\hat{\boldsymbol{r}})\mathrm{d}^2\hat{\boldsymbol{k}} \tag{2.75}$$

这里的积分符号 $\mathrm{d}^2\hat{\boldsymbol{k}}$ 表示积分在整个单位球面上进行。此积分可用高斯面积分方法进行。具体说来，就是在区间 $[0,\pi]$ 上取 L 点，使得 $\cos\theta$ 在区间 $[-1,1]$ 上满足 Gauss-Lengendre L 点积分公式。L 点的 θ 值及积分权因子可以直接调用文献 [7] 中的子程序 gauleg 得到。对于 ϕ 值的选取，可在区间 $[0,2\pi]$ 上等间隔选取 $2L$ 个值。于是式 (2.75) 右边的积分便可写成

$$4\pi(-\mathrm{j})^l\mathrm{j}_l(kd)\mathrm{P}_l(\hat{\boldsymbol{d}}\cdot\hat{\boldsymbol{r}}) = \sum_{p=1}^{K}\omega_p\mathrm{e}^{-\mathrm{j}\boldsymbol{k}_p\cdot\boldsymbol{d}}\mathrm{P}_l(\hat{\boldsymbol{k}}_p\cdot\hat{\boldsymbol{r}}) \tag{2.76}$$

这里，$K=2L^2$，ω_p 是权因子，$\hat{\boldsymbol{k}}_p=(\sin\theta_p\cos\phi_p,\sin\theta_p\sin\phi_p,\cos\theta_p)$，$\boldsymbol{k}_p=k\hat{\boldsymbol{k}}_p$，$(\theta_p,\phi_p)$ 表示单位球面上取样点的球坐标。将式 (2.76) 代入式 (2.74)，并将求和次序交换可得

$$\frac{\mathrm{e}^{-\mathrm{j}k|\boldsymbol{r}+\boldsymbol{d}|}}{|\boldsymbol{r}+\boldsymbol{d}|}=-\frac{\mathrm{j}k}{4\pi}\sum_{p=1}^{K}\omega_p V(\boldsymbol{k}_p\cdot\boldsymbol{d})T_p(kr,\hat{\boldsymbol{k}}_p\cdot\hat{\boldsymbol{r}}) \tag{2.77}$$

其中，

$$V(\boldsymbol{k}_p\cdot\boldsymbol{d})=\mathrm{e}^{-\mathrm{j}\boldsymbol{k}_p\cdot\boldsymbol{d}} \tag{2.78}$$

$$T_p(kr,\hat{\boldsymbol{k}}_p\cdot\hat{\boldsymbol{r}})=\sum_{l=0}^{L}(-\mathrm{j})^l(2l+1)\mathrm{h}_l^{(2)}(kr)\mathrm{P}_l(\hat{\boldsymbol{k}}_p\cdot\hat{\boldsymbol{r}}) \tag{2.79}$$

注意，式 (2.77) 右边的 $V(\boldsymbol{k}_p\cdot\boldsymbol{d})$ 与 $\boldsymbol{r}$ 无关，而 $T_p(kr,\hat{\boldsymbol{k}}_p\cdot\hat{\boldsymbol{r}})$ 与 $\boldsymbol{d}$ 无关。这表明式 (2.77) 已将格林函数表示的直接相互作用分解成远距离的转移和近距离的聚集或发散。为了更简明地阐述，不失一般性，以 $P(G)=G$ 为例来说明。如图 2-6 所示，取 $\boldsymbol{r}=\boldsymbol{r}_o-\boldsymbol{r}_{o'}$，$\boldsymbol{d}=\boldsymbol{r}_{om}-\boldsymbol{r}_{o'm'}$，利用式 (2.77) 便可得矩阵元素 (2.71) 的快速多极子表达式：

$$Z_{ij}=\sum_{p=1}^{K}\boldsymbol{D}_{ip}T_p\boldsymbol{A}_{pj} \tag{2.80}$$

其中，

$$\boldsymbol{D}_{ip}=\int_{S'}\omega_p\boldsymbol{g}_i\mathrm{e}^{-\mathrm{j}\boldsymbol{k}_p\cdot\boldsymbol{r}_{m'o'}}\mathrm{d}S' \tag{2.81}$$

$$\boldsymbol{A}_{pj}=\int_{S}\mathrm{e}^{-\mathrm{j}\boldsymbol{k}_p\cdot\boldsymbol{r}_{mo}}\boldsymbol{g}_i\mathrm{d}S \tag{2.82}$$

注意，$\boldsymbol{D}_{ip}$，$\boldsymbol{A}_{pj}$ 是矢量，T_p 是标量。于是式 (2.72) 的矩阵和矢量相乘便可表示成

$$\{y\}=[D][T][A]\{x\} \tag{2.83}$$

矩阵 $[D]$ 和 $[A]$ 的元素已由式 (2.81) 和式 (2.82) 给出。矩阵 $[T]$ 的元素可写成 $T_{pq}=T_p\delta_{pq}$。显然，$[T]$ 是对角阵。表达式 (2.83) 便是快速多极子技术将直接相互作用分解成聚集、转移、发散三步骤的数学表达式。在这表达式中，$[A]\{x\}$ 表示**聚集过程**，它将 A 中基函数聚集成平面波函数，所得结果 $\{x_1\}$ 表示 K 个平面波；$[T]\{x_1\}$ 表示**转移过程**，它将聚集得到的平面波从 A 中心转移到 B 中心，所得结果 $\{y_1\}$ 表示在 B 中心的 K 个平面波；最后 $[D]\{y_1\}$ 就是**发散过程**，它将 K 个平面波发散到 B 中的基函数，从而得到最终结果 $\{y\}$。一个重要事实是矩阵 $[A]$，$[T]$

和 $[D]$ 相互独立。这意味着对不同的 B，矩阵 $[A]$ 是相同的；同样，对不同的 A，矩阵 $[D]$ 是相同的。换句话说，当我们计算 A 和不同的 B 相互作用时，$\{x_1\}$ 是相同的，不需重复计算；同样，当我们计算不同的 A 和 B 相互作用时，来自不同 A 的 $\{y_1\}$ 能合成一个总 $\{y_1\}$ 去作发散过程。只有转移过程是必须完全重新计算的，只要相互作用的 A 和 B 有任何一方改变。所幸的是，转移过程计算量小，因为 $[T]$ 是对角阵。

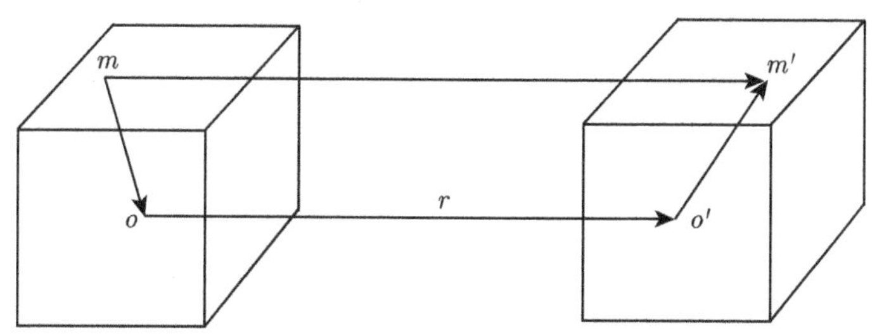

图 2-6 快速多极子技术具体实施示意图

3. 多层快速多极子技术的基本思路

本小节 1. 已阐明：快速多极子技术中的组不能太大，因为那样转移过程虽然能非常有效地计算，但聚集和发散过程都不能有效地进行；组也不能太小，因为那样聚集和发散过程虽能有效地进行，但是转移过程不能有效地计算。为此，我们通过选择组的适当大小来获得快速多极子技术的最佳效率。现在介绍一种新的方式来更有效地实现快速多极子技术。其基本思路就是将未知数分成不同层次的组，低层组小，高层组大，让聚集和发散过程先在最低层进行，后通过移置、插值完成底层中的聚集和发散，而转移过程只在每层的部分组之间进行。这种实现方式被称为多层快速多极子 (MLFMA) 技术。下面以聚集过程为例来具体阐述这一实现方式。如图 2-7 所示，假设大组中有 $4m$ 个未知数，这样实现聚集需 $16m^2$ 次计算机操作。如果聚集先在小组进行，需 $4m^2$ 次计算机操作。后将所得的四类以小

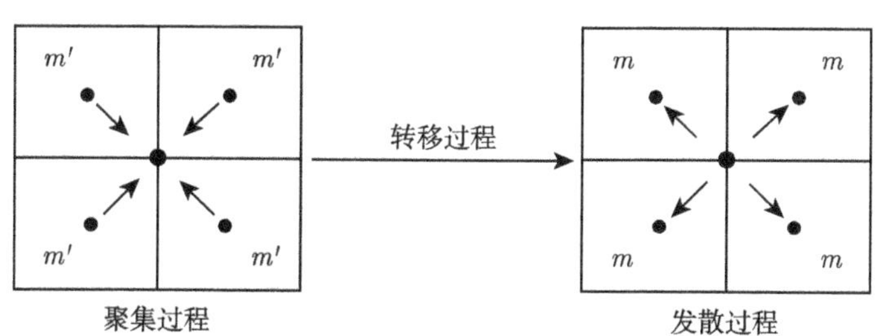

图 2-7 多层快速多极子技术实施办法示意图

组中心为起点的平面波移到以大组中心为起点的，并相加得到 m 个以大组中心为起点的平面波，这又需 $4m$ 次计算机操作。接着再将 m 个以大组中心为起点的平面波插值，得到 $4m$ 个大组中心平面波，从而完成大组聚集过程。本小节 4. 将说明此插值过程需 $64m$ 次计算机操作。因此这种实现方式总共需 $4m^2+68m$ 次计算机操作。在 m 很大时，明显少于原来的 $16m^2$ 次计算机操作。

为了给出一个完整的多层快速多极子技术实现步骤，不失一般性，下面以求解域是正方形为例来具体说明。如图 2-8 所示，将正方形分成四个小正方形，这是第一层分组，其中 * 号表示小组中心。后再将每一小正方形一分为四，此过程反复进行，直到最小正方形边长在半个波长为止。为了叙述方便，这里只给出三层分组。图 2-8(b) 和 2-8(c) 分别给出第二层和第三层的分组情况，其中符号 o 和 · 分别表示第二层和第三层的小组中心。

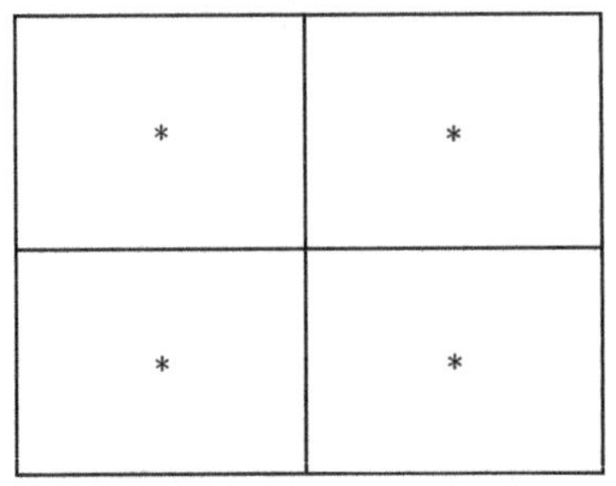

(a) 第一层

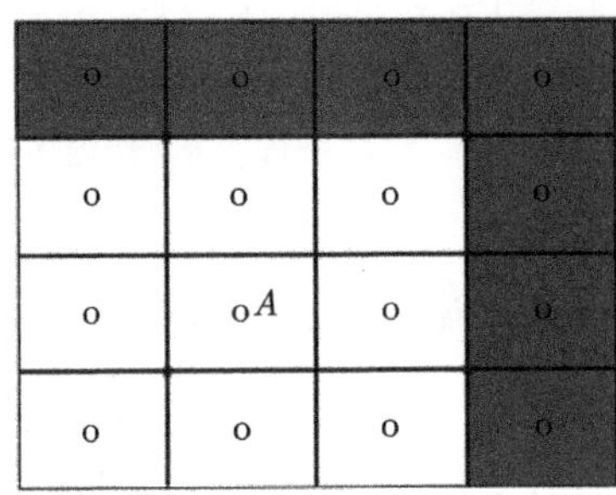

(b) 第二层

(c) 第三层

图 2-8　三层快速多极子技术示意图

和快速多极子技术一样，多层快速多极子技术也是将矩阵与矢量相乘分解成聚集、转移、发散三步骤。然而聚集过程是先在最底层进行，后通过移置中心以及插值来完成高层的聚集。发散过程反之。至于转移过程，与快速多极子技术中的执行方式完全一样，只是多层快速多极子技术只在同一层的次相邻中心 (后面将解释) 进行。

先考虑聚集过程，以第二层的聚集为例。这层的聚集是通过将其低一层即第三层平面波的中心先移置、后插值完成的。假设在第三层中的每一小正方形有 N_3 个未知数，这样便有 $M = N/N_3$ 个小正方形。因为聚集在小正方形中心 · 的平面波个数通常小于未知数个数 N_3，因此从中心 · 到中心 o 的移置所需计算量要小于 $N_3 \times M = N$。同样可以分析得到其他层的移置过程所需的计算量也要小于 N。本小节 4. 中我们还要阐述每一层中插值过程所需的计算量也大致为 $O(N)$。这样执行每一层的聚集过程的计算量也就在 $O(N)$ 量级。发散过程相似，计算量也在 $O(N)$ 量级。再来考虑转移过程。为了清楚说明多层快速多极子技术转移过程的实施，先来解释上述提及的次相邻中心概念。**次相邻中心**是指在本层不属于相邻中心，但在高一层中，它们隶属的组是相邻组的那些中心。譬如，在图 2-8(c) 所示的第三层中，浅灰阴影所覆盖的正方形中心都是中心 a 的次相邻中心，其他的都不是。不难想象，任一中心的次相邻中心个数不会超过一固定常数 c，对于此例而言，应不会超过 40。前面已经说过，转移过程只在次相邻中心，因为更远处未知数的作用已通过高一层的发散过程得到。譬如，只有在浅灰阴影所覆盖的正方形中心聚集的平面波需转移到中心 a, 而深灰阴影所覆盖的正方形对 a 的作用已通过 A 处平面波的发散得到。假设这层每一小正方形内的未知数为 N_3，那么就有 $M = N/N_3$ 个小正方形。因为聚集在每一小正方形的平面波个数小于未知数个数 N_3，又转移只在次相邻中心进行，故在此层中完成转移过程需大致 $C \times N_3 \times M = C \times N$。

这样多层快速多极子技术中的聚集、转移、发散，在每一层中的计算量都为 N。又对于 N 个未知数问题，通常可分 $\log_2 N$ 层，故整个计算量为 $O(N \log_2 N)$。不难分析，多层快速多极子技术所需内存不会超过 $O(N \log_2 N)$。

4. 多层快速多极子技术的数学原理

与快速多极子技术比较，多层快速多极子技术增加了四个数学操作。聚集过程中有两个：一个是将以低层组中心为起点的平面波移置以高层组中心为起点的平面波，另一个是小数目平面波插值得到大数目平面波；发散过程中有两个：一个是将以高层组中心为起点的平面波移置以低层组中心为起点的平面波，另一个是大数目平面波反插值得到小数目平面波。很明显，发散过程中的两个操作是聚集过程中两个的逆操作，因此下面着重讲述聚集过程中两个操作的数学表达式。平面波中心移置操作比较简单，只要先将平面波乘以对应于中心间距的相位因子，后将相同平面波方向 $\hat{\boldsymbol{k}}_p$ 的平面波相加，便可得到一列以高层组中心为起点的平面波，但此列平面波的个数少于高层组所需数目。由于电场或磁场积分方程中的核在远处表现得相当光滑 [8], 故额外所需平面波可通过插值得到。数学上有很多插值方法，这里只介绍一种较为实用的双立方插值。假设在一粗网格上，$\{y_c\}$ 为一列平面波幅值，此列平面波的方向 (θ_i, ϕ_j) 对应于一个粗网格，如图 2-9 所示。下面要计

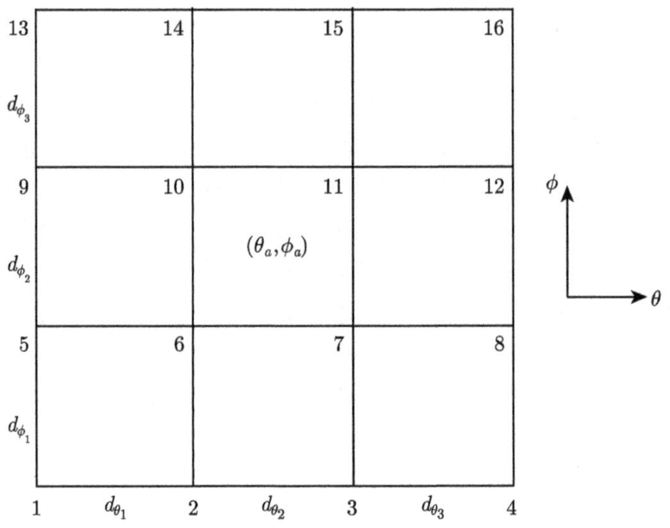

图 2-9　多层快速多极子技术中插值实施示意图

算出一列平面波幅值 $\{y_p\}$，此列平面波的方向 (θ_i,ϕ_j) 对应于一个细网格。譬如，要计算出对应于方向 (θ_a,ϕ_a) 的平面波幅值 y_a，如图 2-9 所示。根据文献 [7]，y_a 可表示成

$$y_a=\sum_{i=1}^{4}\sum_{j=1}^{4}c_{ij}t^{i-1}u^{j-1} \tag{2.84}$$

其中，

$$t=(\theta_a-\theta_6)/d_{\theta_2} \tag{2.85}$$

$$u=(\phi_a-\phi_6)/d_{\phi_2} \tag{2.86}$$

这里，$c_{ij}=cl(k)(k=4\times(i-1)+j)$，可由下式计算：

$$cl(k)=\sum_{i=1}^{16}\omega_{ki}\times z(i) \tag{2.87}$$

这里，$z(i)(i=1,2,3,4)$ 代表着方向对应于 6,7,10,11 点的平面波幅值；$z(i)(i=5,6,7,8)$，$z(i)(i=9,10,11,12)$，$z(i)(i=13,14,15,16)$ 分别代表着 θ 的导数，ϕ 的导数，以及它们的交叉导数，并且

$$
[\omega]=\begin{bmatrix}
1 & 0 & -3 & 2 & 0 & 0 & 0 & 0 & -3 & 0 & 9 & -6 & 2 & 0 & -6 & 4\\
0 & 0 & 0 & 0 & 0 & 0 & 0 & 0 & 3 & 0 & -9 & 6 & -2 & 0 & 6 & -4\\
0 & 0 & 0 & 0 & 0 & 0 & 0 & 0 & 0 & 0 & 9 & -6 & 0 & 0 & -6 & 4\\
0 & 0 & 3 & -2 & 0 & 0 & 0 & 0 & 0 & 0 & -9 & 6 & 0 & 0 & 6 & -4\\
0 & 0 & 0 & 0 & 1 & 0 & -3 & 2 & -2 & 0 & 6 & -4 & 1 & 0 & -3 & 2\\
0 & 0 & 0 & 0 & 0 & 0 & 0 & 0 & -1 & 0 & 3 & -2 & 1 & 0 & -3 & 2\\
0 & 0 & 0 & 0 & 0 & 0 & 0 & 0 & 0 & 0 & -3 & 2 & 0 & 0 & 3 & -2\\
0 & 0 & 0 & 0 & 0 & 0 & 3 & -2 & 0 & 0 & -6 & 4 & 0 & 0 & 3 & -2\\
0 & 1 & -2 & 1 & 0 & 0 & 0 & 0 & 0 & -3 & 6 & -3 & 0 & 2 & -4 & 2\\
0 & 0 & 0 & 0 & 0 & 0 & 0 & 0 & 0 & 3 & -6 & 3 & 0 & -2 & 4 & -2\\
0 & 0 & 0 & 0 & 0 & 0 & 0 & 0 & 0 & 0 & -3 & 3 & 0 & 0 & 2 & -2\\
0 & 0 & -1 & 1 & 0 & 0 & 0 & 0 & 0 & 0 & 3 & -3 & 0 & 0 & -2 & 2\\
0 & 0 & 0 & 0 & 0 & 1 & -2 & 1 & 0 & -2 & 4 & -2 & 0 & 1 & -2 & 1\\
0 & 0 & 0 & 0 & 0 & 0 & 0 & 0 & 0 & -1 & 2 & -1 & 0 & 1 & -2 & 1\\
0 & 0 & 0 & 0 & 0 & 0 & 0 & 0 & 0 & 0 & 1 & -1 & 0 & 0 & -1 & 1\\
0 & 0 & 0 & 0 & 0 & 0 & -1 & 1 & 0 & 0 & 2 & -2 & 0 & 0 & -1 & 1
\end{bmatrix} \tag{2.88}
$$

用差分计算平面波幅值的导数，于是 $\{z\}$ 可表示成

$$
\{z(i)\}=[R][C]\{y\} \tag{2.89}
$$

其中，

$$
[C]=\begin{bmatrix}
0 & 0 & 0 & 0 & 0 & 1 & 0 & 0 & 0 & 0 & 0 & 0 & 0 & 0 & 0 & 0\\
0 & 0 & 0 & 0 & 0 & 0 & 1 & 0 & 0 & 0 & 0 & 0 & 0 & 0 & 0 & 0\\
0 & 0 & 0 & 0 & 0 & 0 & 0 & 0 & 0 & 1 & 0 & 0 & 0 & 0 & 0 & 0\\
0 & 0 & 0 & 0 & 0 & 0 & 0 & 0 & 0 & 0 & 1 & 0 & 0 & 0 & 0 & 0\\
0 & 0 & 0 & 0 & -1 & 0 & 1 & 0 & 0 & 0 & 0 & 0 & 0 & 0 & 0 & 0\\
0 & 0 & 0 & 0 & 0 & -1 & 0 & 1 & 0 & 0 & 0 & 0 & 0 & 0 & 0 & 0\\
0 & 0 & 0 & 0 & 0 & 0 & 0 & 0 & -1 & 0 & 1 & 0 & 0 & 0 & 0 & 0\\
0 & 0 & 0 & 0 & 0 & 0 & 0 & 0 & 0 & -1 & 0 & 1 & 0 & 0 & 0 & 0\\
0 & -1 & 0 & 0 & 0 & 0 & 0 & 0 & 0 & 1 & 0 & 0 & 0 & 0 & 0 & 0\\
0 & 0 & -1 & 0 & 0 & 0 & 0 & 0 & 0 & 0 & 1 & 0 & 0 & 0 & 0 & 0\\
0 & 0 & 0 & 0 & 0 & -1 & 0 & 0 & 0 & 0 & 0 & 0 & 0 & 1 & 0 & 0\\
0 & 0 & 0 & 0 & 0 & 0 & -1 & 0 & 0 & 0 & 0 & 0 & 0 & 0 & 1 & 0\\
1 & 0 & -1 & 0 & 0 & 0 & 0 & 0 & -1 & 0 & 1 & 0 & 0 & 0 & 0 & 0\\
0 & 1 & 0 & -1 & 0 & 0 & 0 & 0 & 0 & -1 & 0 & 1 & 0 & 0 & 0 & 0\\
0 & 0 & 0 & 0 & 1 & 0 & -1 & 0 & 0 & 0 & 0 & 0 & -1 & 0 & 1 & 0\\
0 & 0 & 0 & 0 & 0 & 1 & 0 & -1 & 0 & 0 & 0 & 0 & 0 & -1 & 0 & 1
\end{bmatrix} \tag{2.90}
$$

并且 $[R]$ 是对角阵，其对角元素 r_i 为

$$
\begin{aligned}
r_i &= 1, \quad i=1,2,3,4 \\
r_i &= \frac{1}{d_{\theta_1}+d_{\theta_2}}, \quad i=5,7 \\
r_i &= \frac{1}{d_{\theta_2}+d_{\theta_3}}, \quad i=6,8 \\
r_i &= \frac{1}{d_{\phi_1}+d_{\phi_2}}, \quad i=9,10 \\
r_i &= \frac{1}{d_{\phi_2}+d_{\phi_3}}, \quad i=11,12 \\
r_{13} &= \frac{1}{(d_{\theta_1}+d_{\theta_2})(d_{\phi_1}+d_{\phi_2})} \\
r_{14} &= \frac{1}{(d_{\theta_2}+d_{\theta_3})(d_{\phi_1}+d_{\phi_2})} \\
r_{15} &= \frac{1}{(d_{\theta_1}+d_{\theta_2})(d_{\phi_2}+d_{\phi_3})} \\
r_{16} &= \frac{1}{(d_{\theta_2}+d_{\theta_3})(d_{\phi_2}+d_{\phi_3})}
\end{aligned} \tag{2.91}
$$

$\{y\}$ 是粗网格上的平面波幅值。这样 $\{cl\}$ 便可由式 (2.92) 计算：

$$\{cl\} = [W][R][C]\{y\} \tag{2.92}$$

由式 (2.84) 不难得出我们在本小节 3. 中用到的结论，即由 m 个平面波插值得到 $4m$ 个平面波需 $64m$ 次计算机操作。

2.1.9　散射场的计算

求得金属体表面等效电流 $\boldsymbol{J}$ 后，由 1.3.2 小节可知，空间任何一处的散射场都可由下列公式计算：

$$\boldsymbol{E}^{\mathrm{s}} = -\mathrm{j}\omega\mu \int \left[1 + \frac{1}{k^2}\nabla\nabla\cdot\right] \boldsymbol{J}(\boldsymbol{r}') G \mathrm{d}S' \tag{2.93}$$

$$\boldsymbol{H}^{\mathrm{s}} = -\int \boldsymbol{J}(\boldsymbol{r}') \times \nabla G \mathrm{d}S' \tag{2.94}$$

下面要给出远场的更为简明的近似表达式。所谓远场就是 $r \gg r'$ 且 $r \gg \lambda$ 处的场。通常雷达接收的回波信号都是远场。在远场条件下，上式中的格林函数 G 可以近似地表达成

$$G(\boldsymbol{r}|\boldsymbol{r}') \approx \frac{\mathrm{e}^{-\mathrm{j}kr}}{4\pi r} \mathrm{e}^{\mathrm{j}k\boldsymbol{r}'\cdot\hat{\boldsymbol{r}}} = g_1(r) g_2(\theta, \phi) \tag{2.95}$$

其中，

$$g_1(r)=\frac{\mathrm{e}^{-\mathrm{j}kr}}{4\pi r} \tag{2.96}$$

$$g_2(\theta,\phi)=\mathrm{e}^{\mathrm{j}k\boldsymbol{r}'\cdot\hat{\boldsymbol{r}}} \tag{2.97}$$

很明显，在球坐标下函数 g_1 只是 r 的函数，与 θ,ϕ 无关；g_2 只是 θ,ϕ 的函数，与 r 无关。于是在球坐标下有

$$\begin{aligned}\nabla G=&g_1\nabla g_2+g_2\nabla g_1\\=&g_1O\left(\frac{1}{r}\right)+g_2\left[-\mathrm{j}k\hat{\boldsymbol{r}}g_1+O\left(\frac{1}{r^2}\right)\right]\\=&-\mathrm{j}kG\hat{\boldsymbol{r}}+O\left(\frac{1}{r^2}\right)\end{aligned} \tag{2.98}$$

式中，符号 $O(\cdot)$ 表示量级。忽略高阶量后有

$$\nabla G\approx-\mathrm{j}kG\hat{\boldsymbol{r}} \tag{2.99}$$

于是

$$\begin{aligned}\nabla\nabla\cdot[\boldsymbol{J}(\boldsymbol{r}')G]=&\nabla\left[\boldsymbol{J}(\boldsymbol{r}')\cdot\nabla G\right]\\\approx&\nabla\left[-\mathrm{j}kG\hat{\boldsymbol{r}}\cdot\boldsymbol{J}(\boldsymbol{r}')\right]\\=&-\mathrm{j}k\left[\hat{\boldsymbol{r}}\cdot\boldsymbol{J}(\boldsymbol{r}')\right]\cdot\nabla G\\\approx&-k^2\left[\hat{\boldsymbol{r}}\cdot\boldsymbol{J}(\boldsymbol{r}')\right]G\hat{\boldsymbol{r}}\end{aligned} \tag{2.100}$$

将式 (2.100) 代入式 (2.93)，便知在球坐标下 $\boldsymbol{E}^{\mathrm{s}}$ 只有 θ,ϕ 分量，可表示成

$$\boldsymbol{E}^{\mathrm{s}}=-\mathrm{j}\omega\mu\boldsymbol{N}_t=-\mathrm{j}kZ\boldsymbol{N}_t \tag{2.101}$$

式 (2.101) 便是**远区散射场表达式**，其中 Z 是均匀空间波阻抗，$\boldsymbol{N}_t$ 表示下列 $\boldsymbol{N}$ 的相对于 $\hat{\boldsymbol{r}}$ 方向的横向分量：

$$\boldsymbol{N}=\frac{\mathrm{e}^{-\mathrm{j}kr}}{4\pi r}\int\boldsymbol{J}(\boldsymbol{r}')\mathrm{e}^{\mathrm{j}k\boldsymbol{r}'\cdot\hat{\boldsymbol{r}}}\mathrm{d}S' \tag{2.102}$$

同样方法可推得

$$\boldsymbol{H}^{\mathrm{s}}=-\mathrm{j}k\hat{\boldsymbol{r}}\times\boldsymbol{N}_t=\frac{1}{Z}\hat{\boldsymbol{r}}\times\boldsymbol{E}^{\mathrm{s}} \tag{2.103}$$

为了更突出地反映物体的散射特征，我们用均匀散射场能量来归一实际散射场能量，从而引入下面一个常被使用的物理量：**雷达散射截面**σ。

$$\sigma(\theta,\phi,\theta^{\mathrm{i}},\phi^{\mathrm{i}})=\lim_{r\to\infty}4\pi r^2\frac{|\boldsymbol{E}^{\mathrm{s}}(\theta,\phi)|^2}{|\boldsymbol{E}^{\mathrm{i}}(\theta^{\mathrm{i}},\phi^{\mathrm{i}})|^2} \tag{2.104}$$

根据观察角度不同，雷达散射截面 (RCS) 又分双站散射截面，单站散射截面或后向散射截面，以及前向散射截面。**双站散射截面**是固定入射方向，观察不同散射方向的物体散射截面，在反演问题中常使用；**单站散射截面**是散射观察方向始终与入射方向反向，观察不同入射方向的物体散射截面，雷达接收的通常都是后向散射截面；**前向散射截面**，顾名思义，就是散射观察方向与入射方向同向，这个方向的散射场往往与入射场的相位反向。再进一步，如果要反映物体的极化散射特征，我们要用下面的散射截面矩阵表示：

$$\begin{bmatrix} \sigma_{\theta\theta} & \sigma_{\theta\phi} \\ \sigma_{\phi\theta} & \sigma_{\phi\phi} \end{bmatrix} \tag{2.105}$$

其中，$\sigma_{\theta\theta}$ 表示**垂直极化散射截面**，即电场为 θ 方向的入射场产生的电场为 θ 方向的散射截面；$\sigma_{\phi\phi}$ 表示**水平极化散射截面**，即电场为 ϕ 方向的入射场产生的电场为 ϕ 方向的散射截面；$\sigma_{\theta\phi}$，$\sigma_{\phi\theta}$ 表示**交叉极化散射截面**，即电场为 θ 方向的入射场产生的电场为 ϕ 方向的散射截面或电场为 ϕ 方向的入射场产生的电场为 θ 方向的散射截面。

2.1.10 计算机程序的编写

至此已给出了完整的计算任意形状金属体散射的离散化公式系统。下面便是将这一公式系统转化成计算机语言，即编写程序。编写程序通常是自上向下，逐步细化。就计算金属体散射而言，计算机程序应有四大子程序：金属体形状信息获取子程序、离散方程形成子程序、求解方程组子程序、计算远区散射场子程序。对于一个子程序，要紧的是弄清哪些是输入的，哪些是输出的；哪些是需要存储的，哪些是不需要存储的。就形状信息获取子程序而言，此子程序要输出三角形单元总数 (用整型变量 maxpatch 表示)，边数 (用整型变量 maxedge 表示)，顶点数 (用整型变量 maxnode 表示)；每个三角形对应哪三个顶点 (用整型数组 ipatch(3,maxpatch) 存储)；所有顶点坐标 (用实型数组 xyznode(3,maxnode) 存储)；再就是每条边对应哪两个顶点，哪两个三角形 (用整型数组 iedge(4,maxedge) 存储)。这些信息通过读外部数据文件而得。就离散方程形成子程序而言，输入数据便是形状信息获取子程序输出的数据，输出的则是系数矩阵 $[A]$ (用复型数组 cmatrix(maxedge,maxedge) 存储，整个程序内存需求量主要由它决定) 和矢量 $\{J\}$(用复型数组 crhs(maxedge) 存储)。系数矩阵 $[A]$ 的形成一般是通过两重循环完成的。每重循环的循环变量都是从 1 到 maxedge，这样共进行 maxedge×maxedge 次循环，是很耗时的一步。不难知道，每次循环实际上是完成矩阵中一个元素的计算。需要注意的是，对应于每条边的基函数是定义在相邻的两个三角形上的，不是一个三角形，因此积分区域是两个三角形。至于求解方程组子程序，计算远区散射场子程序，其输入、输出很明显，在此就不赘述了。上面的程序结构是在假定求解方程组不用快速多极子技术下确定的。如用快速多极子技术，此结构要作相应的变化。在形状信息获取子程序之后要增加一个分组的子程序，以获得如下信息：共分多少组，组与三角形单元的隶属关系，对于每个组，其他哪些组与之是近相互作用，哪些组与之是远相互作用等。离散方程形成子程序要分成两个：一个是用于计算近相互作用的，另一个是用于计算远相互作用的。计算近相互作用矩阵元素的子程序基本保持不变。唯一改变的是用一维数组存储矩阵元素，因为要计算的近相互作用矩阵元素是分布的、非连续的。计算远相互作用的聚集矩阵、转移矩阵、发散矩阵的子程序是原来没有的，需要增加。另一个需要改变的是此时求解方程组的子程序只能用迭代法，如共轭梯度法。其中矩阵与矢量相乘部分按快速多极子方式编写。

应该说，编写程序本身不难，难在要保证编写的程序在任何时候都能正确运行。一般说来，在很短时间内就可将离散化公式转化成计算机程序，但往往这个程序有各式各样的错误，无法正确运行。这些错误大致可分为两类：一类为计算机语言错误，如不符合计算机语言法则，数据类型不对，数组传递错误等；另一类为离散化公式本身有误。计算机语言错误易查，尤其是现在的各种高级语言平台都提供 Debug(跟踪调试) 工具。后一类错误难查。这类错误又可再分成推导中不小心出现的错误和对问题认识偏差、考虑不周或离散化方法本身缺陷导致的错误。推导中的粗心错误应该不难通过检查推导过程排除，而认识偏差、考虑不周、方法缺陷这类问题的发现和认识则是一个漫长的探索过程，也是一个对方法认识不断深入的过程。这一过程如何进行，因人而异。就作者经验而言，利用物理原理，设计各种简单特殊的检验模型，是进行这一过程的有效方式。

固然将一个显示的公式系统转化成计算机程序不难，然确实有程序可读性、移植性之讲究，计算效率与内存需求之权衡。下面略讲几条原则。在保证精度方面，我们要注意：

(1) 在计算求和时，可通过改变求和次序让小数先加，防止大数吃小数。譬如，如果 $A > B > C$，那么 $(C + B) + A$ 要比 $(A + B) + C$ 好。

(2) 要尽量避免两个非常大的、数值相当的数相减，防止有效位数损失。譬如，如果 $X \ll R$，那么 $\sqrt{2.0 \cdot R \cdot X + X^2}$ 要比 $\sqrt{(R + X)^2 - R^2}$ 好。

(3) 避免小数作除数，大数作乘数。

(4) 尽量化简公式以减少计算机操作次数。譬如，$X - Y$ 要比 $(X^2 - Y^2)/(X + Y)$ 好。

(5) 尽量不要用不同数据类型的变量或常数进行加减乘除运算。

上述 (4) 和 (5) 对提高效率同样有帮助。除此之外，在提高效率方面还应注意：

(1) 充分利用递推公式，对提高算法效率往往有好处。譬如，如果直接计算 x^{255} 的值，须进行 254 次乘法运算。若用公式 $x^{255} = x \cdot x^2 \cdot x^4 \cdot x^8 \cdot x^{16} \cdot x^{32} \cdot x^{64} \cdot x^{128}$,

则只需作 7 次运算。

(2) 尽量避免在程序中开不必要的数组。

(3) 要根据所用计算机语言决定循环次序。譬如在 FORTRAN 程序中，

```
      DO 10 I=1,50
      DO 10 J=1,50
10    A(I,J)=0.0
```

要大大慢于

```
      DO 10 J=1,50
      DO 10 I=1,50
10    A(I,J)=0.0
```

这是因为在 FORTRAN 语言中，矩阵 $[A]$ 的元素在内存中是按下列次序排列的：

$$A(1,l), A(2,l), \cdots, A(50,l), A(1,2), A(2,2), \cdots$$

完成程序调试后，要对程序的输入、输出变量，所用方法及参考文献进行说明，以便自己或别人今后阅读。另外，要保存典型的输入、输出数据文件，以便今后调试或修改。

2.1.11　计算机数值实验

程序调试完毕，便可在计算机上计算，从而得到具体数值结果。下面便用计算机程序的运行结果来展示上述矩量法的数值性能和计算精度。大家知道，金属球散射截面可用解析解 (即 Mie 级数) 严格解析表达。下面具体计算金属球的散射截面，以便检验矩量法精度。本书除特殊标明以外，计算机程序都使用 FORTRAN 计算机高级语言编写。本小节和 2.1.12 小节的数值实验都是在清华同方的超强 1 000L 服务器 (P4 2G CPU, 1Gb 内存) 上进行的，操作系统是 Red Hat Linux 8.0。

首先计算半径 $r = 0.45\lambda$ 金属球的散射截面。我们将此金属球表面分成 512 个小三角形，共 768 条边，此时小三角形的平均边长为 0.109λ。图 2-10 展示的是用共轭梯度法求解三种离散积分方程的迭代收敛曲线。由图可见，离散联合积分方程 (combined field integral equation ，CFIE) 收敛最快，离散磁场积分方程 (magnectic field integral equation, MFIE) 次之，离散电场积分方程 (electric field integral equation, EFIE) 最慢。图 2-11 和图 2-13 给出了双站散射截面的三种离散积分方程计算结果，与 Mie 级数解析解的比较表明，三种离散积分方程都给出了相当精确的结果。相比较而言，EFIE 和 CFIE 精度相当，MFIE 略差。不过，这三种离散积分方程随着剖分加密都收敛于解析解。下面将用数值结果证实这一点。将此金属球不断细分，得到下面另外三种剖分情形：分别是 1200, 2700, 4800 条边，对应的小三角形平均边长为 0.087λ, 0.058λ, 0.044λ。在这三种剖分下分别进行计算。图 2-12 展示了用共轭梯度法求解三种离散积分方程所需迭代次数随剖分粗细的变

化情况。此图显示：MFIE 和 CFIE 的迭代次数几乎不变，而 EFIE 的迭代次数随剖分变细迅速增加，从而证实 2.1.6 小节中的分析结论：频率变低，EFIE 条件数变差，而 CFIE 和 MFIE 则不会。图 2-13 证实三种离散积分方程是随着剖分加密收敛于 Mie 级数解析解。对于此例，应用快速多极子技术在内存和计算时间上获得的减少由表 2-2 给出。快速多极子技术对精度的影响，由图 2-14 可见是非常小的。

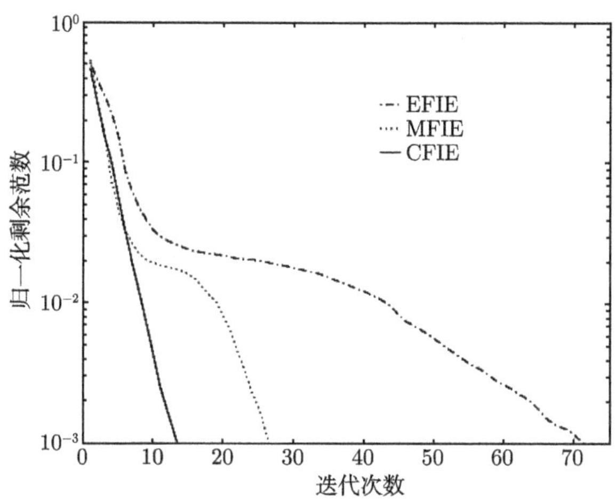

图 2-10 用共轭梯度法求解三种离散积分方程的迭代收敛曲线

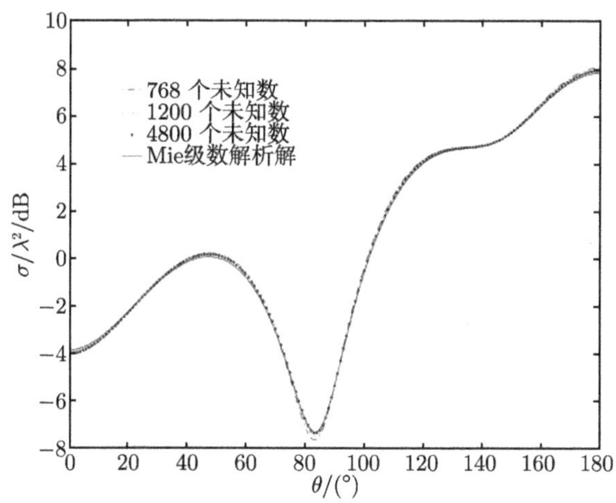

图 2-11 半径 $r = 0.45\lambda$ 金属球的双站散射截面的三种离散积分方程计算结果

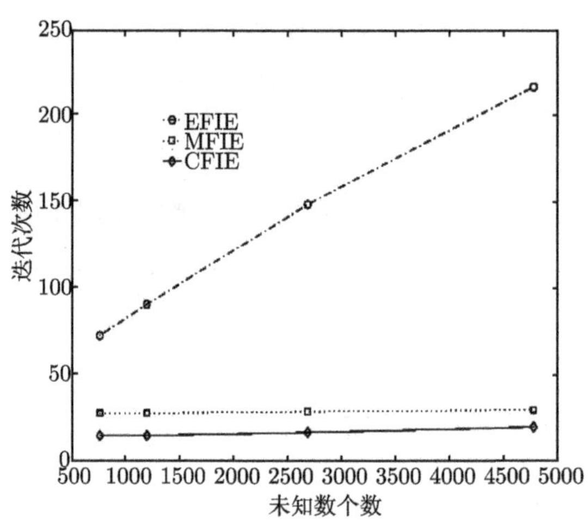

图 2-12　用共轭梯度法求解三种离散积分方程所需迭代次数随剖分粗细的变化情况

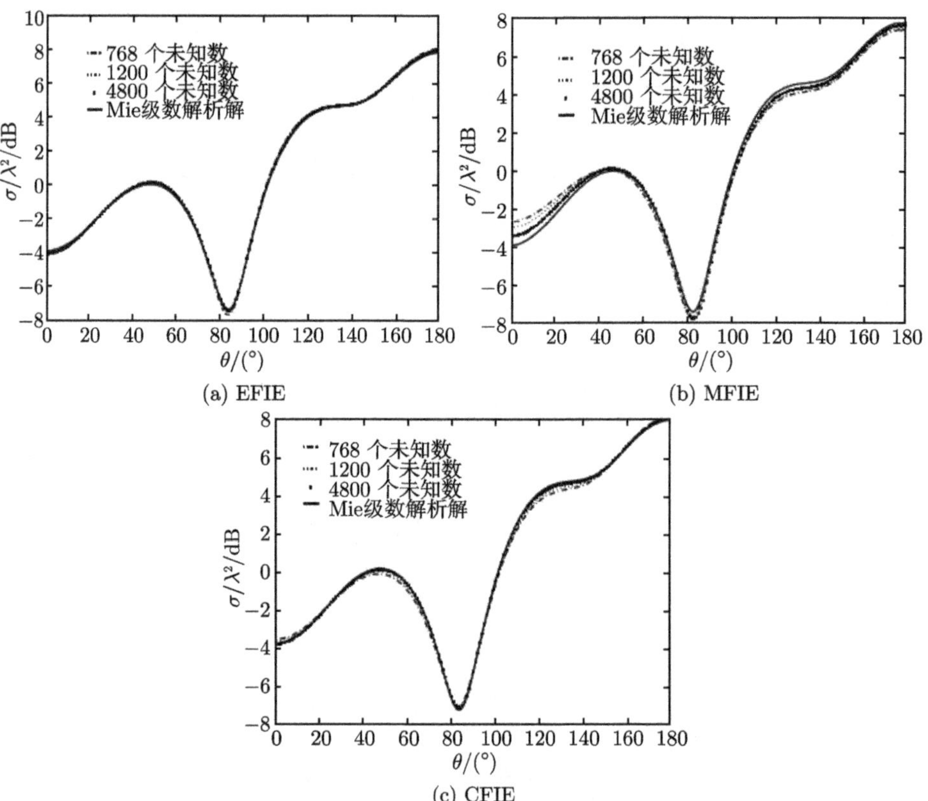

(a) EFIE　(b) MFIE　(c) CFIE

图 2-13　三种离散积分方程计算散射截面的收敛情况

表 2-2 两层快速多极子技术在内存和计算时间上的减少

未知数个数	768	1200	2700	4800
内存 (不用快速多极子)/ Mbit	4.9	11.8	58.8	185.2
内存 (用快速多极子)/ Mbit	2.8	5.2	18.7	52.6
CPU (不用快速多极子)/ s	8.3	17.0	77.7	240.6
CPU (用快速多极子)/ s	6	11.0	45.4	137.2

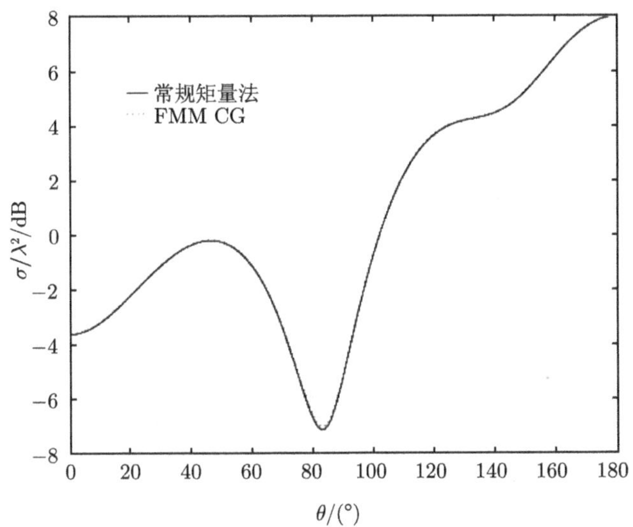

图 2-14 用两层快速多极子技术计算半径 $r = 0.45\lambda$ 金属球的双站散射截面

由于上述金属球电尺寸不大，故只能用两层快速多极子，因而在内存和计算时间上的优势不是十分明显。为了进一步展示多层快速多极子的计算能力，下面用 2,3,4,5,6 层快速多极子分别计算直径为 0.75,1.5,3,6,12 个波长的金属球。表 2-3 给出了计算这些金属球时所用内存和计算时间。由表可见，多层快速多极子技术所用内存和计算时间基本上随未知数增加而呈线性增加，完全证实了 2.1.8 小节 3. 中的分析结论。从中也可看出，多层快速多极子技术在计算很大电尺寸物体时的优势非常惊人。譬如，计算直径为 12 个波长的金属球，多层快速多极子技术只需 474 Mbit 内存，计算时间约为 21 min，而如果不用多层快速多极子技术，估计需 2.4×10^6Mbit 内存，约一个月才能完成计算。尽管多层快速多极子技术引入了近似，但其精度是相当高的。图 2-15 再次证实了这一点。

上述数值结果足以表明，使用快速多极子技术的矩量法能准确计算电大目标散射场的幅度，即雷达散射截面。在很多雷达体制中，譬如测距雷达、合成孔径雷达、三维干涉成像雷达，不仅散射场幅度信息是重要的，相位信息同样是必需

表 2-3　多层快速多极子技术在内存和计算时间上的减少

直径	0.75λ	1.5λ	3λ	6λ	12λ
未知数个数	768	2700	10800	43200	172800
内存 (不用快速多极子)/Mbit	4.9	58.8	935.1	1.5×10^5	2.4×10^6
内存 (用快速多极子)/Mbit	2.3	7.4	29.5	118	474
CPU(不用快速多极子)/s	9	57	912	1.5×10^5(估)	2.4×10^6(估)
CPU(用快速多极子)/s	6	17	69	281	1246

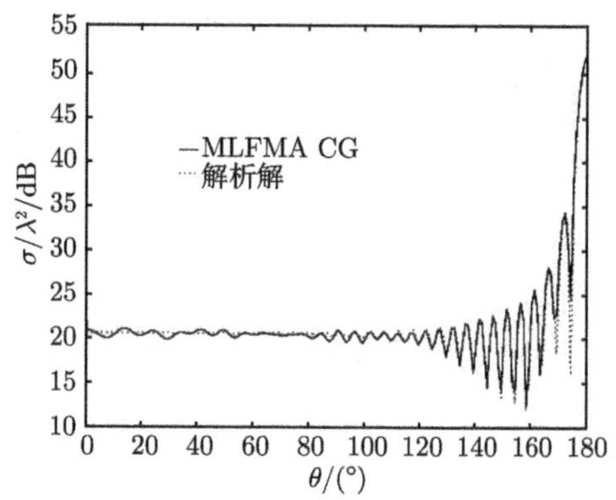

图 2-15　用六层快速多极子技术计算金属球的双站散射截面

的。为此，还需考察上述矩量法计算散射场相位的精度。不妨仍以计算金属球的散射场为例来说明。图 2-16 给出了用上述多极子方法、物理光学法、解析法分别计算金属球的后向散射场幅值和相位随频率变化的曲线。由图可见，上述矩量法不仅能精确计算散射场幅度，而且也能精确计算散射场相位。

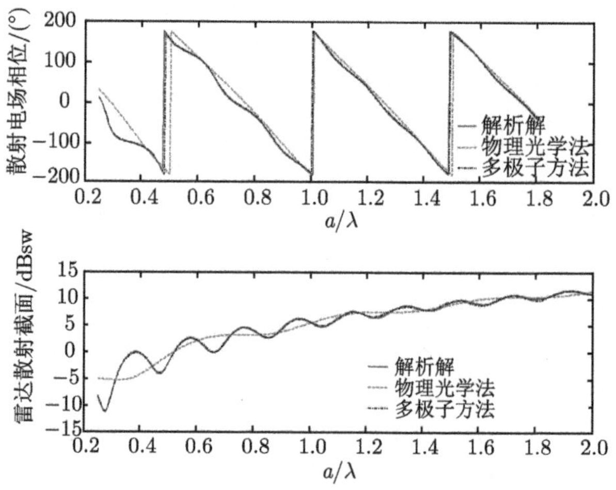

图 2-16　几种方法计算金属球散射场相位和幅值之比较 (后附彩图)

由此不难看出，使用快速多极子技术的矩量法是研究金属目标散射特性、微波成像的锐利仿真工具。要使用好这一仿真工具，其关键点在于：在没有实验数据或其他数据可供比较的情况下，提供一系列保证仿真数据正确可靠的措施。依据使用快速多极子技术矩量法的特点，这里给出一种双重检测标准，以保证仿真结果的可靠性。这个双重检测标准就是：①在不同剖分粗细程度下仿真数据的一致性的检测；②在不同迭代收敛误差下仿真数据的一致性的检测。这种双重检测标准不但可以验证仿真方法的可靠性，还有助于选择最优的计算参数设置以兼顾计算精度和计算效率。下面给出准 F-117 目标散射场仿真的双重检测标准具体实施结果。图 2-17(a) 给出了准 F-117 目标在不同迭代收敛误差下的后向散射场相位的仿

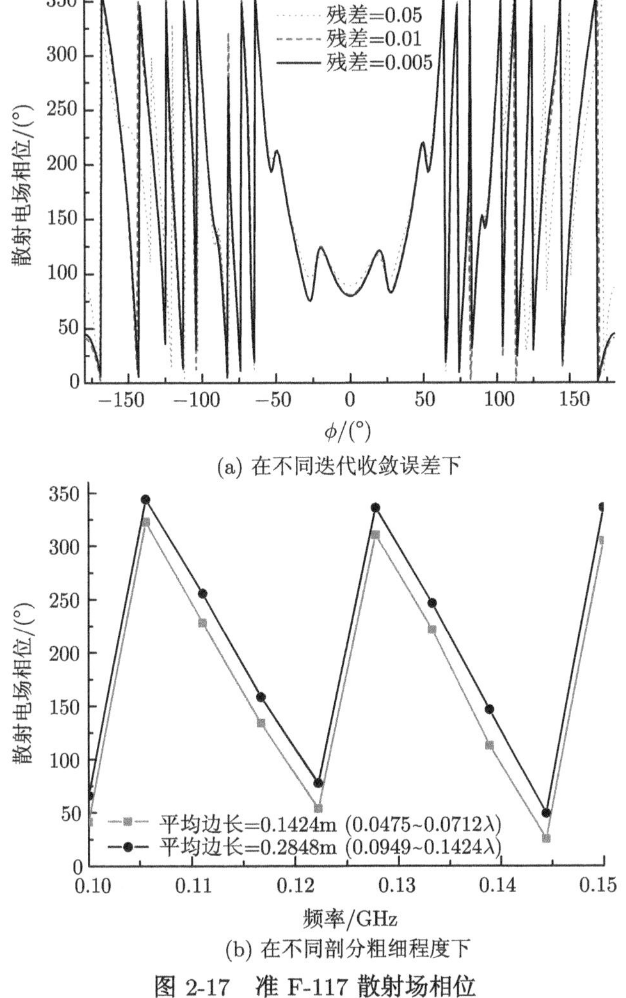

(a) 在不同迭代收敛误差下

(b) 在不同剖分粗细程度下

图 2-17　准 F-117 散射场相位

真结果；图 2-17(b) 给出了在不同剖分粗细程度下的后向散射场相位的仿真结果。通过数值实验测试可知，当剖分单元边长平均在 0.1λ 附近，迭代收敛误差为 0.01 时，仿真结果精度有相当保障，同时此种情况下仿真效率较佳。数值实验还表明目标剖分质量对计算效率和精度影响很大。

2.1.12 高性能计算技术

大量数值实验表明，矩量法能相当精确地计算金属目标的散射场，一般都能达到实际工程的精度要求。实际应用中，主要瓶颈在于矩量法的计算效率和内存要求。尽管快速多极子技术已极大地提高了矩量法的计算效率，根本性地减小了内存要求，但对于某些实际特大复杂目标，计算时间仍然过长，甚至因内存无法满足要求，以致不能计算。解决这类问题大致有两条思路：一是从分析散射机理出发，简化目标；二是进一步提高算法效率。前者因问题而异，在此无法具体展开讨论。这里着重讨论一下如何进一步提高算法效率。从目前电磁计算技术发展来看，根本性提高计算效率的方式有两种：一种是以牺牲适当精度为代价的高频方法与矩量法的混合算法，这将在第 5 章介绍；另一种是充分利用高速发展的计算机平台，提高算法程序性能。现代计算机结构日益复杂，高性能计算系统一般都有多个 CPU，一个 CPU 又有多个核，同时还带有计算能力极强的众核 GPU。若按内存管理方式分类，大致可分为两类：一类为共享内存，其内存由计算机操作系统统一管理；另一类为分布式内存，内存分布存储在系统各个节点，不同节点内存的通信需要程序员发指令控制。显然，共享内存型计算机系统，一般内存有较大限制，但编程相对容易；分布内存型计算机系统，内存限制较小，但编程相对复杂。而且，内存也是分级的，不同级的内存读取、存储效率差别很大，譬如，缓存就比一般内存要快得多；同时，不同节点内存的通信速度也不一样，取决于计算机系统的拓扑结构。要充分利用计算机资源，一般需要着重考虑以下两点：①如何通过矢量化、矩阵分块，最大效率地利用寄存器和各级缓存；②如何分配任务，让众多 CPU、GPU 在高效的通信下均衡地并行计算。目前一般超级计算机都是内存分布型的。目前国际上计算速度前两位的超级计算机“太湖之光”和“天河 2 号”都是内存分布型的。**“太湖之光”**是由 160 个超级节点互联的，1 个超级节点包含 256 个节点，1 个节点为 1 个国产申威 SW26010 处理器。申威处理器由无锡江南计算技术研究所研发，采用 DEC Alpha 的 64 位 RSIC 架构，频率 1.45GHz，整个处理器由 4 个管理单元 (MPE, 主核)、4 个计算单元 (CPE, 从核) 及 4 个内存控制器单元 (MC) 组成，其中 CPE 单元由 8×8 阵列的 64 个核心组成 (4 个核组共计 260 个核心，共享 32GB DDR3 内存，性能 3.168Tflops)。总计 40960 个节点，1065 万个核心，内存 1.280PB。峰值性能为 12.5 亿亿次/秒，持续性为 9.3 亿亿次/秒。**“天河 2 号”**包含 16000 个计算节点。每个计算节点包含 2 个 Xeon E5 12 核心的多核中央处理器和

3 个 Xeon Phi 57 核心的众核加速器。全系统共 312 万个计算核心。每个计算节点拥有 64GB 主存，而每个 Xeon Phi 协处理器 (MIC) 板载 8GB 内存，故每节点共 88GB 内存。全系统总计内存 1.408PB。峰值性能 5.49 亿亿次 / 秒、持续性能 3.39 亿亿/秒。

下面以内存分布型计算系统为例，讲述多极子的并行方案。

多极子算法并行涉及很多部分，譬如几何形状信息的分布存储、多极子算法中“盒”和“层”的信息由串行算法中的一维数组存储转化为用莫顿码 (Morton key) 存储、转移矩阵的并行处理等，其详细设计方案及实现技巧，这里不讨论，读者可参看文献 [9]。这里只讨论转移矩阵的并行处理方案，它是多极子算法并行的难点和关键。转移矩阵的并行有多种方案：一种方案是将盒子分配给计算节点，盒子的转移矩阵就存储在对应的计算节点中。这种方案对于高层盒子的转移矩阵就很不合适。因为高层的盒子数量少，对于很多计算节点就很难做到均匀分配，负载平衡。不仅如此，因为高层的盒子大，转移矩阵也就大，所需存储空间也很大，往往是计算的瓶颈。为此，文献 [10] 提出了另一种方案。这个方案就是不存储转移矩阵，而是采用一种类似一维多极子的算法实时计算转移矩阵。但研究发现，这个方案虽然极大地减小了内存，但同时也极大地降低了计算效率。在内存不是特别紧张的情况下，实践证明下面第三种方案最为合适。这种方案仍是直接存储盒子的转移矩阵，只不过在低层的转移矩阵是按盒子分配给每个计算节点存储的，高层的转移矩阵是按转移矩阵对应的平面波方向分配给每个计算节点存储的。下面是采用了第三种并行方案的计算实例。第一个实例用两千多万未知数计算直径为 200λ 的金属球。图 2-18 呈现了金属球的双站雷达散射截面计算值与解析 Mie 级数的结果比较。第

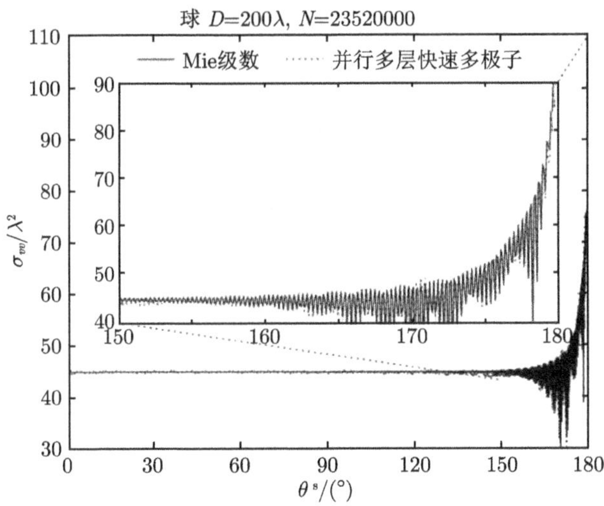

图 2-18 直径为 200λ 的金属球的双站雷达散射截面

二个例子是用近两千万未知数计算的长度为 480λ 的简单飞机模型 (图 2-19)。图 2-20 呈现了该飞机模型的双站雷达散射截面。表 2-4 和表 2-5 分别列出了计算这两个例子所用的计算资源。两个算例都是在北京理工大学信息科学技术学院电磁仿真中心的 “刘徽” 并行平台 ——32 节点 IBM 刀片式 Linux 高性能计算机集群上进行的。集群中每个刀片配置了 P4 3.0GHz 处理器 (其中四个节点配有两个 CPU，其余均为一个 CPU) 和 4.0GB 内存，节点用 Myrinet 网络连接。

图 2-19 飞机模型示意图

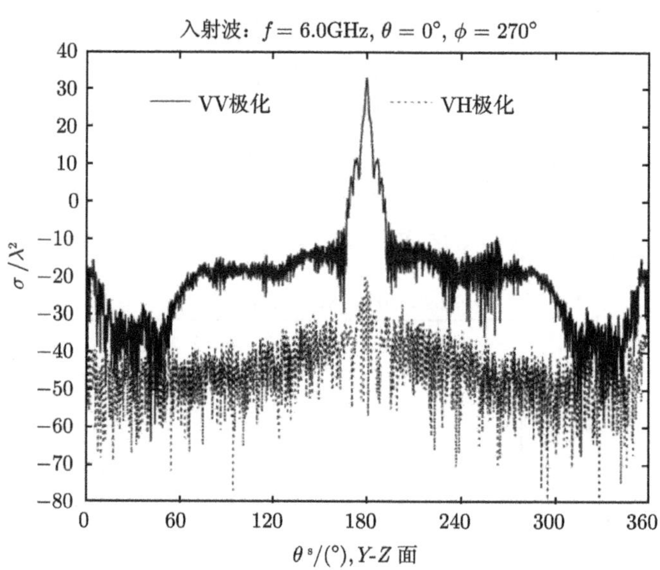

图 2-20 飞机模型的双站雷达散射截面

表 2-4 计算直径为 200λ 的金属球散射时的资源使用情况

未知数/10^4	总内存/GB	平均每个节点内存/GB	总时间/h	计算盒子距离		几何信息	
				时间/s	内存/Mbit	时间/s	内存/Mbit
2352	56.96	1.78	3.5	7.5	198.0	71.0	45.1

表 2-5　计算机身长度达到 480λ 的飞机模型散射时资源使用情况

未知数/10^4	总内存/GB	平均每个节点内存/GB	总时间/h	计算盒子距离		几何信息	
				时间/s	内存/Mbit	时间/s	内存/Mbit
1726.6	67.2	2.1	2.0	12.4	252.9	10.8	40.8

2.2　三维均匀介质体散射

从物理机制上看，均匀介质体散射与金属体散射截然不同。然而从数值计算技巧上看，它们有很多相似之处。譬如，用于计算金属体散射的 RWG 基函数、奇异点处理技巧、快速多极子技术完全可以照搬到计算均匀介质体散射的矩量法中。当然，它们也有所不同。这种不同主要表现在：表述这两类物体的积分方程不同，导致离散后的线性方程组性态绝异，从而求解尤其是用迭代法求解时，在收敛速度上差别很大。本节对于相似之处就不再赘述了，着重阐述它们的不同之处。

2.2.1　问题的数学表述

与计算金属体散射一样，这里考虑的入射波仍是平面波，其数学表达式已由式 (2.1) 和式 (2.2) 给出。表述均匀介质体散射的积分方程已在 1.3.4 小节中建立。我们知道表述均匀介质体的积分方程有多种形式，这里将其分成三类：一类是由两个方程构成的方程组形式，而且这两个方程中一个是来自区域外，另一个是来自区域内，譬如，由区域外电场积分方程和区域内电场积分方程构成的电场积分方程组表示成

$$\boldsymbol{M}+\boldsymbol{n}\times[Z_1\boldsymbol{L}_1(\boldsymbol{J})-\boldsymbol{K}_1(\boldsymbol{M})]=-\boldsymbol{n}\times\boldsymbol{E}^{\mathrm{i}} \tag{2.106}$$

$$\boldsymbol{M}+\boldsymbol{n}\times[Z_2\boldsymbol{L}_2(-\boldsymbol{J})-\boldsymbol{K}_2(-\boldsymbol{M})]=0 \tag{2.107}$$

或由区域外磁场积分方程和区域内磁场积分方程构成的磁场积分方程，表示成

$$\boldsymbol{J}-\boldsymbol{n}\times\left[\frac{1}{Z_1}\boldsymbol{L}_1(\boldsymbol{M})+\boldsymbol{K}_1(\boldsymbol{J})\right]=\boldsymbol{n}\times\boldsymbol{H}^{\mathrm{i}} \tag{2.108}$$

$$\boldsymbol{J}-\boldsymbol{n}\times\left[\frac{1}{Z_1}\boldsymbol{L}_2(-\boldsymbol{M})+\boldsymbol{K}_2(-\boldsymbol{J})\right]=0 \tag{2.109}$$

另一类也是由两个方程构成的方程组形式，不过这两个方程中的任意一个都是由区域内算子和区域外算子共同构成的。这个方程就是著名的 PMCHW 方程，表示成

$$\boldsymbol{n}\times[Z_2\boldsymbol{L}_2(-\boldsymbol{J})-\boldsymbol{K}_2(-\boldsymbol{M})-Z_1\boldsymbol{L}_1(\boldsymbol{J})+\boldsymbol{K}_1(\boldsymbol{M})]=\boldsymbol{n}\times\boldsymbol{E}^{\mathrm{i}} \tag{2.110}$$

$$\boldsymbol{n} \times \left[\frac{1}{Z_1}\boldsymbol{L}_2(-\boldsymbol{M}) + \boldsymbol{K}_2(-\boldsymbol{J}) - \frac{1}{Z_1}\boldsymbol{L}_1(\boldsymbol{M}) - \boldsymbol{K}_1(\boldsymbol{J})\right] = \boldsymbol{n} \times \boldsymbol{H}^{\mathrm{i}} \tag{2.111}$$

再有一类就是只有一个未知数的单个方程形式。这种形式虽然方程个数减少了，但方程复杂了很多。尤其是微分算子阶次的升高，极大地增加了基函数选取和奇异点处理的困难。为了克服这些困难，可采用弱解离散方式(见文献 [11])。不过这样处理后，计算量与用两个方程的也就相当了。下面先在 2.2.2 小节和 2.2.3 小节讨论前两类的离散及其性态，后在 2.2.4 小节讨论单积分方程的实现及数值性能。

2.2.2 离散积分方程及性态分析

与计算金属体散射一样，将均匀介质体表面分成许多小三角形，每一小三角形上的等效电流和等效磁流用 RWG 基函数表示。这样待求等效电流 $\boldsymbol{J}$ 和等效磁流 $\boldsymbol{M}$ 便可表示成

$$\boldsymbol{J} = \sum_{i=1}^{N_S} \boldsymbol{J}_i \boldsymbol{g}_i \tag{2.112}$$

$$\boldsymbol{M} = \sum_{i=1}^{N_S} \boldsymbol{M}_i \boldsymbol{g}_i \tag{2.113}$$

这里，N_S 是求解域 S 内剖分三角形的总边数，$\boldsymbol{g}_i$ 是 RWG 矢量基函数。将式 (2.112) 和式 (2.113) 代入式 (2.106) 和式 (2.107)，并取 $\boldsymbol{g}_i$ 为试函数，可得下面离散化方程组：

$$\left[P_1^{\mathrm{TE}}\right]\{J\} + \left[Q_1^{\mathrm{TE}}\right]\{M\} = \left\{b^{\mathrm{TE}}\right\} \tag{2.114}$$

$$\left[P_2^{\mathrm{TE}}\right]\{J\} + \left[Q_2^{\mathrm{TE}}\right]\{M\} = \{0\} \tag{2.115}$$

其中，

$$P_{1ij}^{\mathrm{TE}} = Z_1 \int_S \boldsymbol{g}_i \cdot \left[\hat{\boldsymbol{n}} \times \boldsymbol{L}_1(\boldsymbol{g}_j)\right] \mathrm{d}S \tag{2.116}$$

$$Q_{1ij}^{\mathrm{TE}} = \int_S \boldsymbol{g}_i \cdot \left[\boldsymbol{g}_j - \hat{\boldsymbol{n}} \times \boldsymbol{K}_1(\boldsymbol{g}_j)\right] \mathrm{d}S \tag{2.117}$$

$$P_{2ij}^{\mathrm{TE}} = -Z_2 \int_S \boldsymbol{g}_i \cdot \left[\hat{\boldsymbol{n}} \times \boldsymbol{L}_2(\boldsymbol{g}_j)\right] \mathrm{d}S \tag{2.118}$$

$$Q_{2ij}^{\mathrm{TE}} = -\int_S \boldsymbol{g}_i \cdot \left[\boldsymbol{g}_j - \hat{\boldsymbol{n}} \times \boldsymbol{K}_2(\boldsymbol{g}_j)\right] \mathrm{d}S \tag{2.119}$$

$$b_i^{\mathrm{TE}} = -\int_S \boldsymbol{g}_i \cdot (\hat{\boldsymbol{n}} \times \boldsymbol{E}^{\mathrm{i}}) \mathrm{d}S \tag{2.120}$$

上述离散化方程称为电场同向离散化方程组 (TE)，因为试函数和基函数同向。我们也可取与基函数不同向的试函数 $\hat{\boldsymbol{n}}\times\boldsymbol{g}_i$，并利用矢量恒等式 $(\hat{\boldsymbol{n}}\times\boldsymbol{a})\cdot(\hat{\boldsymbol{n}}\times\boldsymbol{b})=\boldsymbol{a}\cdot\boldsymbol{b}$ (在 $\hat{\boldsymbol{n}}$ 和 $\boldsymbol{a}$ 或 $\boldsymbol{b}$ 垂直时), 便可得到下面的电场异向离散方程组 (NE):

$$\left[P_1^{\mathrm{NE}}\right]\{J\}+\left[Q_1^{\mathrm{NE}}\right]\{M\}=\left\{b^{\mathrm{NE}}\right\} \tag{2.121}$$

$$\left[P_2^{\mathrm{NE}}\right]\{J\}+\left[Q_2^{\mathrm{NE}}\right]\{M\}=\{0\} \tag{2.122}$$

其中，

$$P_{1ij}^{\mathrm{NE}}=Z_1\int_S\boldsymbol{g}_i\cdot\boldsymbol{L}_1(\boldsymbol{g}_j)\mathrm{d}S \tag{2.123}$$

$$Q_{1ij}^{\mathrm{NE}}=\int_S\boldsymbol{g}_i\cdot\left[\hat{\boldsymbol{n}}\times\boldsymbol{g}_j-\boldsymbol{K}_1(\boldsymbol{g}_j)\right]\mathrm{d}S \tag{2.124}$$

$$P_{2ij}^{\mathrm{NE}}=-Z_2\int_S\boldsymbol{g}_i\cdot\boldsymbol{L}_2(\boldsymbol{g}_j)\mathrm{d}S \tag{2.125}$$

$$Q_{2ij}^{\mathrm{NE}}=\int_S\boldsymbol{g}_i\cdot\left[\hat{\boldsymbol{n}}\times\boldsymbol{g}_j-\boldsymbol{K}_2(\boldsymbol{g}_j)\right]\mathrm{d}S \tag{2.126}$$

$$b_i^{\mathrm{NE}}=-\int_S\boldsymbol{g}_i\cdot\boldsymbol{E}^{\mathrm{i}}\mathrm{d}S \tag{2.127}$$

同样可通过离散磁场积分方程组 (2.108) 和 (2.109) 得到磁场离散积分方程组。与表述金属体散射的单个积分方程不一样，描述均匀介质体的电场离散积分方程组与磁场离散积分方程组有相当的数值性能，因为每一个方程都是由算子 $\boldsymbol{L}$ 和 $\boldsymbol{K}$ 共同构成的。下面再来考虑 PMCHW 方程的离散。同样，将式 (2.112) 和式 (2.113) 代入式 (2.110) 和式 (2.111)，取 $\boldsymbol{g}_i$ 为试函数，得到 **PMCHW 同向离散方程组(TPMCHW)**:

$$\left[P_1^{\mathrm{TP}}\right]\{J\}+\left[Q_1^{\mathrm{TP}}\right]\{M\}=\left\{b_1^{\mathrm{TP}}\right\} \tag{2.128}$$

$$\left[P_2^{\mathrm{TP}}\right]\{J\}+\left[Q_2^{\mathrm{TP}}\right]\{M\}=\left\{b_2^{\mathrm{TP}}\right\} \tag{2.129}$$

其中，

$$P_{1ij}^{\mathrm{TP}}=-\int_S\boldsymbol{g}_i\cdot\left[Z_1\boldsymbol{L}_1(\boldsymbol{g}_j)+Z_2\boldsymbol{L}_2(\boldsymbol{g}_j)\right]\mathrm{d}S \tag{2.130}$$

$$Q_{1ij}^{\mathrm{TP}}=\int_S\boldsymbol{g}_i\cdot\left[\boldsymbol{K}_1(\boldsymbol{g}_j)+\boldsymbol{K}_2(\boldsymbol{g}_j)\right]\mathrm{d}S \tag{2.131}$$

$$P_{2ij}^{\mathrm{TP}}=-\int_S\boldsymbol{g}_i\cdot\left[\boldsymbol{K}_1(\boldsymbol{g}_j)+\boldsymbol{K}_2(\boldsymbol{g}_j)\right]\mathrm{d}S \tag{2.132}$$

$$Q_{2ij}^{\text{TP}} = -\int_S \boldsymbol{g}_i \cdot \left[\frac{1}{Z_1}\boldsymbol{L}_1(\boldsymbol{g}_j) + \frac{1}{Z_2}\boldsymbol{L}_2(\boldsymbol{g}_j)\right] \mathrm{d}S \tag{2.133}$$

$$b_{1i}^{\text{TP}} = \int_S \boldsymbol{g}_i \cdot \boldsymbol{E}^{\text{i}} \mathrm{d}S \tag{2.134}$$

$$b_{1i}^{\text{TP}} = \int_S \boldsymbol{g}_i \cdot \boldsymbol{H}^{\text{i}} \mathrm{d}S \tag{2.135}$$

将式 (2.112) 和式 (2.113) 代入式 (2.110) 和式 (2.111)，取 $\hat{\boldsymbol{n}} \times \boldsymbol{g}_i$ 为试函数，得到 **PMCHW 异向离散方程组(NPMCHW)**：

$$\left[P_1^{\text{NP}}\right]\{J\} + \left[Q_1^{\text{NP}}\right]\{M\} = \left\{b_1^{\text{NP}}\right\} \tag{2.136}$$

$$\left[P_2^{\text{NP}}\right]\{J\} + \left[Q_2^{\text{NP}}\right]\{M\} = \left\{b_2^{\text{NP}}\right\} \tag{2.137}$$

其中，

$$P_{1ij}^{\text{NP}} = -\int_S \hat{\boldsymbol{n}} \times \boldsymbol{g}_i \cdot \left[Z_1\boldsymbol{L}_1(\boldsymbol{g}_j) + Z_2\boldsymbol{L}_2(\boldsymbol{g}_j)\right] \mathrm{d}S \tag{2.138}$$

$$Q_{1ij}^{\text{NP}} = \int_S \hat{\boldsymbol{n}} \times \boldsymbol{g}_i \cdot \left[\boldsymbol{K}_1(\boldsymbol{g}_j) + \boldsymbol{K}_2(\boldsymbol{g}_j)\right] \mathrm{d}S \tag{2.139}$$

$$P_{2ij}^{\text{NP}} = -\int_S \hat{\boldsymbol{n}} \times \boldsymbol{g}_i \cdot \left[\boldsymbol{K}_1(\boldsymbol{g}_j) + \boldsymbol{K}_2(\boldsymbol{g}_j)\right] \mathrm{d}S \tag{2.140}$$

$$Q_{2ij}^{\text{NP}} = -\int_S \hat{\boldsymbol{n}} \times \boldsymbol{g}_i \cdot \left[\frac{1}{Z_1}\boldsymbol{L}_1(\boldsymbol{g}_j) + \frac{1}{Z_2}\boldsymbol{L}_2(\boldsymbol{g}_j)\right] \mathrm{d}S \tag{2.141}$$

$$b_{1i}^{\text{NP}} = -\int_S \hat{\boldsymbol{n}} \times \boldsymbol{g}_i \cdot \boldsymbol{E}^{\text{i}} \mathrm{d}S \tag{2.142}$$

$$b_{1i}^{\text{NP}} = -\int_S \hat{\boldsymbol{n}} \times \boldsymbol{g}_i \cdot \boldsymbol{H}^{\text{i}} \mathrm{d}S \tag{2.143}$$

由 2.1.4 小节对矩阵元素的分析可知，$[P_i^{\text{NE}}]$、$[Q_i^{\text{TE}}]$、$[P_1^{\text{TP}}]$、$[Q_1^{\text{NP}}]$、$[P_2^{\text{NP}}]$、$[Q_2^{\text{TP}}]$ $(i=1,2)$ 为似对角占优矩阵，$[P_i^{\text{TE}}]$、$[Q_i^{\text{NE}}]$、$[P_1^{\text{NP}}]$、$[Q_1^{\text{TP}}]$、$[P_2^{\text{TP}}]$、$[Q_2^{\text{NP}}]$ 为弱对角矩阵。而且，因为 $[Q_i^{\text{TE}}]$、$[Q_1^{\text{NP}}]$、$[P_2^{\text{NP}}]$ 属于第二类弗雷德霍姆积分方程项，应比第一类弗雷德霍姆方程项 $[P_i^{\text{NE}}]$、$[P_1^{\text{TP}}]$、$[Q_2^{\text{TP}}]$ 有更好的条件数。将这些事实用符号表示成

$$\left[Q_i^{\text{TE}}\right] \sim \left[Q_1^{\text{NP}}\right] \sim \left[P_2^{\text{NP}}\right] \sim \begin{bmatrix} \ddots & & \\ & 2 & \\ & & \ddots \end{bmatrix},$$

$$[P_i^{\mathrm{NE}}] \sim [P_1^{\mathrm{TP}}] \sim [Q_2^{\mathrm{TP}}] \sim \begin{bmatrix} \ddots & & \\ & 1 & \\ & & \ddots \end{bmatrix},$$

$$[P_i^{\mathrm{TE}}] \sim [Q_i^{\mathrm{NE}}] \sim \begin{bmatrix} \ddots & & \\ & 0 & \\ & & \ddots \end{bmatrix},$$

$$[P_1^{\mathrm{NP}}] \sim [Q_1^{\mathrm{TP}}] \sim [P_2^{\mathrm{TP}}] \sim [Q_2^{\mathrm{NP}}] \sim \begin{bmatrix} \ddots & & \\ & 0 & \\ & & \ddots \end{bmatrix} \tag{2.144}$$

这样，表述均匀介质体的电场同向离散积分方程组的结构就可大致表示成

$$\begin{bmatrix} P_1 & Q_1 \\ P_2 & Q_2 \end{bmatrix} = \begin{bmatrix} \begin{bmatrix} \ddots & & \\ & 0 & \\ & & \ddots \end{bmatrix} & \begin{bmatrix} \ddots & & \\ & 2 & \\ & & \ddots \end{bmatrix} \\ \begin{bmatrix} \ddots & & \\ & 0 & \\ & & \ddots \end{bmatrix} & \begin{bmatrix} \ddots & & \\ & 2 & \\ & & \ddots \end{bmatrix} \end{bmatrix} \tag{2.145}$$

电场异向离散积分方程组的结构就可大致表示成

$$\begin{bmatrix} P_1 & Q_1 \\ P_2 & Q_2 \end{bmatrix} = \begin{bmatrix} \begin{bmatrix} \ddots & & \\ & 1 & \\ & & \ddots \end{bmatrix} & \begin{bmatrix} \ddots & & \\ & 0 & \\ & & \ddots \end{bmatrix} \\ \begin{bmatrix} \ddots & & \\ & 1 & \\ & & \ddots \end{bmatrix} & \begin{bmatrix} \ddots & & \\ & 0 & \\ & & \ddots \end{bmatrix} \end{bmatrix} \tag{2.146}$$

直觉告诉我们，这样结构的矩阵，其条件数应该较差。后面将有事实证明：不论是电场同向离散积分方程组，还是电场异向离散积分方程组，都是病态方程。为了解决这个问题，我们将电场同向离散积分方程组与电场异向离散积分方程组相加，得

到电场组合离散积分方程组 (TENE)，其矩阵结构可表示成

$$\begin{bmatrix} P_1 & Q_1 \\ P_2 & Q_2 \end{bmatrix} = \begin{bmatrix} \begin{bmatrix} \ddots & & \\ & 1 & \\ & & \ddots \end{bmatrix} & \begin{bmatrix} \ddots & & \\ & 2 & \\ & & \ddots \end{bmatrix} \\ \begin{bmatrix} \ddots & & \\ & 1 & \\ & & \ddots \end{bmatrix} & \begin{bmatrix} \ddots & & \\ & 2 & \\ & & \ddots \end{bmatrix} \end{bmatrix} \tag{2.147}$$

这种结构的矩阵虽然不再是病态矩阵，但仍有内谐振问题。因为被组合的两个离散方程都来源于电场积分方程。当然，我们可以将电场组合离散积分方程组 (TENE) 再和磁场组合离散积分方程组 (THNH) 组合得到既不是病态又没有内谐振问题的方程组形式，但由于颇为复杂，在此就不介绍了，感兴趣的读者可参看文献 [12]。下面着重要分析的是人们广泛运用的 PMCHW 方程组。不难知道，PMCHW 同向离散方程组的矩阵结构可表示成

$$\begin{bmatrix} P_1 & Q_1 \\ P_2 & Q_2 \end{bmatrix} = \begin{bmatrix} \begin{bmatrix} \ddots & & \\ & 1 & \\ & & \ddots \end{bmatrix} & \begin{bmatrix} \ddots & & \\ & 0 & \\ & & \ddots \end{bmatrix} \\ \begin{bmatrix} \ddots & & \\ & 0 & \\ & & \ddots \end{bmatrix} & \begin{bmatrix} \ddots & & \\ & 1 & \\ & & \ddots \end{bmatrix} \end{bmatrix} \tag{2.148}$$

PMCHW 异向离散方程组的矩阵结构可表示成

$$\begin{bmatrix} P_1 & Q_1 \\ P_2 & Q_2 \end{bmatrix} = \begin{bmatrix} \begin{bmatrix} \ddots & & \\ & 0 & \\ & & \ddots \end{bmatrix} & \begin{bmatrix} \ddots & & \\ & 2 & \\ & & \ddots \end{bmatrix} \\ \begin{bmatrix} \ddots & & \\ & 2 & \\ & & \ddots \end{bmatrix} & \begin{bmatrix} \ddots & & \\ & 0 & \\ & & \ddots \end{bmatrix} \end{bmatrix} \tag{2.149}$$

这两类方程组的矩阵都是似对角占优矩阵，应该有较好的条件数，而且 PMCHW 异向离散方程组更好些。不仅如此，这两类方程组都没有内谐振问题。因为 PMCHW 方程组中的每一个方程都是由区域内算子和区域外算子共同构成的；而区域外是无限大空间，没有谐振频率。

2.2.3 计算机数值实验

2.2.2 小节分析了表述均匀介质体的各种积分方程离散情形的数值性能，本节将在计算机上作数值实验来证实 2.2.2 小节的分析结论。首先，计算半径 $r = 0.5\lambda_0$(λ_0 为自由空间中的波长),$\varepsilon_r = 4.0$ 的介质球的散射截面。实验中将球面分成 1152 个三角形，共有 1728 条边，平均边长为 $0.08\lambda_0$。图 2-21 给出了各种离散方程组的双站散射截面计算结果与 Mie 级数解析解的比较。由图可见，TENE、TPMCHW、NPMCHW 离散方程的计算结果与解析解吻合得很好，而 TE、NE 则给出了完全错误的结果。这是因为我们用单精度 LU 算法求解条件数大于 1×10^6 的 TE、NE 离散方程，是累积误差导致的结果。若改用共轭梯度法求解 TE、NE 离散方程，则完全不收敛。该方法求解 TENE、TPMCHW、NPMCHW 离散方程的迭代收

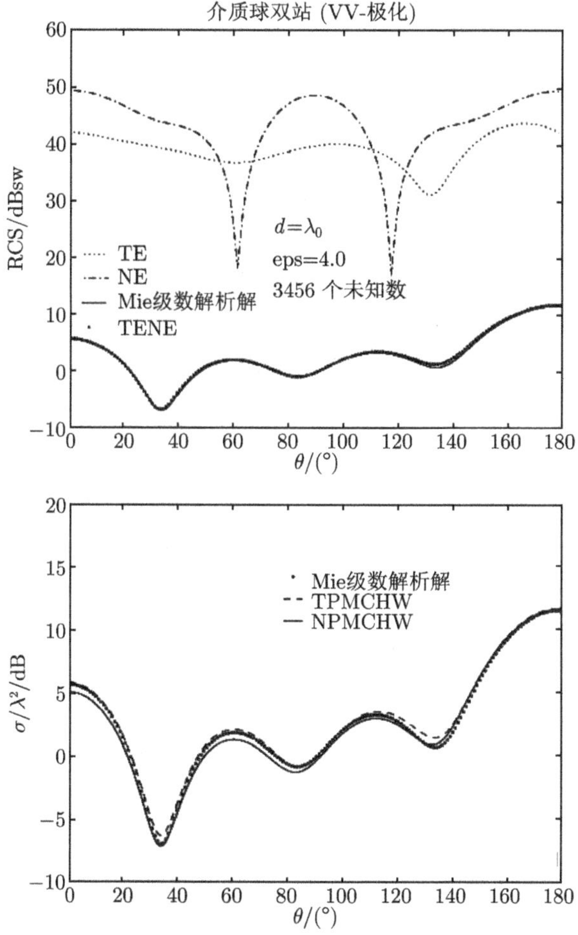

图 2-21 介质球双站散射截面五种离散积分方程的计算结果与解析解之比较

敛曲线如图 2-22 所示。此数值实验证实 TE、NE 离散方程属于不能正常工作的病态方程，TENE、TPMCHW、NPMCHW 离散方程为非病态方程，其条件数以 NPMCHW 最好，TPMCHW 次之，TENE 最差。

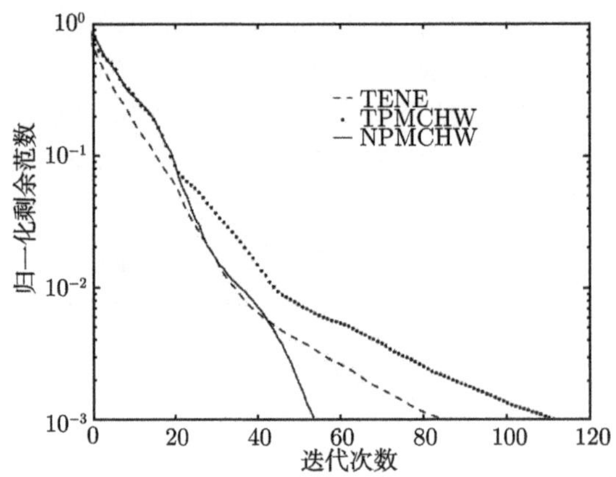

图 2-22　共轭梯度法求解 TENE、TPMCHW、NPMCHW 离散方程的迭代收敛曲线

进一步，我们计算谐振情形，即半径 $r = 0.444\lambda_0,\varepsilon_r = 4.0$ 的介质球的散射截面。图 2-23 展示了 TENE、TPMCHW 离散方程的双站散射截面计算结果与解析解的比较。由图可见，在谐振频率下，TENE 离散方程为病态方程，给出完全错误的结果；而 TPMCHW 离散方程则不然，仍然可得到非常精确的结果。这就证实了 TENE 离散方程仍有谐振问题；而 TPMCHW 离散方程则没有，图中 TETH 离散方程本书没有介绍，有兴趣的读者可参阅文献 [12]。图 2-24 还展示了用共轭

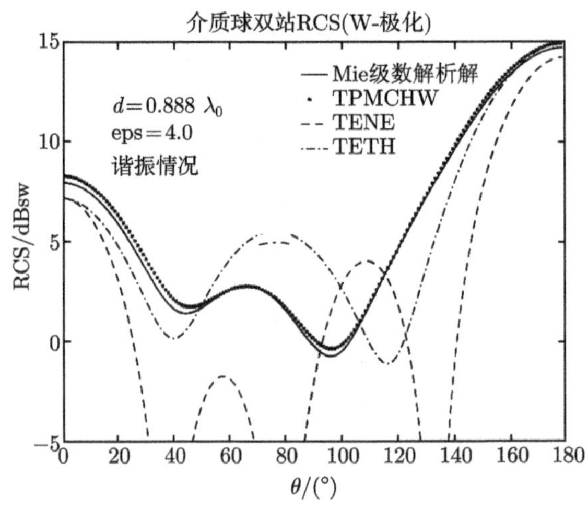

图 2-23　介质球在谐振频率下双站散射截面 TENE、TPMCHW 离散方程的计算结果

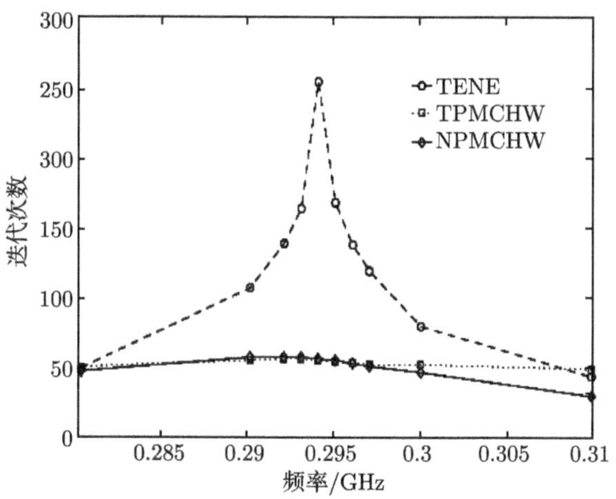

图 2-24 用共轭梯度法求解不同离散方程时所需迭代次数随频率的变化

梯度法求解半径 $r=0.45\text{m}$, $\varepsilon_r=4.0$ 的介质球在不同频率下的离散方程时的所需迭代次数，清楚地表明 TENE 离散方程存在谐振频率，TPMCHW 和 NPMCHW 离散方程都没有。

下面再来用数值实验比较 TPMCHW 和 NPMCHW 离散方程。将半径 $r=0.5\lambda_0$, $\varepsilon_r=4.0$ 的介质球的表面进行粗细不同的四种剖分。这四种剖分的边条数分别为 768, 1200, 2700, 4800。用共轭梯度法求解每种剖分下的 TPMCHW 和 NPMCHW 离散方程，达到收敛所用迭代次数如图 2-25 所示。此图表明随着频率的降低，TPMCHW 离散方程有病态倾向，而 NPMCHW 离散方程性能则相对稳定。

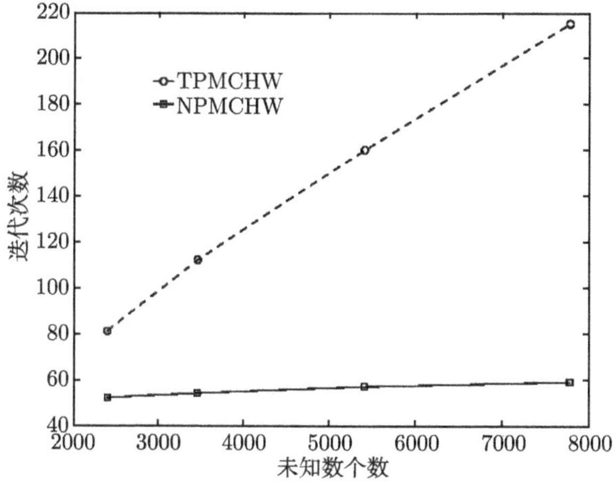

图 2-25 用共轭梯度法求解两种离散积分方程所需迭代次数随剖分粗细的变化

2.3　三维非均匀介质体散射

从物理机制上看，非均匀介质体散射比金属体散射、均匀介质体散射要更为复杂。从数值计算技巧上看，它们也有很多不同，因为表述非均匀介质体散射的积分方程是体积分方程，不再是面积分方程。对于体，显然不能再用三角形将其剖分，取而代之的应是四面体。在四面体上建立类似 RWG 的基函数，用 Galerkin 方法将体积分方程离散，然后用快速多极子技术求解离散方程。这种方式是 2.1 节和 2.2 节介绍的面积分方程矩量法在体积分方程上的直接推广，具体可参见文献 [14]。这种方式的精度较高，但效率和实施方便程度不及以长方体为剖分单元的矩量法。因为用长方体单元离散得到的线性方程组有比快速多极子更快的求解技术，这就是快速傅里叶变换技术 (FFT)。虽然计算快速傅里叶变换和多层快速多极子的计算复杂度都是 $O(N\log_2 N)$，但实际计算表明计算复杂度前的系数，快速傅里叶变换的要小得多。当然，长方体剖分单元对非均匀介质体边界的模拟精确程度要比四面体差，但非均匀介质体边界模拟误差对最终计算散射截面的影响，要比金属体、均匀介质体边界模拟误差对最终计算散射截面的影响小得多。因而对于计算非均匀介质体散射，在精度要求不是特别高的情况下，建立在长方体单元上的矩量法不失为一种兼顾精度和效率的较好方式。本节要介绍的便是属于这类的，由 Zwamborn 和 van der Berg 首先使用的体矩量法形式 [15]。

2.3.1　问题的数学表述

描述三维非均匀介质体散射的体积分方程已在 1.3.5 小节中建立。对于只有介电常数不均匀的非均匀介质体，电场体积分方程可表示成

$$\boldsymbol{E}+\mathrm{j}\omega\mu\left(1+\frac{1}{k_0^2}\boldsymbol{\nabla}\boldsymbol{\nabla}\cdot\right)\boldsymbol{A}=\boldsymbol{E}^{\mathrm{i}} \tag{2.150}$$

其中，

$$\boldsymbol{A}=\int_V\left[\sigma+\mathrm{j}\omega\varepsilon_0(\varepsilon_r-1)\right]\boldsymbol{E}G\mathrm{d}V \tag{2.151}$$

显然，方程 (2.150) 是关于未知量电场 $\boldsymbol{E}$ 的方程。由于电场在不同介质交界面只有切向分量连续，法向分量并不连续，因此对于模拟电场的基函数，插值参数只能选择切向分量。由 2.1.5 小节知道，在具体计算离散矩阵的元素时，一种较好的方法是将方程 (2.150) 两个 $\boldsymbol{\nabla}$ 算子中的一个转移作用在试函数上。而选择切向分量为插值参数的基函数将使这种转移变得较为烦琐。为此，我们将方程 (2.150) 中的未

知量电场 $\boldsymbol{E}$ 改成电位移 $\boldsymbol{D}$。令 $\varepsilon=\varepsilon_0\varepsilon_r-\mathrm{j}\sigma/\omega$，则方程 (2.150) 可改写成

$$\frac{\boldsymbol{D}}{\varepsilon}-(k_0^2+\boldsymbol{\nabla\nabla}\cdot)\boldsymbol{A}=\boldsymbol{E}^{\mathrm{i}} \tag{2.152}$$

这里，$k_0=\omega\sqrt{\varepsilon_0\mu_0}$，以及

$$\boldsymbol{A}=\frac{1}{\varepsilon_0}\int_V G(\boldsymbol{r}-\boldsymbol{r}')\chi(\boldsymbol{r}')\boldsymbol{D}(\boldsymbol{r}')\mathrm{d}\boldsymbol{r}' \tag{2.153}$$

其中，

$$\chi(\boldsymbol{r})=\frac{\varepsilon(\boldsymbol{r})-\varepsilon_0}{\varepsilon(\boldsymbol{r})} \tag{2.154}$$

$$G(\boldsymbol{r}|\boldsymbol{r}')=\frac{\mathrm{e}^{-\mathrm{j}k_0|\boldsymbol{r}-\boldsymbol{r}'|}}{4\pi|\boldsymbol{r}-\boldsymbol{r}'|} \tag{2.155}$$

方程 (2.150) 便是本小节，也是目前被广泛用于求解非均匀介质体散射的体积分方程。当然，根据磁场还可建立如下方程：

$$\boldsymbol{H}+\frac{1}{\mathrm{j}\omega}\int_V(\chi\boldsymbol{\nabla}\times\boldsymbol{H})\times\boldsymbol{\nabla}G\mathrm{d}V=\boldsymbol{H}^{\mathrm{i}} \tag{2.156}$$

此积分方程本书暂不讨论。

2.3.2 屋顶基函数

本小节要讲述的是一种表示长方体单元上矢变量的基函数。这种基函数选择长方体单元每个面中点的法向分量为插值参量，如图 2-26 所示。此长方体单元的起点坐标为 (x_1,y_1,z_1)，终点坐标为 (x_2,y_2,z_2)。为了方便，在此长方体单元上建立一个局域坐标 (ξ,ς,η)，与全域坐标 (x,y,z) 的关系为

$$\xi=\frac{x-x_1}{x_2-x_1} \tag{2.157}$$

$$\varsigma=\frac{y-y_1}{y_2-y_1} \tag{2.158}$$

$$\eta=\frac{z-z_1}{z_2-z_1} \tag{2.159}$$

这样在长方体单元上任意一个矢变量 $\boldsymbol{u}$ 的三个分量便可表示成

$$u^x=\sum_{i=1}^{2}u_i^xL_i^x \tag{2.160}$$

$$u^y = \sum_{i=1}^{2} u_i^y L_i^y \tag{2.161}$$

$$u^z = \sum_{i=1}^{2} u_i^z L_i^z \tag{2.162}$$

其中，

$$L_1^x = 1 - \xi, \quad L_2^x = \xi \tag{2.163}$$

$$L_1^y = 1 - \varsigma, \quad L_2^y = \varsigma \tag{2.164}$$

$$L_1^z = 1 - \eta, \quad L_2^z = \eta \tag{2.165}$$

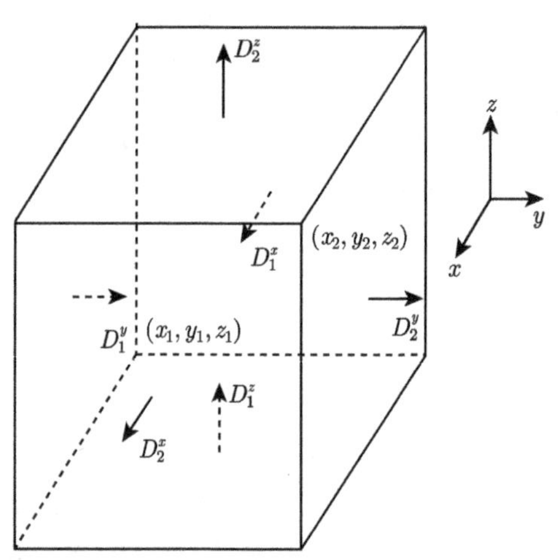

图 2-26　屋顶基函数示意图

根据矢变量在长方体单元上的表达式 (2.160)~ 式 (2.162)，观察对应每个插值参量的基函数的数值变化。由于每个插值参量为相邻单元所共用，因此对应每个插值参量的基函数是定义在相邻两个单元上的，其数值变化为在一个单元内由 0 线性增加到 1，在另一单元内再由 1 线性递减到 0，仿佛一个屋顶，故此类基函数常被称为**屋顶基函数**。

2.3.3　体积分方程的离散

在 x, y, z 三个方向上分别以 $\Delta x, \Delta y, \Delta z$ 等间距划网格，这样便可得到长方体单元对散射体的剖分。记每个长方体单元中心为 $r_{i,j,k} = ((i-1/2)\Delta x, (j-1/2)\Delta y, (k-1/2)\Delta z)$，并近似认为每个长方体单元的 ε 为常数，记为 $\varepsilon_{i,j,k} = \varepsilon(r_{i,j,k})$。与 2.1 节和 2.2 节中介绍的离散方式稍有不同，这里我们不仅将方程中的未知变量 $\boldsymbol{D}$

用基函数表达，而且将方程中的中间变量 $\boldsymbol{A}$ 也用基函数表达，即在 (i,j,k) 单元中有

$$D^x_{i,j,k}(\boldsymbol{r}) = \sum_{p=1}^{2} D^x_{p(i,j,k)} L^x_p(\boldsymbol{r}) \tag{2.166}$$

$$D^y_{i,j,k}(\boldsymbol{r}) = \sum_{p=1}^{2} D^y_{p(i,j,k)} L^y_p(\boldsymbol{r}) \tag{2.167}$$

$$D^z_{i,j,k}(\boldsymbol{r}) = \sum_{p=1}^{2} D^z_{p(i,j,k)} L^z_p(\boldsymbol{r}) \tag{2.168}$$

$$A^x_{i,j,k}(\boldsymbol{r}) = \sum_{p=1}^{2} A^x_{p(i,j,k)} L^x_p(\boldsymbol{r}) \tag{2.169}$$

$$A^y_{i,j,k}(\boldsymbol{r}) = \sum_{p=1}^{2} A^y_{p(i,j,k)} L^y_p(\boldsymbol{r}) \tag{2.170}$$

$$A^z_{i,j,k}(\boldsymbol{r}) = \sum_{p=1}^{2} A^z_{p(i,j,k)} L^z_p(\boldsymbol{r}) \tag{2.171}$$

后面将会看到，这样做降低了奇异点阶次，使矩阵元素计算中的奇异点处理大大简化。不过，也明显带来了额外的近似。而且，一般说来也使矩阵条件数变差。将上述单元中的 $\boldsymbol{D}$、$\boldsymbol{A}$ 表达式相加，并将隶属相同插值参数的函数组合，便可得到 $\boldsymbol{D}$、$\boldsymbol{A}$ 在全域的表达式

$$\boldsymbol{D}(\boldsymbol{r}) = \sum_{i,j,k} \sum_{q=1}^{3} D^{(q)}_{i,j,k} \phi^{(q)}_{i,j,k}(\boldsymbol{r}) \tag{2.172}$$

$$\boldsymbol{A}(\boldsymbol{r}) = \sum_{i,j,k} \sum_{q=1}^{3} A^{(q)}_{i,j,k} \phi^{(q)}_{i,j,k}(\boldsymbol{r}) \tag{2.173}$$

这里，$\phi^{(1)}_{i,j,k}(\boldsymbol{r})$, $\phi^{(2)}_{i,j,k}(\boldsymbol{r})$, $\phi^{(3)}_{i,j,k}(\boldsymbol{r})$ 分别是 x,y,z 三个方向上的，定义在相邻两个单元上的屋顶基函数表示为

$$\phi^{(1)}_{i,j,k}(\boldsymbol{r}) = (L^x_{1(i,j,k)} + L^x_{2(i+1,j,k)})\hat{\boldsymbol{e}}_x \tag{2.174}$$

$$\phi^{(2)}_{i,j,k}(\boldsymbol{r}) = (L^y_{1(i,j,k)} + L^y_{2(i,j+1,k)})\hat{\boldsymbol{e}}_y \tag{2.175}$$

$$\phi_{i,j,k}^{(3)}(\boldsymbol{r}) = (L_{1(i,j,k)}^{z} + L_{2(i,j,k+1)}^{z})\hat{\boldsymbol{e}}_z \tag{2.176}$$

由于散射体边界上的插值参数只被一个单元使用，因此对应这类插值参数的基函数只是定义在一个单元上的，编写程序时要作特殊处理。采用 Galerkin 匹配法，即选取试函数 $\phi_{m,n,p}^{(q)}$ 与方程 (2.150) 作内积：

$$\langle \phi_{m,n,p}^{(q)}, \boldsymbol{E}^{\mathrm{i}}(\boldsymbol{r})\rangle = \left\langle \phi_{m,n,p}^{(q)}(\boldsymbol{r}), \frac{\boldsymbol{D}(\boldsymbol{r})}{\varepsilon(\boldsymbol{r})}\right\rangle - k_0^2 \left\langle \phi_{m,n,p}^{(q)}(\boldsymbol{r}), \boldsymbol{A}(\boldsymbol{r})\right\rangle - \left\langle \phi_{m,n,p}^{(q)}(\boldsymbol{r}), \nabla\nabla\cdot \boldsymbol{A}(\boldsymbol{r})\right\rangle, \quad q=1,2,3 \tag{2.177}$$

这里 $\langle,\rangle$ 表示两个矢函数的内积。利用 2.1.5 小节中的技巧，将式 (2.177) 中右边最后一项作用在 $\boldsymbol{A}$ 上的两个 ∇ 算子中的一个转移作用在试函数上，这样式 (2.177) 便可进一步化简为

$$\left\langle \phi_{m,n,p}^{(q)}, \boldsymbol{E}^{\mathrm{i}}(\boldsymbol{r})\right\rangle = \left\langle \phi_{m,n,p}^{(q)}(\boldsymbol{r}), \frac{\boldsymbol{D}(\boldsymbol{r})}{\varepsilon(\boldsymbol{r})}\right\rangle - k_0^2 \left\langle \phi_{m,n,p}^{(q)}(\boldsymbol{r}), \boldsymbol{A}(\boldsymbol{r})\right\rangle + \left\langle \nabla\cdot\phi_{m,n,p}^{(q)}(\boldsymbol{r}), \nabla\cdot \boldsymbol{A}(\boldsymbol{r})\right\rangle, \quad q=1,2,3 \tag{2.178}$$

将式 (2.167)~式 (2.171) 代入式 (2.178) 便可得到

$$\left\{e_{m,n,p}^{i,p}\right\} = \left[u_{m,n,p;i,j,k}^{(p,q)}\right]\left\{D_{i,j,k}^{(q)}\right\} - \left[k_0^2 v_{m,n,p;i,j,k}^{(p,q)} - w_{m,n,p;i,j,k}^{(p,q)}\right]\left[A_{i,j,k}^{(q)}\right] \tag{2.179}$$

其中，

$$e_{m,n,p}^{i,q} = \left\langle \phi_{m,n,p}^{(p)}, \boldsymbol{E}^{\mathrm{i}}(\boldsymbol{r})\right\rangle \tag{2.180}$$

$$u_{m,n,p;i,j,k}^{(p,q)} = \left\langle \phi_{m,n,p}^{(p)}, \frac{\varepsilon_0}{\varepsilon}\phi_{i,j,k}^{(q)}\right\rangle \tag{2.181}$$

$$v_{m,n,p;i,j,k}^{(p,q)} = \left\langle \phi_{m,n,p}^{(p)}, \phi_{i,j,k}^{(q)}\right\rangle \tag{2.182}$$

$$w_{m,n,p;i,j,k}^{(p,q)} = \left\langle \nabla\cdot\phi_{m,n,p}^{(p)}, \nabla\cdot\phi_{i,j,k}^{(q)}\right\rangle \tag{2.183}$$

要求解式 (2.179)，还需确定 $D_{m,n,p}^{(q)}$ 和 $A_{m,n,p}^{(q)}$ 之间的关系，这可由式 (2.153) 得到。后面 2.3.5 小节将具体讨论如何快速方便地确定它们的关系。

2.3.4 奇异点处理

很明显，矩阵元素表达式 (2.180)~(2.183) 中不含有奇异点，容易计算。奇异点只是出现在确定 $D_{m,n,p}^{(q)}$ 和 $A_{m,n,p}^{(q)}$ 关系的表达式 (2.153) 中。这可仿照 2.1.5 小节中的方式对其进行相当精确的处理，但较为烦琐。这里我们将再介绍一种近似程度稍大但颇为方便的处理技巧。简而言之，就是用一个小球内 $\boldsymbol{A}$ 的平均值来代替 $\boldsymbol{A}$。此平均值定义为

$$[\boldsymbol{A}(\boldsymbol{r})]=\frac{\displaystyle\int_{|\boldsymbol{r}''|<(1/2)\Delta r}\boldsymbol{A}(\boldsymbol{r}+\boldsymbol{r}'')\mathrm{d}\boldsymbol{r}''}{\displaystyle\int_{|\boldsymbol{r}''|<(1/2)\Delta r}\mathrm{d}\boldsymbol{r}''} \tag{2.184}$$

将式 (2.184) 代入式 (2.153)，并将积分次序交换可得

$$[\boldsymbol{A}(\boldsymbol{r})]=\frac{1}{\varepsilon_0}\int_S[G(\boldsymbol{r}-\boldsymbol{r}')]\,\chi(\boldsymbol{r}')\boldsymbol{D}(\boldsymbol{r}')\mathrm{d}\boldsymbol{r}' \tag{2.185}$$

其中，

$$[G(\boldsymbol{r})]=\frac{\displaystyle\int_{|\boldsymbol{r}''|<(1/2)\Delta r}\boldsymbol{G}(\boldsymbol{r}+\boldsymbol{r}'')\mathrm{d}\boldsymbol{r}''}{\displaystyle\int_{|\boldsymbol{r}''|<(1/2)\Delta r}\mathrm{d}\boldsymbol{r}''} \tag{2.186}$$

利用格林函数的加法定律, 即 2.1.8 小节 2. 中的式 (2.73) 以及 Bessel 函数与 Legendre 多项式积 $\mathrm{j}_l\mathrm{P}_l$ 的平面波展开式 (2.74)，上面积分 (2.186) 可解析求出：

$$[G(\boldsymbol{r})]=\begin{cases}\dfrac{\left(1+\dfrac{1}{2}\mathrm{j}k_0\Delta r\right)\exp\left(-\dfrac{1}{2}\mathrm{j}k_0\Delta r\right)-1}{\dfrac{1}{6}\pi k_0^2(\Delta r)^3}, & |\boldsymbol{r}|=0\\[2ex]\dfrac{\exp(-\mathrm{j}k_0\,|\boldsymbol{r}|)\left[\dfrac{\sin\left(\dfrac{1}{2}\mathrm{j}k_0\Delta r\right)}{\dfrac{1}{2}\mathrm{j}k_0\Delta r}-\cos\left(\dfrac{1}{2}\mathrm{j}k_0\Delta r\right)\right]}{\dfrac{1}{3}\pi(k_0\Delta r)^2\,|\boldsymbol{r}|}, & |\boldsymbol{r}|>\dfrac{1}{2}\Delta r\end{cases} \tag{2.187}$$

这样方程 (2.185) 便可离散成下面无奇异点的表达式：

$$A_{m,n,p}^{(q)} = \frac{\Delta V}{\varepsilon_0} \sum_{m',n',p'} G_{m-m',n-n',p-p'} \chi_{m',n',p'}^{(q)} D_{m',n',p'}^{(q)} \tag{2.188}$$

这里，$\Delta V = \Delta x \Delta y \Delta z$。将式 (2.188) 代入式 (2.179)，得到只有未知数 $\{D\}$ 的线性方程组。为了叙述方便，将其写成下列紧凑形式：

$$[P]\{D\} = \{e^{\mathrm{i}}\} \tag{2.189}$$

2.3.5 离散体积分方程的快速求解

由于体积分方程的求解域是三维体，方程 (2.189) 的未知数个数将随散射体电尺寸的增加而急速增加；又矩阵 $[P]$ 是满阵，如用直接法 (如 LU 分解) 求解方程 (2.189)，将非常费时耗存。故通常用迭代法 (如共轭梯度法) 求解方程 (2.189)。迭代法的主要步骤是做矩阵与矢量相乘。这里将矩阵 $[P]$ 与 $\{D\}$ 的相乘分两步进行：先由式 (2.188) 计算出 $A_{m,n,p}^{(q)}$；再由式 (2.179) 计算出最终矩阵 $[P]$ 与 $\{D\}$ 的乘积。由于矩阵 $[u],[v],[w]$ 都是稀疏矩阵，其非零个数为 $O(N)$(N 为未知数个数)，因而第二步的计算量和内存需求都为 $O(N)$。第一步的计算如直接进行，计算量和内存需求都为 $O(N^2)$。如果仔细观察表达式 (2.188)，不难发现，式 (2.188) 的右边是 G 和 $\chi^q D^q$ 的卷积。因而可用快速离散傅里叶变换来减少内存和计算量。将式 (2.188) 改写成

$$A_{m,n,p}^{(q)} = \frac{\Delta V}{\varepsilon_0} \mathrm{DFT}^{-1}\left\{\mathrm{DFT}\{G_{m,n,p}\} \cdot \mathrm{DFT}\left\{\chi_{m,n,p}^{(q)} D_{m,n,p}^{(q)}\right\}\right\} \tag{2.190}$$

此式表明，通过快速离散傅里叶变换，我们可只用 $O(N)$ 内存，$O(N\log_2 N)$ 计算量便可算出 $A_{m,n,p}^{(q)}$，极大地减小了计算量和内存需求。

2.3.6 计算结果

2.3.3~2.3.5 小节具体给出了电场体积分方程的离散、奇异点处理及其快速求解技术，本小节将用实例来证实它们的有效性。计算的例子是一个两层的有耗介质球，球的中心坐标为 (a,a,a)，这里，a 为外层球的半径。内外球的半径满足:$k_0a_1 = 0.163$ 和 $k_0a_2 = 0.314$；它们的介电常数和电导率分别为 $\varepsilon_{r1} = 72$, $\sigma_1 = 0.9\mathrm{S}\cdot\mathrm{m}^{-1}$ 和 $\varepsilon_{r2} = 7.5$, $\sigma_2 = 0.05\mathrm{S}\cdot\mathrm{m}^{-1}$。入射波为 x_1 方向极化，幅值为 1 ，从负 x_3 方向入射的平面波，频率为 100MHz 。将球进行粗细两种剖分：粗剖分为三个方向都分成 15 格，记为 15×15×15 ；细剖分为三个方向都分成 29 格，记为 29 ×29 ×29 。图 2-27 给出了在这两种不同剖分下球内场分布的计算结果与 Mie 级数解析解的比较 [15]。由图可见，计算结果收敛于解析解。

需要说明的是，对于非均匀性很强的物体，也就是物体不同部分介电常数和电导率相差很大的，或者电大尺寸无耗非均匀介质体，方程 (2.189) 的迭代收敛速度

非常慢，有的甚至根本不收敛。对于这类问题，用本小节讲述的方法计算出的结果往往有较大的误差。

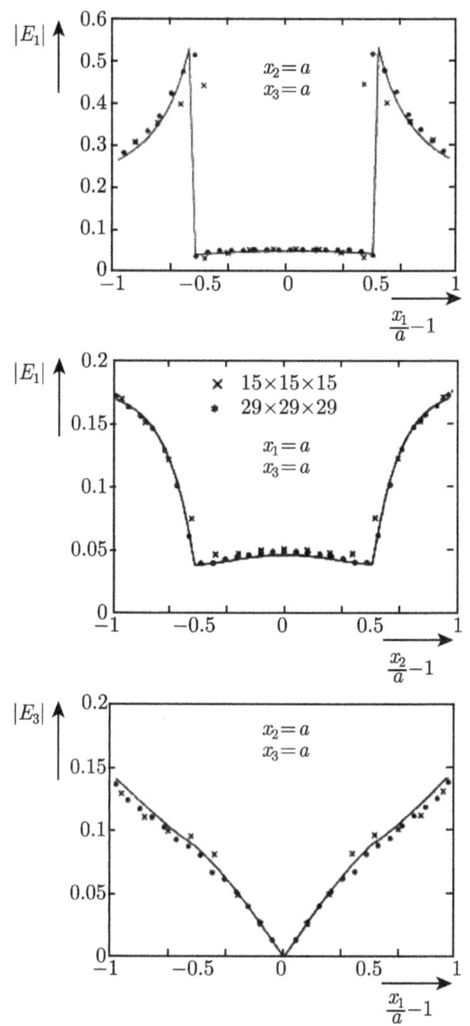

图 2-27 有耗非均匀介质球内电场各分量幅值的计算结果与解析解之比较

2.4 区域分解矩量法

上述矩量法一般要求求解域须一致整体剖分，这会带来两方面问题：① 实际分析设计很不方便。因为很多时候，我们只是对局部进行修改。图 2-28 是飞机结构分解示意图。若局部修改，则必须重新整体剖分，这将十分费时费力。② 极大地影响计算效率。因为很多情况下，问题各部分对剖分的精细程度是不一样的。譬如图 2-29 是带天线的机翼，天线部分剖分要细，其他机翼部分可粗。若整体一致剖分，是不经济的。而且结构的多尺度特征会导致上述矩量法迭代计算的收敛性困难。为了克服上述困难，人们提出了区域分解矩量法。其基本思想就是将求解域分成若干子区域，每个子区域单独剖分和独立设置未知参量。与传统矩量法相比，区域分解矩量法子区域交界线或面上的剖分可以不一致，而且是分别设置未知参量，这样区域分解矩量法未知数个数一般略多于传统矩量法未知数个数。因此，应该说区域分解矩量法除了需要原有积分方程外，还需要强加子区域交界线或面上其他条件以保证子区域交界线或面上场的连续性。但很有意思的是，与区域分解有限元方法 (见 3.5 节) 不同，积分方程已内蕴了连续性条件，保证了场的连续性。连续性条件的强加更多地是为了改善离散矩阵方程的性态，而且这种改善对于导体、均匀介质、非均匀介质等不同问题的特征也不一样。

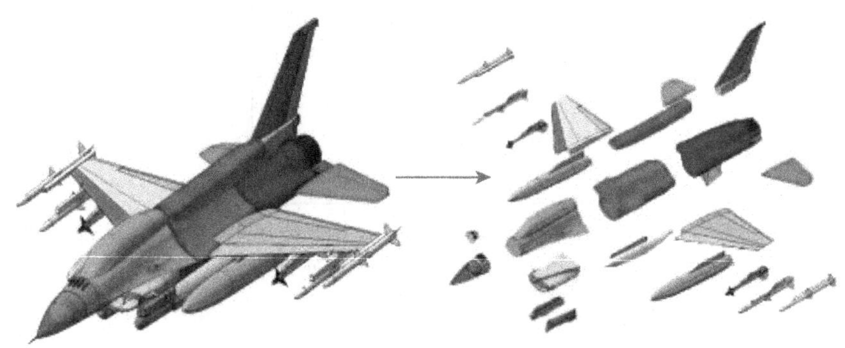

图 2-28　飞机结构分解示意图 (后附彩图)

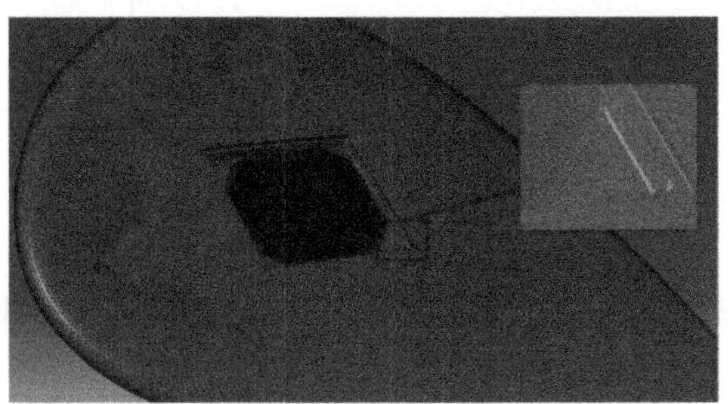

图 2-29　多尺度模型 —— 带天线机翼 (后附彩图)

对于单尺度目标 (目标所有组成部分剖分粗细要求一样) 来说，由于子区域交界线或面上未知数对每个子区域是分别设置，相互独立的，因此区域分解矩量法未知数个数一般多于传统矩量法未知数个数。但是，对于多尺度目标 (目标不同，组成部分剖分粗细要求不一样) 来说，由于传统矩量法要求一致剖分，而区域分解矩量法各子区域可以根据各子区域剖分粗细要求单独剖分，因此区域分解矩量法未知数个数反而往往少于传统矩量法未知数个数。更为重要的是，区域分解矩量法允许各个子区域单独剖分，这给具体实施带来了方便，极大地提高了工作效率。不仅如此，区域分解矩量法块对角预处理性能远好于传统矩量法，这表明区域分解矩量法并行效率远高于传统矩量法。

因为导体、均匀介质、非均匀介质矩量法的数学表述很不相同，所以下面讲述区域分解矩量法时也将分类进行。

2.4.1 导体散射的区域分解矩量法求解 [16]

由 2.1 节可知，导体散射问题一般采用下列联合积分方程表述:

$$-\boldsymbol{L}(\boldsymbol{J})|_t + \boldsymbol{J} - \hat{\boldsymbol{n}} \times \boldsymbol{K}(\boldsymbol{J}) = \frac{1}{Z}\boldsymbol{E}^{\text{inc}}|_t + \hat{\boldsymbol{n}} \times \boldsymbol{H}^{\text{inc}} \tag{2.191}$$

如图 2-30 所示，我们将金属表面分为 M 个子区域 (图中 $M=3$)，区域表面用 $S_i(i=1,2,\cdots,M)$ 表示。这些区域可视为相互独立，单独剖分。采用三角面元分别对子区域进行剖分，若子区域交界边在相邻两个子区域的剖分一致，我们称为共形剖分；若不一致，我们称为非共形剖分。为了叙述方便，这里以共形剖分为例来说明，如图 2-31(a) 所示。子区域交界处的两个相邻面元用 T_i ($i=1,\ 2$) 来表示，C_i 代表面元所属区域交界处的边，$\hat{\boldsymbol{t}}_i$ 为 C_i 的单位法向，指向面元 T_i 的外部。

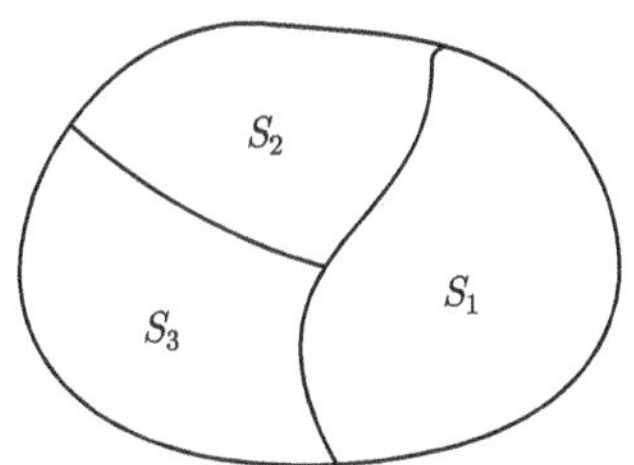

图 2-30 导体目标表面区域分解示意图

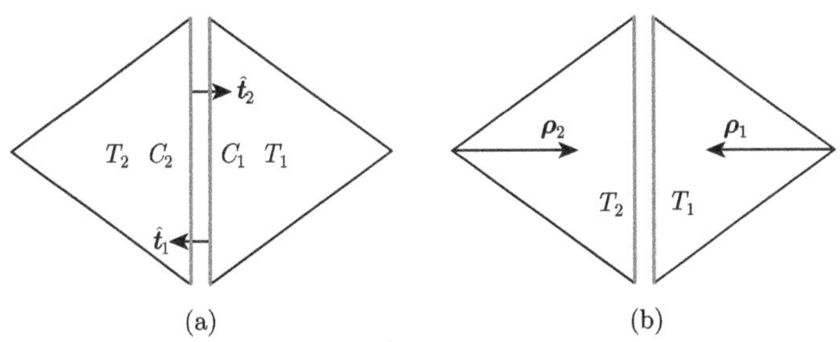

图 2-31 (a) 区域边界相邻面元；(b) 半 RWG 基函数

传统矩量法中，我们在交界处边只设置一个未知参数，基函数定义在共用此边的两个三角面元上，保证了面元间的法向电流连续。与此不同，区域分解矩量法中，在交界处边上设置两个未知参数，基函数只定义在一个三角面元上。如图 2-31(b) 所示，$\boldsymbol{\rho}_i$ 表示交界边 C_i 所对的顶点指向三角形 T_i 内一点的矢量，则对应 C_i 边的半 RWG 基函数可以表示为

$$\boldsymbol{g}_i(\boldsymbol{r})=\begin{cases}\dfrac{l_i}{2\varDelta_i}\boldsymbol{\rho}_i, & r\in T_i\\ 0, & \text{其他}\end{cases}\tag{2.192}$$

其中，l_i 为 C_i 的边长，$\varDelta_i$ 为三角形 T_i 的面积。同传统矩量法一样，将导体表面电流离散为

$$\boldsymbol{J}=\sum_{i=1}^{N}J_i\boldsymbol{g}_i\tag{2.193}$$

其中，$\boldsymbol{g}_i$ 代表 RWG 基函数或半 RWG 基函数，J_i 为对应每条边的插值参量。采用 Galerkin 匹配，可将联合积分方程 (2.191) 离散为

$$\begin{aligned}&-\int_S\boldsymbol{g}_i\cdot\boldsymbol{L}(\boldsymbol{g}_j)\mathrm{d}S+\int_S\boldsymbol{g}_i\cdot\left[\boldsymbol{g}_j-\hat{\boldsymbol{n}}\times\boldsymbol{K}\left(\boldsymbol{g}_j\right)\right]\mathrm{d}S\\ =&\frac{1}{Z}\int_S\boldsymbol{g}_i\cdot\boldsymbol{E}^{\mathrm{inc}}\mathrm{d}S+\int_S\boldsymbol{g}_i\cdot(\hat{\boldsymbol{n}}\times\boldsymbol{H}^{\mathrm{inc}})\mathrm{d}S\end{aligned}\tag{2.194}$$

注意，对应子区域交界边的试函数是半 RWG 基函数，与其基函数一致。

式 (2.194) 中 $\boldsymbol{L}$ 算子项，即左边第一项展开可写成

$$\begin{aligned}&\int_S\boldsymbol{g}_i\cdot\boldsymbol{L}(\boldsymbol{g}_j)\mathrm{d}S\\ =&-\mathrm{j}k\left[\int_S\int_{S'}\boldsymbol{g}_i\cdot\boldsymbol{g}_jG\mathrm{d}S'\mathrm{d}S+\frac{1}{k^2}\int_S\boldsymbol{g}_i\cdot\left(\boldsymbol{\nabla\nabla}\cdot\int_{S'}\boldsymbol{g}_jG\right)\mathrm{d}S'\mathrm{d}S\right]\end{aligned}\tag{2.195}$$

此式右端第二个积分项为高阶奇异积分项，一般采用如下降阶处理。为了更加清楚，下面将基函数的坐标变量显示写出，并作恒等变换。

$$\begin{aligned}&\int_S\boldsymbol{g}_i\left(\boldsymbol{r}\right)\left(\boldsymbol{\nabla\nabla}\cdot\int_{S'}\boldsymbol{g}_j\left(\boldsymbol{r}'\right)G\right)\mathrm{d}S'\mathrm{d}S\\ =&\int_{S_m}\boldsymbol{\nabla}\cdot\left[\boldsymbol{g}_i\left(\boldsymbol{r}\right)\left(\boldsymbol{\nabla}\cdot\int_{S_n}\boldsymbol{g}_j\left(\boldsymbol{r}'\right)G\right)\right]\mathrm{d}S'\mathrm{d}S\end{aligned}$$

$$
\begin{aligned}
&-\int_{S_m}(\boldsymbol{\nabla}\cdot\boldsymbol{g}_i(\boldsymbol{r}))\left[\boldsymbol{\nabla}\cdot\left(\int_{S_n}\boldsymbol{g}_j(\boldsymbol{r}')G\right)\right]\mathrm{d}S'\mathrm{d}S\\
=&\int_{C_m}\boldsymbol{g}(\boldsymbol{r})_i\cdot\boldsymbol{t}_m\left[\boldsymbol{\nabla}\cdot\left(\int_{S_n}\boldsymbol{g}_j(\boldsymbol{r}')G\right)\right]\mathrm{d}S'\mathrm{d}C\\
&-\int_{S_m}(\boldsymbol{\nabla}\cdot\boldsymbol{g}_i(\boldsymbol{r}))\left[\boldsymbol{\nabla}\cdot\left(\int_{S_n}\boldsymbol{g}_j(\boldsymbol{r}')G\right)\right]\mathrm{d}S'\mathrm{d}S
\end{aligned}\tag{2.196}
$$

式 (2.196) 最后一行中括号部分仍含有高阶奇异，可进一步按下面方式降阶：

$$
\begin{aligned}
\boldsymbol{\nabla}\cdot\left(\int_{S_n}\boldsymbol{g}_j(\boldsymbol{r}')G\mathrm{d}S\right)&=\int_{S_n}\boldsymbol{g}_j(\boldsymbol{r}')\cdot\boldsymbol{\nabla}G\mathrm{d}S'+\int_{S_n}G\boldsymbol{\nabla}\cdot\boldsymbol{g}_j(\boldsymbol{r}')\mathrm{d}S'\\
&=\int_{S_n}\boldsymbol{g}_j(\boldsymbol{r}')\cdot\boldsymbol{\nabla}G\mathrm{d}S'\\
&=-\int_{S_n}\boldsymbol{g}_j(\boldsymbol{r}')\cdot\boldsymbol{\nabla}'G\mathrm{d}S'\\
&=-\int_{S_n}\boldsymbol{\nabla}'\cdot[\boldsymbol{g}_j(\boldsymbol{r}')G]\mathrm{d}S'+\int_{S_n}G\boldsymbol{\nabla}'\cdot\boldsymbol{g}_j(\boldsymbol{r}')\mathrm{d}S'\\
&=-\int_{C_n}\boldsymbol{t}_n\cdot\boldsymbol{g}_j(\boldsymbol{r}')G\mathrm{d}C'+\int_{S_n}G\boldsymbol{\nabla}'\cdot\boldsymbol{g}_j(\boldsymbol{r}')\mathrm{d}S'
\end{aligned}\tag{2.197}
$$

这样式 (2.196) 中高阶奇异积分部分便可转化成下面四个低阶奇异积分之和：

$$
\begin{aligned}
&\int_S\boldsymbol{g}_i\cdot\left(\boldsymbol{\nabla\nabla}\cdot\int_{S'}\boldsymbol{g}_jG\right)\mathrm{d}S'\mathrm{d}S\\
=&-\int_{C_m}\boldsymbol{g}_i\cdot\boldsymbol{t}_m\int_{C_n}\boldsymbol{t}_n\cdot\boldsymbol{g}_jG\mathrm{d}C'\mathrm{d}C\\
&+\int_{C_m}\boldsymbol{g}_i\cdot\boldsymbol{t}_m\int_{S_n}G\left(\boldsymbol{\nabla}'\cdot\boldsymbol{g}_j\right)\mathrm{d}S'\mathrm{d}C\\
&+\int_{S_m}(\boldsymbol{\nabla}\cdot\boldsymbol{g}_i)\int_{C_n}\boldsymbol{t}_n\cdot\boldsymbol{g}_jG\mathrm{d}C'\mathrm{d}S\\
&-\int_{S_m}(\boldsymbol{\nabla}\cdot\boldsymbol{g}_i)\int_{S_n}G\left(\boldsymbol{\nabla}'\cdot\boldsymbol{g}_j\right)\mathrm{d}S'\mathrm{d}S
\end{aligned}\tag{2.198}
$$

实际上，上述奇异积分降阶方法与传统矩量法一样，不同之处在于：传统矩量法中交界边处只设置一个未知参量，基函数是定义在相邻两个三角面元上的，因此前三项积分互相抵消，只剩最后一项；但在区域分解矩量法中，交界边处设置两个未知参量，基函数是半 RWG 基函数，分别定义在单个三角形面元上，因而前三项不能抵消。实际计算结果表明，正是前三项交界边处积分贡献的存在保证了交界边上设置的两个未知参量的连续性。

根据交界边处法向电流的连续性，可以得到下面关系：

$$\hat{\boldsymbol{t}}_i \cdot \boldsymbol{X}_i + \hat{\boldsymbol{t}}_j \cdot \boldsymbol{X}_j = 0, \quad \text{在 } C_i, C_j \text{ 上} \tag{2.199}$$

其中，C_i 和 C_j 分别表示子区域交界边。$\boldsymbol{X}_i$ 和 $\boldsymbol{X}_j$ 分别为 C_i, C_j 上的等效电流。利用这个关系可以进一步简化式 (2.198) 的计算，提高离散矩阵的性态。首先根据式 (2.199)，可以得到下面关系：

$$\int_{C_i} \hat{\boldsymbol{t}}_i \cdot \boldsymbol{X}_i \int_{C_j} \left(\hat{\boldsymbol{t}}_i \cdot \boldsymbol{X}_i + \hat{\boldsymbol{t}}_j \cdot \boldsymbol{X}_j\right) G \mathrm{d}C' \mathrm{d}C = 0 \tag{2.200}$$

这表明式 (2.198) 右端第一项双重线积分为零。另外，根据式 (2.199)，还可以得到如下连续条件：

$$\beta \int_{C_i} \hat{\boldsymbol{t}}_i \cdot \boldsymbol{X}_i \left(\hat{\boldsymbol{t}}_i \cdot \boldsymbol{X}_i + \hat{\boldsymbol{t}}_j \cdot \boldsymbol{X}_j\right) \mathrm{d}C = 0 \tag{2.201}$$

计算表明，将式 (2.201) 与离散方程 (2.198) 线性相加，可以得到数值性能更好的离散矩阵方程。假设目标表面分成 M 个子区域，离散矩阵方程可写成

$$\begin{bmatrix} \boldsymbol{A}_{11} & \boldsymbol{A}_{12} & \cdots & \boldsymbol{A}_{1n} & \cdots & \boldsymbol{A}_{1M} \\ \boldsymbol{A}_{21} & \boldsymbol{A}_{22} & \cdots & \boldsymbol{A}_{2n} & \cdots & \boldsymbol{A}_{2M} \\ \vdots & \vdots & & \vdots & & \vdots \\ \boldsymbol{A}_{m1} & \boldsymbol{A}_{m2} & \cdots & \boldsymbol{A}_{mn} & \cdots & \boldsymbol{A}_{mM} \\ \vdots & \vdots & & \vdots & & \vdots \\ \boldsymbol{A}_{M1} & \boldsymbol{A}_{M2} & \cdots & \boldsymbol{A}_{Mn} & \cdots & \boldsymbol{A}_{MM} \end{bmatrix} \begin{bmatrix} J_1 \\ J_2 \\ \vdots \\ J_n \\ \vdots \\ J_M \end{bmatrix} = \begin{bmatrix} b_1 \\ b_2 \\ \vdots \\ b_n \\ \vdots \\ b_M \end{bmatrix} \tag{2.202}$$

其中，J_n 代表区域 n 的离散电流的系数，$\boldsymbol{A}_{mn}$ 代表区域 m 和区域 n 之间的作用，b_n 为右端项。矩阵元素及右端项的具体表达式如下：

$$\begin{aligned} \boldsymbol{A}_{mn}^{ij} =& \mathrm{j}k \int_{S_i} \int_{S_j} \boldsymbol{g}_i \cdot \boldsymbol{g}_j \mathrm{d}S' \mathrm{d}S - \frac{\mathrm{j}}{k} \int_{S_i} (\boldsymbol{\nabla} \cdot \boldsymbol{g}_i) \int_{S_j} G \boldsymbol{\nabla}' \cdot \boldsymbol{g}_j \mathrm{d}S' \mathrm{d}S \\ & + \frac{\mathrm{j}}{k} \int_{C_i} \boldsymbol{g}_i \cdot \hat{\boldsymbol{t}}_i \int_{S_j} G \boldsymbol{\nabla}' \cdot \boldsymbol{g}_j \mathrm{d}S' \mathrm{d}C + \frac{\mathrm{j}}{k} \int_{S_i} (\boldsymbol{\nabla} \cdot \boldsymbol{g}_i) \int_{C_j} \hat{\boldsymbol{t}}_j \cdot \boldsymbol{g}_j G \mathrm{d}C' \mathrm{d}S \end{aligned}$$

$$+\beta\frac{\mathrm{j}}{k}\int_{C_i}\left(\hat{\boldsymbol{t}}_i\cdot\boldsymbol{g}_i\right)\left(\hat{\boldsymbol{t}}_j\cdot\boldsymbol{g}_j\right)\mathrm{d}C+\int_{S_i}\boldsymbol{g}_i\cdot\left[\boldsymbol{g}_j-\hat{\boldsymbol{n}}\times\boldsymbol{K}\left(\boldsymbol{g}_j\right)\right]\mathrm{d}S \tag{2.203}$$

$$b_m^i=\frac{1}{Z}\int_S\boldsymbol{g}_i\cdot\boldsymbol{E}^{\mathrm{inc}}\mathrm{d}S+\frac{1}{Z}\int_S\boldsymbol{g}_i\cdot\left(\hat{\boldsymbol{n}}\times\boldsymbol{H}^{\mathrm{inc}}\right)\mathrm{d}S \tag{2.204}$$

将矩阵方程 (2.202) 写成紧凑形式：$\boldsymbol{Mx}=\boldsymbol{b}$。数值实验表明：与传统矩量法不同，块对角预处理对此区域分解矩量法离散方程具有显著加速收敛效果。即，如下方程迭代求解收敛速度远快于原方程收敛速度：

$$\boldsymbol{P}^{-1}\boldsymbol{Mx}=\boldsymbol{P}^{-1}\boldsymbol{b} \tag{2.205}$$

这里

$$\boldsymbol{P}^{-1}=\begin{bmatrix}\boldsymbol{A}_{11} & 0 & \cdots & 0\\ 0 & \boldsymbol{A}_{22} & \cdots & 0\\ \vdots & \vdots & & \vdots\\ 0 & 0 & \cdots & \boldsymbol{A}_{MM}\end{bmatrix}^{-1}=\begin{bmatrix}\boldsymbol{A}_{11}^{-1} & 0 & \cdots & 0\\ 0 & \boldsymbol{A}_{22}^{-1} & \cdots & 0\\ \vdots & \vdots & & \vdots\\ 0 & 0 & \cdots & \boldsymbol{A}_{MM}^{-1}\end{bmatrix} \tag{2.206}$$

下面用数值实验展示上述区域分解矩量法的数值性能。首先计算一个直径为 1m 的导体球。将该导体球的表面平均分为四个子区域 ($M=4$)，如图 2-32(a) 所示。采用频率为 300MHz 的平面波入射，入射方向为 $-z$ 方向，极化方式为 V 极化。每个子区域的剖分尺寸均为 $\lambda_0/10$(λ_0 为空气波长)。用上述区域分解矩量法计算该金属球的 VV 极化双站 RCS，计算结果如图 2-32(b) 所示。由图可见，计算结果与解析解十分吻合，表明了区域分解矩量法的精确可靠。

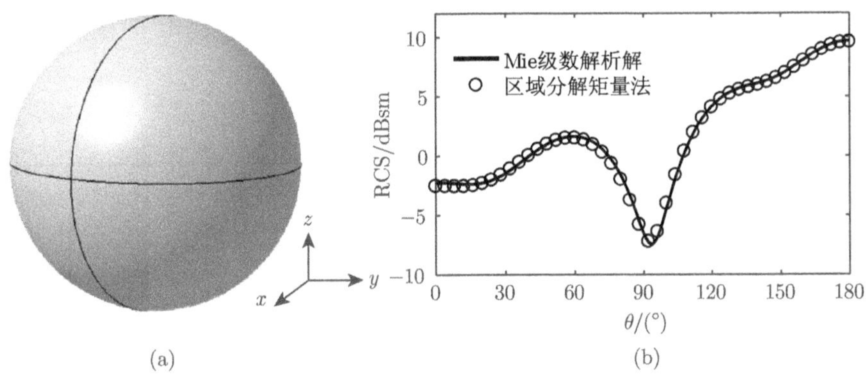

图 2-32 (a) 导体球的区域分解；(b) VV 极化双站 RCS

接着，我们研究式 (2.203) 中参数 β 对该方法数值性能的影响。图 2-33 为计算目标及其区域划分。图 2-33(a) 为边长 1m 的金属立方体，表面分为 8 个子区域，计算频率为 300MHz；图 2-33(b) 仍为边长 1m 的金属立方体，但表面分为 56 个子区域，计算频率为 600MHz；图 2-33(c) 为直径 1m 的导体球，表面分为 56 个子区，计算频率为 600MHz。用区域分解矩量法求解它们，所用迭代步数随 β 的变化情况如表 2-6 所示。

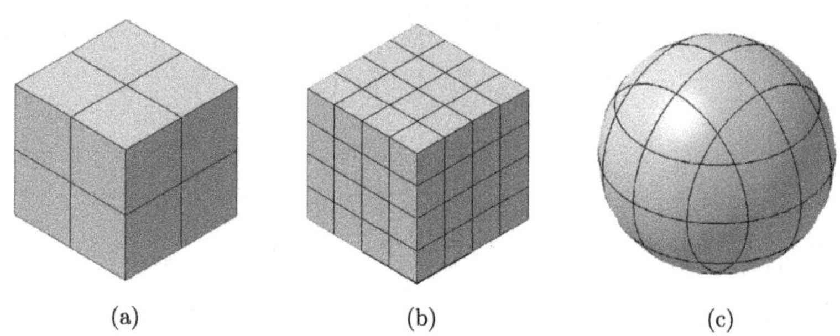

图 2-33　(a) 金属立方体 ($M = 8$)；(b) 金属立方体 ($M = 56$)；(c) 导体球 ($M = 56$)

表 2-6　区域分解矩量法求解迭代步数随 β 的变化情况

β	0	0.5	1.0	1.5	2.0	5	10	20
图 2-33(a)	82	61	44	45	50	61	61	61
图 2-33(b)	121	143	65	61	61	91	91	91
图 2-33(c)	121	154	77	65	65	91	91	91

由表可见，一般 $\beta = 10h^{-1}$(h 为剖分单元尺寸) 求解收敛速度最快，即对于 300MHz 算例，$\beta = 1.0$ 收敛迭代步数最少；对于 600MHz 算例，$\beta = 2.0$ 收敛迭代步数最少。而且，数值实验还表明 $\beta = 0$ 时，计算结果正确，但求解收敛所用迭代步数多于 $\beta = 10h^{-1}$ 时所用迭代步数。这表明连续性条件 (2.201) 只是改善离散矩阵方程 (2.202) 的条件数，非必须强加。

为了进一步展示区域分解矩量法的优异数值性能，我们计算一个导体锥体，锥体的高为 1m，底面半径为 0.5m。入射波频率为 600 MHz，入射方向为 $-z$ 方向。将目标分为五个子区域，每个子区域采用不同的尺寸进行非共形网格剖分。如图 2-34 所示，子区域从下到上的剖分尺寸分别为 $0.1\lambda_0$, $0.08\lambda_0$, $0.06\lambda_0$, $0.04\lambda_0$ 和 $0.02\lambda_0$。未知数为 6438 个，包括 6129 个 RWG 基函数系数和 309 个区域边界处的半 RWG 基函数系数。我们用区域分解矩量法 ($\beta = 2.0$) 计算了该目标的双站 RCS。VV 极化和 HH 极化的双站 RCS 的迭代步数均为 13 步。为了验证计算结果的准确性，我们将目标用 $0.02\lambda_0$ 的网格进行统一剖分，未知数为 96519 个，并采用传统多层快速多极子 (MLFMA) 方法进行计算，MLFMA 的迭代步数为 66 步。计算结果如图

2-35 所示，由图可见，区域分解矩量法计算结果与 MLFMA 的计算结果十分吻合。

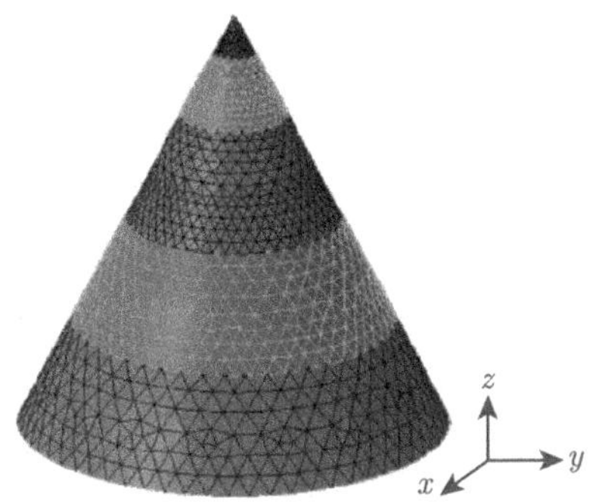

图 2-34 导体锥的非共形网格剖分

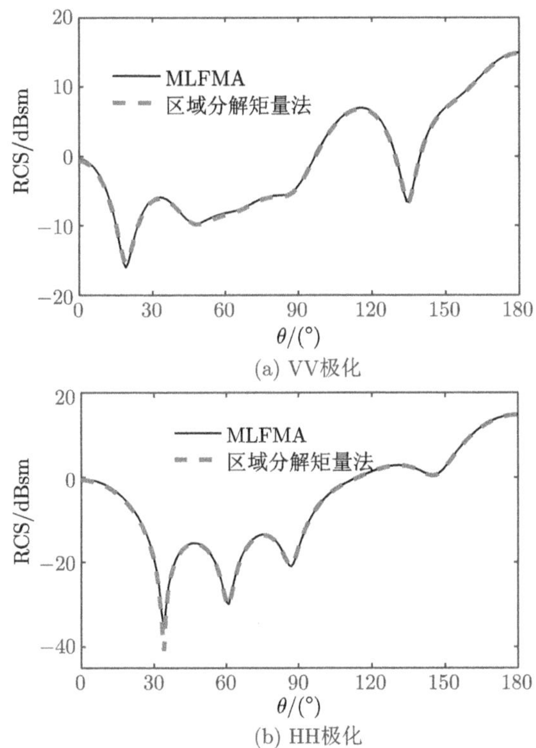

图 2-35 导体锥的双站 RCS(后附彩图)

2.4.2 均匀介质体的区域分解矩量法求解 [18]

考虑如图 2-36 所示的均匀介质体目标在平面波入射下的散射问题。由 2.2 节可知，此问题可表述为 PMCHW 方程。实际上，除了 PMCHW 方程，还有其他组合方程可表述均匀介质体散射问题，而且它们的离散方程数值性能很不一样，文献 [12] 具体研究比较了各种组合方程的数值性能。本小节将采用一种称为联合切向方程 (combined tangential field equation, CTF) 的方程来表述均匀介质体的区域分解矩量法，具体可表示为

$$\boldsymbol{n}\times\left[\boldsymbol{L}_1(\boldsymbol{J})+\boldsymbol{L}_2(\boldsymbol{J})-\frac{1}{Z_1}\boldsymbol{K}_1(\boldsymbol{M})-\frac{1}{Z_2}\boldsymbol{K}_2(\boldsymbol{M})\right]=-\frac{1}{Z_1}\boldsymbol{n}\times\boldsymbol{E}^{\mathrm{inc}} \tag{2.207}$$

$$\boldsymbol{n}\times[Z_1\boldsymbol{K}_1(\boldsymbol{J})+Z_2\boldsymbol{K}_2(\boldsymbol{J})+\boldsymbol{L}_1(\boldsymbol{M})+\boldsymbol{L}_2(\boldsymbol{M})]=-Z_1\boldsymbol{n}\times\boldsymbol{H}^{\mathrm{inc}} \tag{2.208}$$

这里，算子 $\boldsymbol{L}_l$, $\boldsymbol{K}_l$ $(l=1,2)$ 为

$$\boldsymbol{L}_l(\boldsymbol{X})=-\mathrm{j}k_l\int\left[1+\frac{1}{k_l^2}\nabla\nabla\cdot\right](\boldsymbol{X}G_l)\,\mathrm{d}S' \tag{2.209}$$

$$\boldsymbol{K}_l(\boldsymbol{X})=-\int\boldsymbol{X}\times\nabla G_l\mathrm{d}S' \tag{2.210}$$

这个方程与 PMCHW 方程相似，只是算子前系数不同而已。这个方程的优势后面会有所交代。

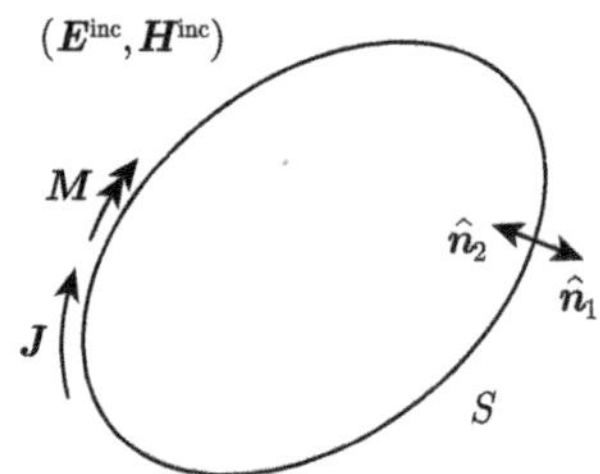

图 2-36　三维均匀介质体目标在平面波入射下的散射

介质目标区域分解矩量法离散方式与 2.4.1 小节金属目标一样，只要注意介质目标表面既有等效电流，也有等效磁流；而金属目标只有等效电流。假设介质目标表面分成 M 个子区域，对于子区域内三角形单元上的电流和磁流采用 RWG 基函数表示，对于与相邻子区域交接的三角形单元上的电流和磁流用半 RWG 基函数表示，即

$$\boldsymbol{J}=\sum_{i=1}^{N}J_i\boldsymbol{g}_i \tag{2.211}$$

$$\boldsymbol{M}=\sum_{i=1}^{N}\boldsymbol{M}_i\boldsymbol{g}_i \tag{2.212}$$

采用 Galerkin 匹配，便可得到下面的离散矩阵方程：

$$
\begin{bmatrix}
\boldsymbol{A}_{11} & \boldsymbol{A}_{12} & \cdots & \boldsymbol{A}_{1n} & \cdots & \boldsymbol{A}_{1M} \\
\boldsymbol{A}_{21} & \boldsymbol{A}_{22} & \cdots & \boldsymbol{A}_{2n} & \cdots & \boldsymbol{A}_{2M} \\
\vdots & \vdots & & \vdots & & \vdots \\
\boldsymbol{A}_{m1} & \boldsymbol{A}_{m2} & \cdots & \boldsymbol{A}_{mn} & \cdots & \boldsymbol{A}_{mM} \\
\vdots & \vdots & & \vdots & & \vdots \\
\boldsymbol{A}_{M1} & \boldsymbol{A}_{M2} & \cdots & \boldsymbol{A}_{Mn} & \cdots & \boldsymbol{A}_{MM}
\end{bmatrix}
\begin{bmatrix} J_1 \\ J_2 \\ \vdots \\ J_n \\ \vdots \\ J_M \end{bmatrix}
=
\begin{bmatrix} b_1 \\ b_2 \\ \vdots \\ b_n \\ \vdots \\ b_M \end{bmatrix}
\tag{2.213}
$$

其中，

$$
\boldsymbol{A}_{mn} = \begin{bmatrix} \boldsymbol{U}_{mn} & \boldsymbol{Q}_{mn} \\ \boldsymbol{R}_{mn} & \boldsymbol{U}_{mn} \end{bmatrix}, \quad \boldsymbol{x}_m = \begin{bmatrix} \boldsymbol{J}_m \\ \boldsymbol{M}_m \end{bmatrix}, \quad \boldsymbol{b}_m = \begin{bmatrix} e_m \\ h_m \end{bmatrix} \tag{2.214}
$$

$$
\boldsymbol{U}_{mn}^{ij} = \int_S \boldsymbol{g}_i \cdot [\boldsymbol{L}_1(\boldsymbol{g}_j) + \boldsymbol{L}_2(\boldsymbol{g}_j)]\mathrm{d}S \tag{2.215}
$$

$$
\boldsymbol{Q}_{mn}^{ij} = \int_S \boldsymbol{g}_i \cdot \left[-\frac{1}{Z_1}\boldsymbol{K}_1(\boldsymbol{g}_j) - \frac{1}{Z_2}\boldsymbol{K}_2(\boldsymbol{g}_j)\right]\mathrm{d}S \tag{2.216}
$$

$$
\boldsymbol{R}_{mn}^{ij} = \int_S \boldsymbol{g}_i \cdot \left[Z_1\boldsymbol{K}_1(\boldsymbol{g}_j) + Z_2\boldsymbol{K}_2(\boldsymbol{g}_j)\right]\mathrm{d}S \tag{2.217}
$$

$$
e_m^i = -\frac{1}{Z_1}\int_S \boldsymbol{g}_i \cdot \boldsymbol{E}^{\mathrm{inc}}\mathrm{d}S \tag{2.218}
$$

$$
h_m^i = -Z_1\int_S \boldsymbol{g}_i \cdot \boldsymbol{H}^{\mathrm{inc}}\mathrm{d}S \tag{2.219}
$$

由式 (2.214) 可知，矩阵 $\boldsymbol{A}_{mn}$ 的两个对角子矩阵是一样的，即都是 $\boldsymbol{U}_{mn}$，这样便减小了存储 $\boldsymbol{A}_{mn}$ 所需的内存；而且子矩阵 $\boldsymbol{Q}_{mn}$ 元素绝对值一般远小于 $\boldsymbol{R}_{mn}$ 元素绝对值，因此做预处理求 $\boldsymbol{A}_{mn}$ 逆时，有时可将 $\boldsymbol{Q}_{mn}$ 舍弃，这样矩阵 $\boldsymbol{A}_{mn}$ 求逆计算量便可减小到原来的 1/8。以上两点便是联合切向方程 (CTF) 的优势。

与导体区域分解矩量法相似，含 $\boldsymbol{L}$ 算子高阶奇异点的矩阵元素计算可进行转换，减低奇异点阶次。另外，同样可利用连续性条件简化计算，改善矩阵性态。这样式 (2.213) 便可转化成

$$
\begin{bmatrix}
\boldsymbol{B}_{11} & \boldsymbol{B}_{12} & \cdots & \boldsymbol{B}_{1n} & \cdots & \boldsymbol{B}_{1M} \\
\boldsymbol{B}_{21} & \boldsymbol{B}_{22} & \cdots & \boldsymbol{B}_{2n} & \cdots & \boldsymbol{B}_{2M} \\
\vdots & \vdots & & \vdots & & \vdots \\
\boldsymbol{B}_{m1} & \boldsymbol{B}_{m2} & \cdots & \boldsymbol{B}_{mn} & \cdots & \boldsymbol{B}_{mM} \\
\vdots & \vdots & & \vdots & & \vdots \\
\boldsymbol{B}_{M1} & \boldsymbol{B}_{M2} & \cdots & \boldsymbol{B}_{mn} & \cdots & \boldsymbol{B}_{MM}
\end{bmatrix}
\begin{bmatrix} x_1 \\ x_2 \\ \vdots \\ x_n \\ \vdots \\ x_M \end{bmatrix}
=
\begin{bmatrix} b_1 \\ b_2 \\ \vdots \\ b_n \\ \vdots \\ b_M \end{bmatrix}
\tag{2.220}
$$

矩阵 $\boldsymbol{B}_{mn}$ 与矩阵 $\boldsymbol{A}_{mn}$ 结构相似，可写为

$$\boldsymbol{B}_{mn}=\begin{bmatrix}\boldsymbol{V}_{mn} & \boldsymbol{Q}_{mn}\\ \boldsymbol{R}_{mn} & \boldsymbol{V}_{mn}\end{bmatrix}\tag{2.221}$$

其中，$\boldsymbol{V}_{mn}$ 的矩阵元素计算表达式为

$$\begin{aligned}\boldsymbol{V}_{mn}^{ij}=\sum_{l=1,2}\Bigg[&-\mathrm{j}k_l\int_S\int_{S'}\boldsymbol{g}_i\cdot\boldsymbol{g}_j\mathrm{d}S'\mathrm{d}S+\frac{\mathrm{j}}{k_l}\int_S\boldsymbol{\nabla}\cdot\boldsymbol{g}_i\int_{S'}\boldsymbol{\nabla}'\cdot\boldsymbol{g}_jG_l\mathrm{d}S'\mathrm{d}S\\&-\frac{\mathrm{j}}{k_l}\int_C\hat{\boldsymbol{t}}_i\cdot\boldsymbol{g}_i\int_{S'}\boldsymbol{\nabla}'\cdot\boldsymbol{g}_jG_l\mathrm{d}S'\mathrm{d}C-\frac{\mathrm{j}}{k_l}\int_{C'}\hat{\boldsymbol{t}}_j\cdot\boldsymbol{g}_j\int_S\boldsymbol{\nabla}\cdot\boldsymbol{g}_iG_l\mathrm{d}S\mathrm{d}C'\\&+\beta\ \frac{\mathrm{j}}{k_l}\int_{C_i}(\hat{\boldsymbol{t}}_i\cdot\boldsymbol{g}_i)(\hat{\boldsymbol{t}}_j\cdot\boldsymbol{g}_j)\mathrm{d}C\Bigg]\end{aligned}\tag{2.222}$$

我们将矩阵 (2.220) 写成一个更为简洁的形式：$\boldsymbol{M}x=b$。在矩阵方程的左端项与右端项的左边乘以一个预处理矩阵 $\boldsymbol{P}^{-1}$，可以得到如下矩阵方程：

$$\boldsymbol{P}^{-1}\boldsymbol{M}x=\boldsymbol{P}^{-1}b\tag{2.223}$$

对于上述区域分解矩量法，一般对角块预处理可得到较好效果，即

$$\boldsymbol{P}^{-1}=\begin{bmatrix}\boldsymbol{B}_{11} & 0 & \cdots & 0\\ 0 & \boldsymbol{B}_{22} & \cdots & 0\\ \vdots & \vdots & & \vdots\\ 0 & 0 & \cdots & \boldsymbol{B}_{MM}\end{bmatrix}^{-1}=\begin{bmatrix}\boldsymbol{B}_{11}^{-1} & 0 & \cdots & 0\\ 0 & \boldsymbol{B}_{22}^{-1} & \cdots & 0\\ \vdots & \vdots & & \vdots\\ 0 & 0 & \cdots & \boldsymbol{B}_{MM}^{-1}\end{bmatrix}\tag{2.224}$$

为了考察上述方法的数值性能，首先计算一个半径为 0.5m 的介质球和一个边长为 1m 的介质立方体的散射。介质球和立方体的介电常数均为 2。介质球被均匀划分为 4 个子区域，介质立方体被划分为 8 个子区域，如图 2-37 所示。分别采用加入对角块预处理的上述区域分解矩量法 (DG PreC) 和不加预处理的区域分解矩量法对这两个算例进行了计算，得到 VV 极化的双站 RCS。入射平面波的频率是 300MHz，入射方向沿 $-z$ 方向。每个子区域的剖分尺寸均为 $\lambda_0/10$(λ_0 为空气波长)。根据 2.4.1 小节讨论，系数 β 首先设定为 1.0。介质球的计算结果如图 2-38(a) 所示。可以看出，计算结果与解析解十分吻合。介质立方体的计算结果如图 2-38(b) 所示。为了验证计算精度，同样采用了传统的矩量法对未区域分解的立方块进行计算，可以看出区域分解矩量法的计算结果与传统矩量法的计算结果十分吻合。

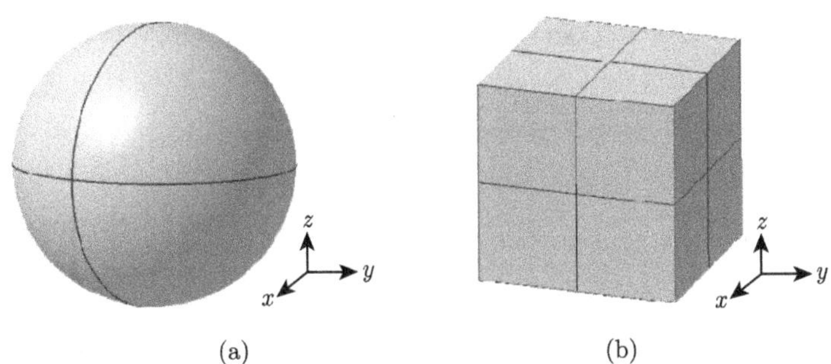

图 2-37 (a) 介质球的区域分解；(b) 介质立方体的区域分解

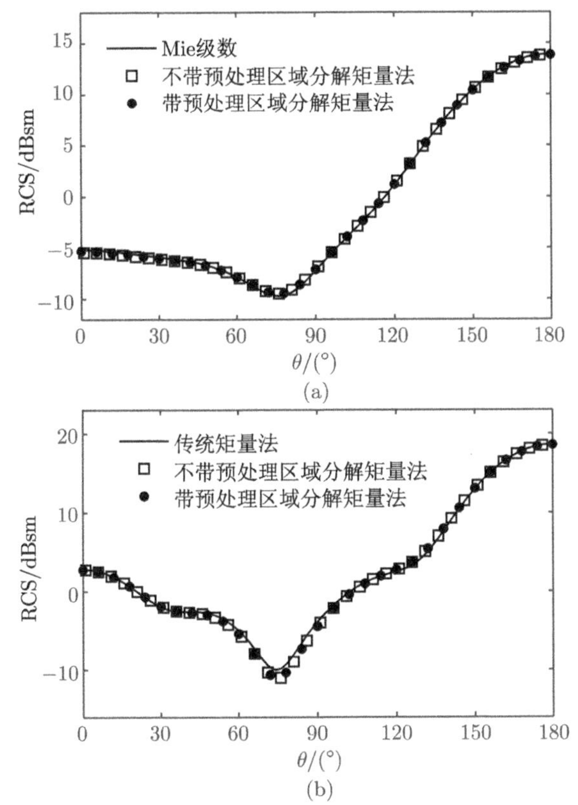

图 2-38 (a) 介质球的 VV 极化双站 RCS；(b) 介质立方体的 VV 极化双站 RCS

为了考察边界连续条件对计算性能的影响，我们将系数 β 从 0 增大到 50。迭代收敛精度设定为 10^{-5}。对图 2-37 中的算例进行了与前面相同的计算。不同方法迭代次数随 β 的变化情况如表 2-7 所示。可以看出，随着 β 的增大，区域分解矩量法的收敛速度变得很差。一些算例甚至无法在 5000 步以内收敛，即表 2-7 中标为 NC 的情形。从表 2-7 可以看出，尽管不带预处理的区域分解矩量法在 $\beta = 0.5$ 时达到了最快的收敛速度，但是，带有对角块预处理的区域分解矩量法在 $\beta = 0$ 时收敛最快。在 $\beta \neq 0$ 时，对角块预处理反而使收敛速度变慢。这说明了增加连续条件对带有对角块预处理的区域分解矩量法来说是无益的。这一点与导体目标区域分解矩量法有很大的不同。在下面介质目标的计算中，我们一般将 β 设为 0。

表 2-7　不同方法的迭代特性随 β 的变化情况

	β	0	0.5	1.0	5.0	10	20	50
图 2-37(a)	不带预处理区域分解矩量法	693	299	411	751	871	1087	1771
	带预处理区域分解矩量法	150	1287	714	962	1774	2732	4771
图 2-37(b)	不带预处理区域分解矩量法	974	506	734	1433	1667	1981	4411
	带预处理区域分解矩量法	170	2151	1231	3534	NC	NC	NC

下面考察本小节带有预处理区域分解矩量法随着子区域个数 M 增加的计算性能。上述介质球的子区域从 4 增加到 56，如图 2-39 所示。计算频率为 600MHz，每个子区域的剖分尺寸均为 $\lambda_0/10$。为了能够与传统矩量法进行对比，在区域的边界采用共形网格进行剖分。区域分解矩量法的迭代次数随子区域个数 M 的变化曲线如图 2-40 所示。作为对比，我们同样对传统矩量法在对角块预处理和不加预处理时的计算结果进行了统计，如图 2-40 所示。这里的对角块对应图 2-39 的子区域。从图 2-40 可以看出，对角块预处理极大地降低了区域分解矩量法的迭代次数。然而，传统矩量法无法通过对角块预处理来提高收敛速度。此外，对角块预处理区域分解矩量法的收敛速度最优。更为重要的是，随着子区域个数的增加，对角块预处理的区域分解矩量法的迭代次数基本保持不变。

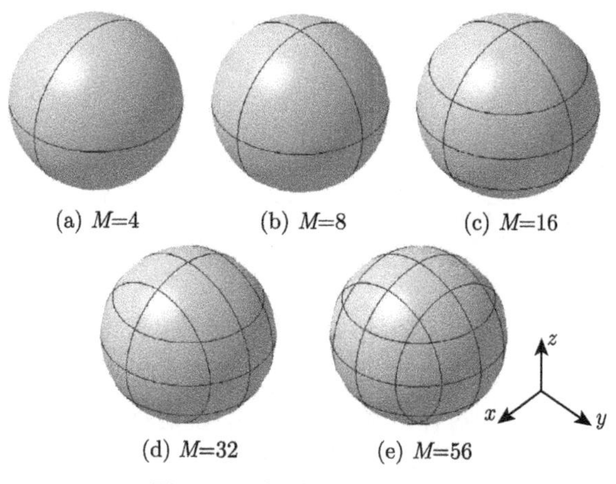

图 2-39　介质球的区域分解

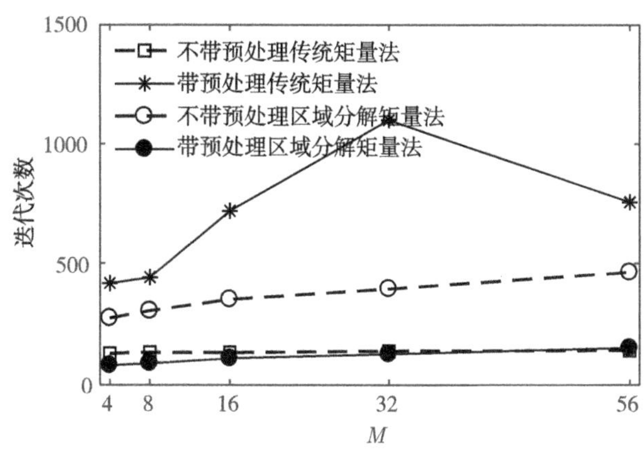

图 2-40　不同方法计算介质球的迭代次数比较

下面计算两个多尺度目标以进一步考察区域分解矩量法的数值性能。第一个目标是一个介质锥，锥体的高为 1m，底面半径为 0.5m，介电常数为 2。入射波频率为 600 MHz，入射方向为 $-z$ 方向。该目标被分为五个子区域，每个子区域采用不同的尺寸进行非共形网格剖分。如图 2-41 所示，子区域从下到上的剖分尺寸分别为 $0.1\lambda_0$, $0.08\lambda_0$, $0.06\lambda_0$, $0.04\lambda_0$ 和 $0.02\lambda_0$。未知数的格式为 6438 个，包括 6129 个 RWG 基函数系数和 309 个区域边界处的半 RWG 基函数系数。我们用区域分解矩量法计算了该目标的双站 RCS。VV 极化和 HH 极化的双站 RCS 的迭代步数分别为 99 步和 96 步。为了验证计算结果的准确性，我们将目标用 $0.02\lambda_0$ 的网格进行统一剖分，未知数为 96519 个，并采用传统 MLFMA 方法进行了计算。计算结果如图 2-42 所示，可以看出，区域分解矩量法的计算结果与传统 MLFMA 的计算结果十分吻合。不同方法的迭代收敛变化情况如图 2-43 所示。区域分解矩量法的收敛速度远大于传统 MLFMA 方法。

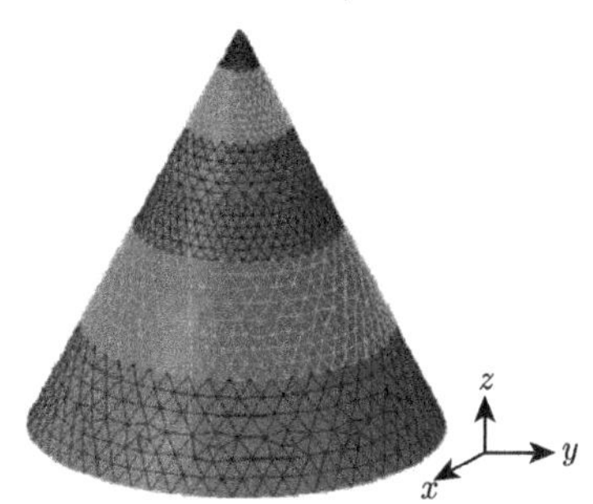

图 2-41　介质锥的非共形网格剖分

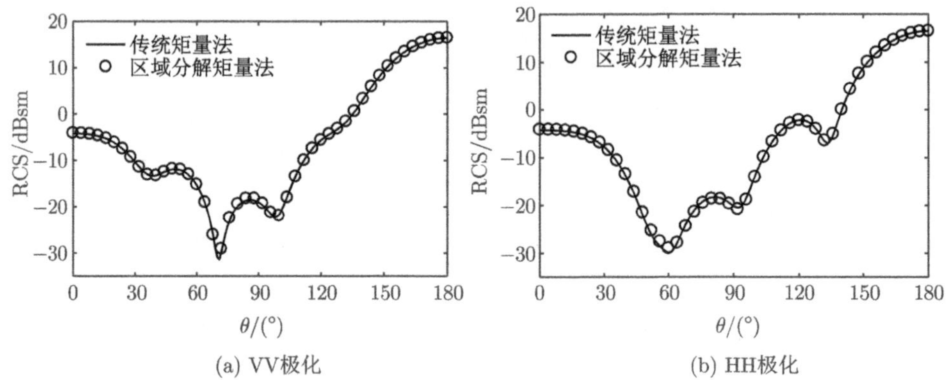

(a) VV极化　　(b) HH极化

图 2-42　介质锥的双站 RCS

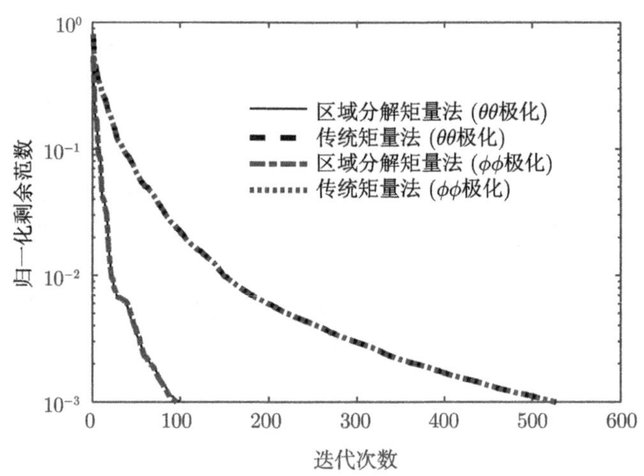

图 2-43　不同方法计算介质锥的迭代收敛变化

第二个算例是一个介电常数为 5 的树。该目标高为 4m，树冠半径为 2m。入射平面波的频率为 300 MHz，入射方向为 $-z$ 方向。该目标按照树干和树枝进行区域分解，一共有 11 个子区域。树干的剖分尺寸为 $0.06\lambda_0$，由于树枝粗细不同，剖分尺寸为 $0.05\lambda_0$ 或 $0.025\lambda_0$。不同的区域之间采用非共形网格剖分，如图 2-44 所示。未知数个数为 27344 (其中 229 为半 RWG 基函数)。VV 极化和 HH 极化的双站 RCS 的迭代步数分别为 178 步和 203 步。将该目标用 $0.025\lambda_0$ 的网格进行均匀剖分并采用传统 MLMFA 计算，未知数个数为 68367 个，远多于非共形剖分的未知数个数。计算结果如图 2-45 所示，可以看出不同方法的计算结果吻合较好。传统 MLMFA 方法的迭代次数远大于区域分解矩量法，如图 2-46 所示。

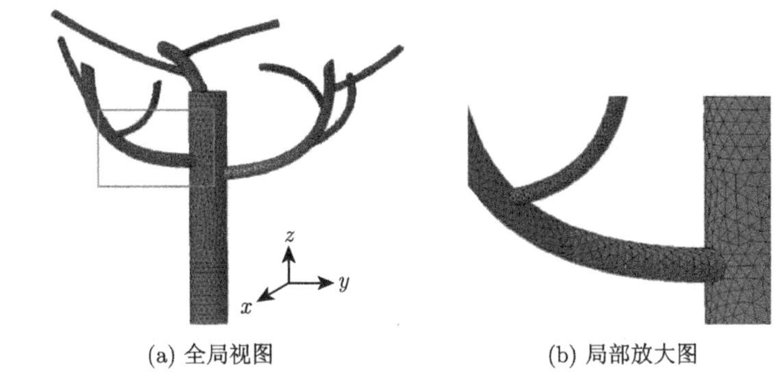

(a) 全局视图　(b) 局部放大图

图 2-44　树目标的非共形网格剖分

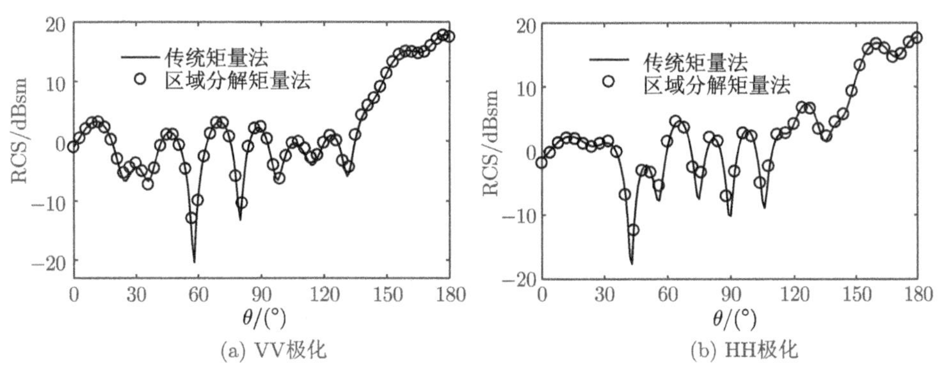

(a) VV极化　(b) HH极化

图 2-45　树目标的双站 RCS

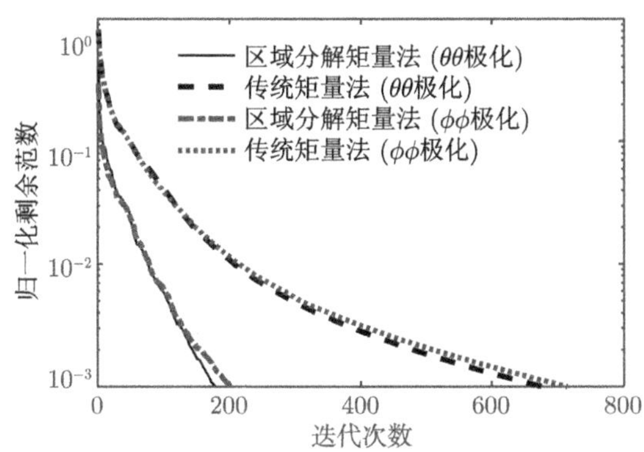

图 2-46　不同方法计算树目标的迭代收敛变化

2.4.3　非均匀介质体的区域分解矩量法求解 [17]

由 2.3 节可知，非均匀介质体散射可表述成下面关于电位移矢量 $\boldsymbol{D}$ 的积分方程：

$$\frac{\boldsymbol{D}(\boldsymbol{r})}{\varepsilon} - Z\boldsymbol{L}(\boldsymbol{J}) = \boldsymbol{E}^{\mathrm{i}}(\boldsymbol{r}) \tag{2.225}$$

这里，Z 是自由空间的特性阻抗，且：

$$\boldsymbol{L}(\boldsymbol{J}) = -\mathrm{j}k\int\left[1+\frac{1}{k^2}\boldsymbol{\nabla}\boldsymbol{\nabla}\cdot\right]\boldsymbol{J}\left(\boldsymbol{r}'\right)G\left(\boldsymbol{r}|\boldsymbol{r}'\right)\mathrm{d}V' \tag{2.226}$$

其中，

$$\begin{aligned}\boldsymbol{J}(\boldsymbol{r}) =& \mathrm{j}\omega\varepsilon_0\left(\varepsilon_r(\boldsymbol{r})-1\right)\boldsymbol{D}(\boldsymbol{r})\\ =& \mathrm{j}\omega\varepsilon_0\chi(\boldsymbol{r})\boldsymbol{D}(\boldsymbol{r})\end{aligned} \tag{2.227}$$

$$G(\boldsymbol{r}|\boldsymbol{r}') = \frac{\mathrm{e}^{-\mathrm{j}k_0|\boldsymbol{r}-\boldsymbol{r}'|}}{4\pi|\boldsymbol{r}-\boldsymbol{r}'|} \tag{2.228}$$

将非均匀介质体分成 M 个子区域，每个子区域再剖分成四面体单元。每个四面体有 4 个面，分两种情况：一种在子区域内部，子区域内有 2 个四面体共用；一种在子区域边界，只被此子区域的一个四面体所用。设每个面上的电位移法向分量 D_i 为插值参量，对应子区域内 D_i 的基函数 $\boldsymbol{f}_i(\boldsymbol{r})$，一般称为 SWG 基函数，定义在两个四面体单元；对应子区域边界 D_i 的基函数 $\boldsymbol{f}_i(\boldsymbol{r})$，一般称为半 SWG 基函数，只定义在一个四面体单元。这种基函数是由 Schaubert、Wilton 与 Glisson 共同提出的，故有 SWG 简称。它实际上是平面三角形 RWG 基函数在立体四面体上的直接推广。如图 2-47 所示，SWG 基函数 $\boldsymbol{f}_i(\boldsymbol{r})$ 可表示为

$$\boldsymbol{f}_i(\boldsymbol{r}) = \begin{cases}\dfrac{a_i}{3V_i^+}\boldsymbol{\rho}_i^+, & \boldsymbol{r}\in T_i^+\\ \dfrac{a_i}{3V_i^-}\boldsymbol{\rho}_i^-, & \boldsymbol{r}\in T_i^+\\ 0, & \text{其他}\end{cases} \tag{2.229}$$

其中，a_i 是公共三角面的面积，V_i^+ 与 V_i^- 分别是四面体 T_i^+ 与 T_i^- 的体积，$\boldsymbol{\rho}_i^+$ 是由四面体 T_i^+ 的自由顶点指向四面体内部的位置矢量，而 $\boldsymbol{\rho}_i^-$ 是由四面体 T_i^- 内部的点指向自由顶点的位置矢量。半 SWG 基函数表达式与式 (2.229) 相似，不同处在于半 SWG 基函数只定义在一个四面体 T_i^+ 或 T_i^- 上，其他地方都为 0。

对于某个子区域，假设有 N 个面，那么积分方程中的电位移矢量便可表示成

$$\boldsymbol{D}(\boldsymbol{r}) = \sum_{i=1}^{N}D_i\boldsymbol{f}_i(\boldsymbol{r}) \tag{2.230}$$

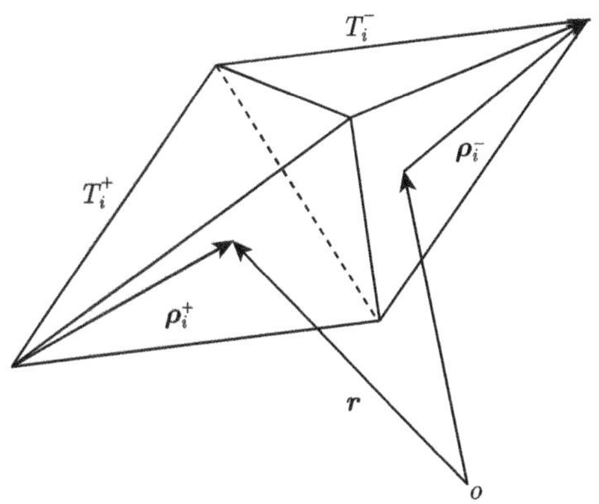

图 2-47 SWG 基函数示意图

采用 Galerkin 匹配，便可得到下面离散矩阵方程

$$\begin{bmatrix} \boldsymbol{A}_{11} & \boldsymbol{A}_{12} & \cdots & \boldsymbol{A}_{1n} & \cdots & \boldsymbol{A}_{1M} \\ \boldsymbol{A}_{21} & \boldsymbol{A}_{22} & \cdots & \boldsymbol{A}_{2n} & \cdots & \boldsymbol{A}_{2M} \\ \vdots & \vdots & & \vdots & & \vdots \\ \boldsymbol{A}_{m1} & \boldsymbol{A}_{m2} & \cdots & \boldsymbol{A}_{mn} & \cdots & \boldsymbol{A}_{mM} \\ \vdots & \vdots & & \vdots & & \vdots \\ \boldsymbol{A}_{M1} & \boldsymbol{A}_{M2} & \cdots & \boldsymbol{A}_{Mn} & \cdots & \boldsymbol{A}_{MM} \end{bmatrix} \begin{bmatrix} D_1 \\ D_2 \\ \vdots \\ D_n \\ \vdots \\ D_M \end{bmatrix} = \begin{bmatrix} b_1 \\ b_2 \\ \vdots \\ b_n \\ \vdots \\ b_M \end{bmatrix} \tag{2.231}$$

其中，

$$A_{mn}^{ij} = \int_{V_i}\int_{V_j}\left[\frac{1}{\varepsilon}\boldsymbol{f}_i\cdot\boldsymbol{f}_j - k^2\boldsymbol{f}_i\cdot\left(1+\frac{1}{k^2}\boldsymbol{\nabla}\boldsymbol{\nabla}\cdot\right)\chi\boldsymbol{f}_j G\right]\mathrm{d}V_i\mathrm{d}V_j \tag{2.232}$$

$$b_m^i = \int_{V_i}\boldsymbol{f}_i\cdot\boldsymbol{E}^{\mathrm{inc}}\mathrm{d}V_i \tag{2.333}$$

按照 2.4.1 小节的方法，可将式 (2.232) 中含 $\boldsymbol{L}$ 算子高阶奇异点的计算进行转换，减低奇异点阶次，得到矩阵元素如下计算表达式：

$$\begin{aligned} A_{mn}^{ij} =& \int_{V_m^i}\int_{V_n^j}\left[\frac{1}{\varepsilon}\boldsymbol{f}_i\cdot\boldsymbol{f}_j - k^2\chi G\boldsymbol{f}_i\cdot\boldsymbol{f}_j - \chi G\boldsymbol{\nabla}\cdot\boldsymbol{f}_i\boldsymbol{\nabla}'\cdot\boldsymbol{f}_j\right]\mathrm{d}V'\mathrm{d}V \\ & - \int_{S_m^i}\int_{S_n^j}\chi G\boldsymbol{\nabla}\cdot\boldsymbol{f}_i\boldsymbol{\nabla}'\cdot\boldsymbol{f}_j\mathrm{d}S'\mathrm{d}S \\ & + \int_{S_m^i}\mathrm{d}S\int_{V_n^j}\chi G\boldsymbol{\nabla}'\cdot\boldsymbol{f}_{n_j}(\boldsymbol{r}')\mathrm{d}V' + \int_{V_m^i}\mathrm{d}V\int_{S_n^j}\chi G\nabla\cdot\boldsymbol{f}_{m_i}(\boldsymbol{r})\mathrm{d}S' \end{aligned} \tag{2.234}$$

为了验证上述区域分解体矩量法 (DGVIE) 的计算效率和精度，我们分析一个三层介质球。各层的半径分别为 $r = 0.12\lambda_0, 0.14\lambda_0, 0.26\lambda_0$，相对介电常数为 2，20，1.5。三个介质层分别根据介质波长独立剖分，四面体单元数分别是 677，3353，1642，共 12886 个未知量，其非共形网格剖分如图 2-48 所示。图 2-49 给出了其双站 RCS 计算值，与 Mie 级数解析解吻合得很好。如果采用一致共形网格剖分整个解域，则需要 36253 个未知量，因此区域分解体矩量法所需未知数大致只相当于传统共形网格方法的 1/3。

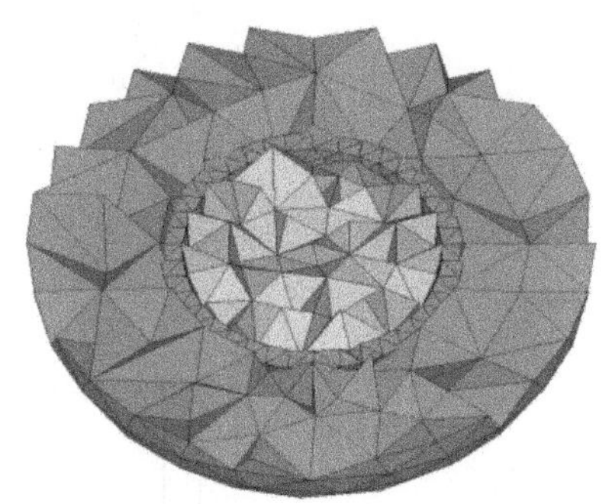

图 2-48　三层介质球的非共形网格剖分

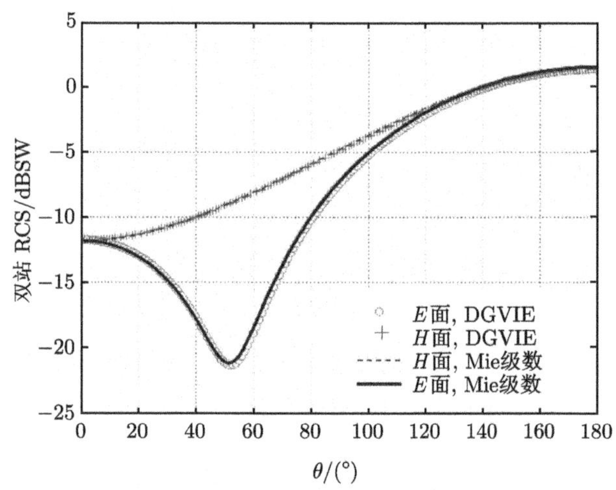

图 2-49　三层介质球的双站 RCS(后附彩图)

下面再来分析一个如图 2-50 所示的复杂介质模型，该模型由一个双层方介质壳和一个双层介质圆柱组合而成。外层方介质壳的尺寸为 $x\times y\times z = 2\text{m}\times 2\text{m}\times 1.6\text{m}$，厚度为 0.3m，内层方介质壳的厚度为 0.08m。圆介质柱的高度为 0.3m，底面半径分别为 0.5m、0.6m。各区域的相对介电常数如表 2-8 所示。应用四种网格尺寸 (Δ) 离散整个模型，各个部分所得单元数如表 2-8 最后一列所示，所用非共形网格如图 2-50、图 2-51 所示。

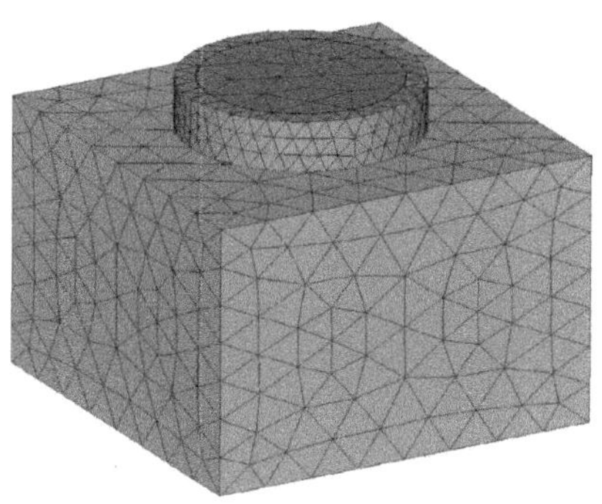

图 2-50 组合介质模型的非共形网格

表 2-8 组合介质模型各部分的参数

区域标号	ε_r	Δ/m	剖分单元总数
1 (外层块)	2.2−j0.3	0.27	1867
2 (内层块)	25.0−j1.2	0.08	9268
3 (外层柱)	15.6−j0.8	0.1	169
4 (内层柱)	3.8−j0.5	0.2	696

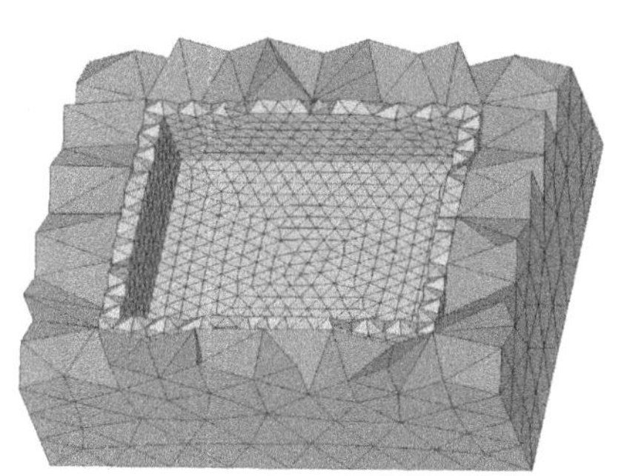

图 2-51 组合介质模型的内层网格情况

频率为 75MHz 的平面波在垂直入射、斜入射时的双站 RCS 结果，及其与共形网格方法的比较如图 2-52 所示。由图可见，区域分解体矩量法的计算结果与共形网格方法的计算结果吻合得很好。但是区域分解体矩量法只需要 28000 个未知量，而传统体矩量法则共需要 56932 个未知量。

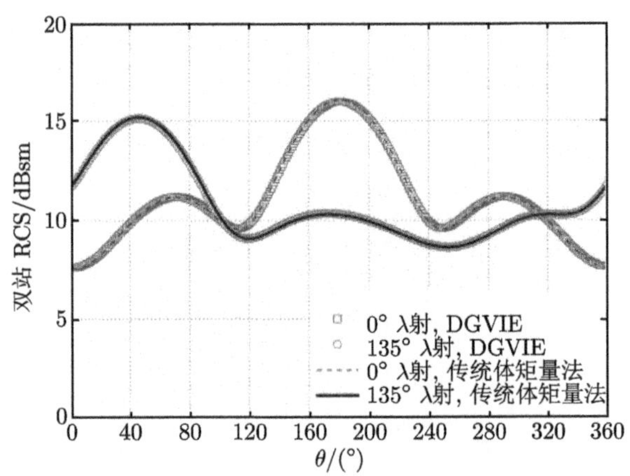

图 2-52　组合介质模型的双站 RCS(后附彩图)

2.5　若干其他问题的矩量法求解要点

2.2~2.4 节通过求解三维物体的散射，详细剖析了矩量法的求解过程、关键所在、难点之处、提效技术及其方法特征。这些内容的形，如求解步骤的形式、基函数选取的重要性、奇异点处理的困难、迭代求解离散积分方程的可加速性等，从某种程度上说便是矩量法的通则。也就是说，当我们用矩量法解决其他问题时，求解步骤的形式是一样的，着重要考虑的问题也无非就是基函数的选取，离散矩阵的性态、奇异点的处理，迭代求解的加速等。但具体的内容是不同的。对于不同的问题，有着不同的基函数，不同的奇异点处理技巧，不同的离散矩阵的性态，不同的迭代求解加速技术。本节将再简略讲述另外三类问题的矩量法求解，重在点明每类问题的特殊性及其特有的内容，以便让读者加深对矩量法通则的理解，也是让读者对矩量法的应用有更广的了解。这三类问题分别是二维物体的散射，周期性结构的散射，以及辐射问题。至于更复杂的层状介质中物体的散射和辐射问题，可参看文献 [19]，[20]。

2.5.1　二维物体散射

所谓二维物体就是在某个方向上无限长且本构关系参数均匀分布的物体。这样的物体严格说来是不存在的。现实中，当物体在一个方向上的尺寸远大于另两个方向上的尺寸，且本构关系参数在此方向上分布基本均匀时，我们就可将此类物体近似看成二维物体。在文献 [21] 的 3.12 节中就已表明任意一个电磁波都可表示成相对于某个方向，譬如 z 方向的横向磁波 (TM) 和横向电波 (TE) 之和。所谓横向磁波就是磁场只有相对于 z 的横向分量，所谓横向电波就是电场只有相对于 z 的横向分量。对于二维物体，由于本构关系参数在一个方向的均匀性，所以横向磁波入射只会产生横向磁波散射，不会产生横向电波，反之亦然。这样对于二维物体的散射就可分成横向磁波和横向电波两种相互独立情形分别处理。本节只考虑横向磁波垂直于 z 方向入射时二维金属体的散射，以展示计算二维物体散射与计算三维物体散射的主要不同。至于横向电波情形、二维均匀介质体散射、二维非均匀介质体散射可参看文献 [2] 的第二章，斜入射情形可参看其第八章。

我们知道，垂直于 z 方向入射的横向磁波只有三个分量：$E_z^{\mathrm{i}}, H_x^{\mathrm{i}}, H_y^{\mathrm{i}}$，其中 E_z^{i} 可表示成

$$E_z^{\mathrm{i}} = \mathrm{e}^{-\mathrm{j}k(x\cos\phi^{\mathrm{i}} + y\sin\phi^{\mathrm{i}})} \tag{2.235}$$

这里，ϕ^{i} 为入射波方向与 x 轴的夹角。根据入射场和物体在 z 方向的均匀性，由麦克斯韦方程不难知道散射场也只有三个分量：$E_z^{\mathrm{s}}, H_x^{\mathrm{s}}, H_y^{\mathrm{s}}$。这样二维金属体表面等效电流只有 J_z 分量，又 J_z 在 z 方向上均匀，故 $\boldsymbol{\nabla}\cdot\boldsymbol{J}_z = 0$，因而 2.1.1 小节中的电场积分方程 (2.4) 便可简化成

$$E_z^{\mathrm{i}} = \mathrm{j}kZA_z \tag{2.236}$$

其中，

$$A_z = \int_S J_z \frac{\mathrm{e}^{-\mathrm{j}k|\boldsymbol{r}-\boldsymbol{r}'|}}{4\pi|\boldsymbol{r}-\boldsymbol{r}'|}\mathrm{d}S \tag{2.237}$$

由于 J_z 在 z 方向分布是均匀的，在金属表面建立纵向 z 以及横向与金属表面相切方向 t 的二维坐标，式 (2.237) 可化简为

$$\begin{aligned} A_z &= \int_t J_z \mathrm{d}t \int_{-\infty}^{\infty} \frac{\mathrm{e}^{-\mathrm{j}k\sqrt{|\boldsymbol{\rho}-\boldsymbol{\rho}'|^2+(z-z')^2}}}{4\pi\sqrt{|\boldsymbol{\rho}-\boldsymbol{\rho}'|^2+(z-z')^2}}\mathrm{d}z \\ &= \int_t J_z \frac{1}{4\mathrm{j}}\mathrm{H}_0^{(2)}(k|\boldsymbol{\rho}-\boldsymbol{\rho}'|)\mathrm{d}t \end{aligned} \tag{2.238}$$

其中，$\dfrac{1}{4\mathrm{j}}\mathrm{H}_0^{(2)}(k|\boldsymbol{\rho}-\boldsymbol{\rho}'|)$ 就是二维均匀介质空间中的格林函数。将物体的边界分成 N 小段 ΔC_n。由于积分方程 (2.225) 中没有任何微分算子，这样每一小段中的等效电流可用常数模拟，即基函数取下列形式：

$$\phi(\boldsymbol{\rho}) = \begin{cases} 1, & \text{在 } \Delta C_n \text{ 上} \\ 0, & \text{不在 } \Delta C_n \text{ 上} \end{cases} \tag{2.239}$$

将式 (2.239) 代入式 (2.226)，采用点匹配方式，即取试函数为每个单元中点的脉冲函数，便可得下面离散方程：

$$[P]\{J\} = \{b\} \tag{2.240}$$

其中，

$$P_{mn} = \frac{kZ}{4}\int_{\Delta C_n} \mathrm{H}_0^{(2)}(k\sqrt{(x-x_m)^2+(y-y_m)^2})\mathrm{d}t \tag{2.241}$$

$$b_m = \mathrm{e}^{-\mathrm{j}k(x_m\cos\phi^{\mathrm{i}}+y_m\sin\phi^{\mathrm{i}})} \tag{2.242}$$

当 $m \neq n$ 时，式 (2.241) 中被积函数无奇异点，可直接数值积分方法计算矩阵元素 P_{mn}，或用下面近似公式

$$P_{mn} = \frac{kZ}{4}\Delta C_n \mathrm{H}_0^{(2)}(k\sqrt{(x-x_m)^2+(y-y_m)^2}) \tag{2.243}$$

当 $m = n$ 时，式 (2.241) 中的 Hankel 函数有奇异点，此时需解析积分。利用 Hankel 函数在小宗量下的近似展开式：

$$\mathrm{H}_0^{(2)}(z) \approx 1 - \mathrm{j}\frac{2}{\pi}\ln\left(\frac{\gamma z}{2}\right) \tag{2.244}$$

这里，$\gamma = 1.781\cdots$ 是欧拉常数，便可解析求出：

$$P_{mn} = \frac{kZ}{4}\Delta C_n\left[1 - \mathrm{j}\frac{2}{\pi}\ln\left(\frac{\gamma k\Delta C_n}{4\mathrm{e}}\right)\right] \tag{2.245}$$

这里，$\mathrm{e} = 2.718\cdots$。方程 (2.240) 的求解也可用二维中的快速多极子技术加快求解，具体可参看文献 [2]。但由于二维问题中未知数个数通常随物体电尺寸增加较慢，譬如一个直径为 20 个波长的金属球，未知数个数还不到 1000。因此，即便用直接 LU 分解法也能快速求出未知等效电流。注意，与三维体散射一样，方程 (2.240) 有内谐振问题，可以与磁场积分方程组成联合积分方程解决。

一旦求出未知等效电流，便可计算人们感兴趣的回波宽度，其物理意义与三维问题中的散射截面相似，定义为

$$\sigma(\phi,\phi^{\mathrm{i}}) = \lim_{\rho\to\infty} 2\pi\rho\frac{\left|\boldsymbol{E}^{\mathrm{s}}(\phi)\right|^2}{\left|\boldsymbol{E}^{\mathrm{i}}(\phi^{\mathrm{i}})\right|^2} \tag{2.246}$$

利用 Hankel 函数在大宗量下的近似展开式：

$$\mathrm{H}_0^{(2)}(z) \approx \sqrt{\frac{2\mathrm{j}}{\pi z}}\mathrm{e}^{-\mathrm{j}z} \tag{2.247}$$

可得远处散射电场为

$$E_z^{\mathrm{s}}(\phi^{\mathrm{s}}) = kZF\int_C J_z(x,y)\mathrm{e}^{\mathrm{j}k(x\cos\phi+y\sin\phi)}\mathrm{d}l \tag{2.248}$$

其中，

$$F(\rho) = \frac{1}{\sqrt{8\pi k\rho}}\mathrm{e}^{-\mathrm{j}(k\rho+3\pi/4)} \tag{2.249}$$

将式 (2.248) 代入式 (2.246)，便得回波宽度的简明近似表达式：

$$\sigma(\phi) = \frac{kZ^2}{4}\left|\int_C J_z(x,y)\mathrm{e}^{\mathrm{j}k(x\cos\phi + y\sin\phi)}\mathrm{d}l\right|^2 \tag{2.250}$$

2.5.2 周期性结构散射

周期性结构是一种很重要的结构，有很多实际用途，如频率选择表面就是一种典型的周期性结构。周期性结构有多种形式，具体可参见文献 [2] 的第七章。本节以分析金属条构成的一维周期性结构 (如图 2-53 所示) 的 TM 波散射为例，展示矩量法分析周期性结构的特点。

考虑计算一个由式 (2.235) 表达的 TM 波，入射在图 2-53 所示的周期性结构上的散射。由 2.5.1 节可知，金属条上的等效电流只有 z 分量，记为 $J_z(x)$。根据 Floquet 定理，$J_z(x)$ 由 Floquet 模表达，即

$$J_z(x) = \sum_{-\infty}^{\infty} c_n\phi_n(x) \tag{2.251}$$

这里，c_n 为系数，$\phi_n(x)$ 为 Floquet 模，表示成

$$\phi_n(x) = \mathrm{e}^{-\mathrm{j}k_{xn}x} \tag{2.252}$$

其中，

$$k_{xn} = k_x - \frac{2\pi}{a}n \tag{2.253}$$

这里，a 为周期长度，k_x 为入射波在 x 方向的波数。由式 (2.252) 不难推得

$$J_z(x+a) = J_z(x)\mathrm{e}^{-\mathrm{j}k_x a} \tag{2.254}$$

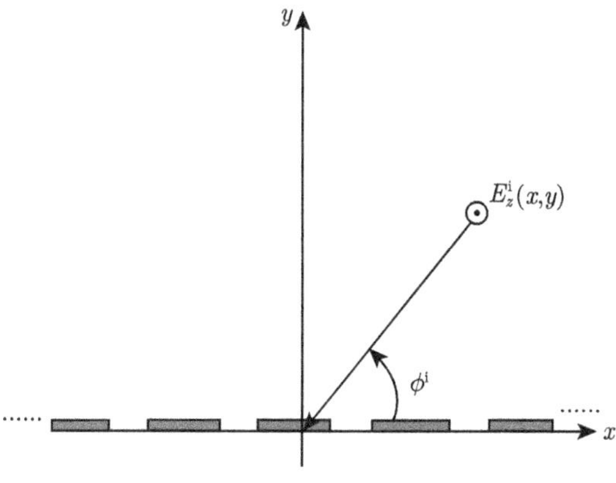

图 2-53 一维周期性结构示意图

又由 2.5.1 小节可知，在金属条上可建立如下电场积分方程

$$\mathrm{j}kZ\int_{-\infty}^{\infty}J_z(x')\frac{1}{4\mathrm{j}}\mathrm{H}_0^{(2)}(k\left|x-x'\right|\mathrm{d}x'=E_z^{\mathrm{i}}(x) \tag{2.255}$$

将式 (2.254) 代入式 (2.255) 可得

$$\mathrm{j}kZ\int_{\text{单个金属条}}J_z(x')G_p(x-x')\mathrm{d}x'=E_z^{\mathrm{i}}(x) \tag{2.256}$$

其中，

$$G_p(x)=\frac{1}{4\mathrm{j}}\sum_{-\infty}^{\infty}\mathrm{H}_0^{(2)}(k\left|x-la\right|)\mathrm{e}^{-\mathrm{j}lk_xa} \tag{2.257}$$

比较式 (2.256) 与 2.5.1 节积分方程 (2.236)：不同的只是格林函数 G_P 为周期结构格林函数，是一个无穷级数之和；其他完全相同。采用同样的离散方式，即将单个金属条分成 N 小段 ΔC_n，每一小段中的等效电流用常数模拟，采用点匹配方式，便可得下面离散方程：

$$[P]\{J\}=\{b\} \tag{2.258}$$

其中，

$$P_{mn}=\mathrm{j}kZ\int_{\Delta C_n}G_p(x_m-x')\mathrm{d}x' \tag{2.259}$$

$$b_m=\mathrm{e}^{-\mathrm{j}k_xx_m} \tag{2.260}$$

下面的关键便是如何计算 P_{mn}。根据 Hankel 函数在大宗量下的展开式 (2.247) 可知，式 (2.257) 中的级数收敛速度较慢，表现为 $O(1/\sqrt{l})$。为了加快计算速度，可采用下面技巧进行计算。首先将式 (2.259) 写成卷积形式

$$P_{mn}=\mathrm{j}kZB(x)*G_p(x)|_{x=x_m-x_n} \tag{2.261}$$

其中，

$$B(x)=\begin{cases}1, & \text{在 } \Delta C_n \text{ 上}\\ 0, & \text{不在 } \Delta C_n \text{ 上}\end{cases} \tag{2.262}$$

利用卷积定理

$$B(x)*G_p(x)=F^{-1}\left\{\bar{B}(f)\bar{G}_p(f)\right\} \tag{2.263}$$

这里，$\bar{B}(f)\bar{G}_p(f)$ 分别为 $B(x)$、$G_p(x)$ 的谱函数，有

$$\bar{B}(f)=\frac{\sin\pi fb}{\pi f} \tag{2.264}$$

$$\bar{G}_p(f)=\frac{1}{2\mathrm{j}a}\sum_{-\infty}^{\infty}\delta\left(f-\frac{l}{a}+\frac{k_x}{2\pi}\right)\frac{1}{\beta_y} \tag{2.265}$$

这里，b 为 ΔC_n 小段的长度，以及

$$\beta_y = \begin{cases} \sqrt{k^2-(2\pi f)^2}, & k^2 \geqslant (2\pi f)^2 \\ -\sqrt{(2\pi f)^2-k^2}, & k^2 < (2\pi f)^2 \end{cases} \tag{2.266}$$

这样 P_{mn} 便可由下式计算：

$$P_{mn} = \frac{kZ}{2a}\sum_{-\infty}^{\infty}\left[\frac{\sin\pi f b}{\pi f}\frac{\mathrm{e}^{\mathrm{j}2\pi f(x_m-x_n)}}{\beta_y}\right]\Bigg|_{f=\frac{l}{a}-\frac{k_x}{2\pi}} \tag{2.267}$$

不难知道，此级数求和式 (2.267) 的收敛速度为 $O(1/l^2)$，远快于式 (2.257) 的级数求和。这里讲述的只是一种较为方便的加速计算矩阵元素的技巧，还有更快的加速计算方式，读者可参阅文献 [2] 的 7.5 节。

2.5.3 辐射问题

辐射问题有无源辐射和有源辐射两类。我们知道任何具有一定温度的物体都能发射电磁能量。不同物体，电磁能发射率不同。像确定物体发射率这类问题就属于无源辐射问题。由物体温度的动态平衡可知，物体的发射率一定等于其吸收率。又根据能量守恒，物体的吸收率与散射率之和应为 1。这样如果物体的散射特征已知，便可先求出其散射率，进而得到其发射率。因此无源辐射问题解决的关键还是散射问题，具体参见文献 [13]。有源辐射问题研究的是已知激励源在一定结构下如何向外辐射能量。天线就是典型的有源辐射问题。有源辐射问题和散射问题的不同之处在于它们的源不同：有源辐射问题的激励源与辐射结构距离很近，类型多种多样，譬如线天线中常使用的缝隙脉冲激励，同轴线的边缘激励，还有波导的模式激励等；散射问题的散射源往往与物体距离较远，可近似看成平面波。从数值计算角度看，它们的计算方法、数值技巧大致一样。主要不同在于：激励源的模拟，以及激励源不同，导致在用迭代法求解最终离散方程时，其收敛速度不同。一般说来，辐射问题要慢于散射问题。另外，最终要计算的物理量也不同：对于有源辐射问题来说，不仅要计算反映远场的物理量，如方向图、增益等，而且也十分关心反映近场的物理量，如输入阻抗等。本节就以分析线天线为例来展示有源辐射问题与散射问题在计算中的不同。

图 2-54 为缝隙脉冲激励，由金属丝构成线天线。根据 1.3.5 小节可知，在线天线表面可建立如下电场积分方程：

$$[\mathrm{j}\omega\boldsymbol{A}+\boldsymbol{\nabla}\varPhi]|_t = \boldsymbol{E}^{\mathrm{i}}|_t \tag{2.268}$$

其中，

$$\boldsymbol{A} = \mu\int_S \boldsymbol{J}G\mathrm{d}S \tag{2.269}$$

$$\varPhi = \frac{1}{\varepsilon}\int_S \rho G \mathrm{d}S \tag{2.270}$$

$$\rho = -\frac{1}{\mathrm{j}\omega}\boldsymbol{\nabla}\cdot\boldsymbol{J} \tag{2.271}$$

$$\boldsymbol{E}^{\mathrm{i}} = \delta(l_i)\hat{\boldsymbol{l}} \tag{2.272}$$

这里，$\hat{\boldsymbol{l}}$ 为沿中心轴的单位矢量。方程 (2.268) 与 2.1.1 节中的方程 (2.4) 有两点不同：一为方程右边 $\boldsymbol{E}^{\mathrm{i}}$ 的表达式不同，这里是一个矢量脉冲函数；二为形式不同，这里没有用 $\boldsymbol{L}$ 算子表达，而是写成矢量势 $\boldsymbol{A}$ 和标量势 $\varPhi$ 的表达形式。其目的就是在离散时，准备运用 2.3.3 小节中的技巧，即将中间变量 $\boldsymbol{A}$ 和 $\varPhi$ 也用基函数表达，从而降低奇异点阶次。在离散式 (2.268) 之前，我们可根据线天线的结构特征对方程 (2.269)~方程 (2.272) 再作进一步简化。由于金属丝很细，我们可近似认为电流是沿金属丝中心轴而流的线电流 $\boldsymbol{I}$，这样式 (2.269)~式 (2.272) 便可简化成

$$\mathrm{j}\omega\boldsymbol{A}_l - \frac{\partial\varPhi}{\partial l} = \boldsymbol{E}_l^{\mathrm{i}} \tag{2.273}$$

其中，

$$\boldsymbol{A} = \mu\int_l \boldsymbol{I} G \mathrm{d}l \tag{2.274}$$

$$\varPhi = \frac{1}{\varepsilon}\int_l l\rho G \mathrm{d}l \tag{2.275}$$

$$\rho = -\frac{1}{\mathrm{j}\omega}\frac{\partial\boldsymbol{I}}{\partial l} \tag{2.276}$$

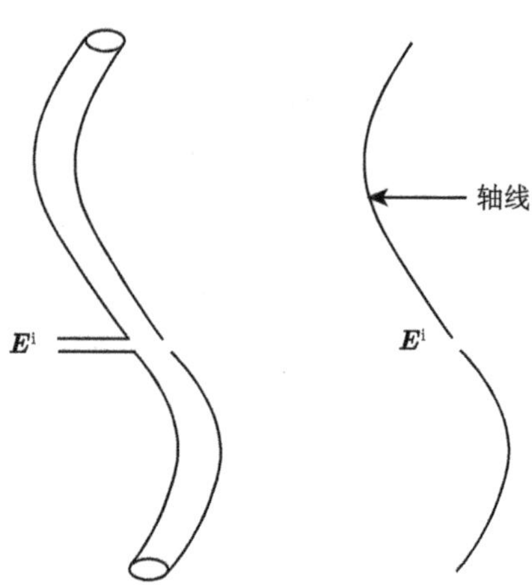

图 2-54　有限长金属空圆柱面示意图

将金属丝中心轴分成 N 小段。记第 n 段的起始点为 n^-，中点为 n，终止点为 n^+，其长度为 Δl_n。将第 $n-1$ 段中点与第 n 段中点之间的小段记为第 n^- 段，而第 $n+1$ 段中点与第 n 段中点之间的小段记为第 n^+ 段，其长度分别为 Δl_n^-，Δl_n^+。用 2.4.1 节中的常数基函数来离散表示 $\boldsymbol{I}$，$\boldsymbol{A}$，$\varPhi(n^+)$，$\rho(n^+)$。具体为：设 $\boldsymbol{I}$，$\boldsymbol{A}$ 在第 n 段中为常数，记为 $\boldsymbol{I}(n)$，$\boldsymbol{A}(n)$；$\varPhi$，ρ 在第 n^+ 段中为常数，记为 $\varPhi(n^+)$，$\rho(n^+)$。这样方程 (2.273)~方程 (2.276) 便可离散成

$$\mathrm{j}\omega \boldsymbol{A}_l(m) + \frac{\varPhi(m^-) - \varPhi(m^+)}{\Delta l_m} = \boldsymbol{E}_l^{\mathrm{i}} \tag{2.277}$$

其中，

$$\boldsymbol{A}(m) = \mu \sum_n \boldsymbol{I}(n) \int_{\Delta l_n} G\mathrm{d}l \tag{2.278}$$

$$\varPhi(m^+) = \frac{1}{\varepsilon} \sum_n \rho(n^+) \int_{\Delta l_{n^+}} G\mathrm{d}l \tag{2.279}$$

$$\rho(n^+) = -\frac{1}{\mathrm{j}\omega} \frac{I(n+1) - I(n)}{\Delta l_{n^+}} \tag{2.280}$$

这里，m，n 分别表示场点和源点的位置。选择与基函数一样的试函数同方程 (2.277) 两边做内积，并将式 (2.278)~式 (2.280) 代入化简可得

$$[Z]\{I\} = \{V\} \tag{2.281}$$

其中，

$$\begin{aligned} Z_{mn} =& \mathrm{j}\omega\mu \Delta l_n \cdot \Delta l_m \psi(n,m) \\ &+ \frac{1}{\mathrm{j}\omega\varepsilon}\left[\psi(n^+,m^+) - \psi(n^-,m^+) - \psi(n^+,m^-) + \psi(n^-,m^-)\right] \end{aligned} \tag{2.282}$$

$$V = \begin{Bmatrix} 0 \\ \vdots \\ V_i = 1 \\ \vdots \\ 0 \end{Bmatrix} \tag{2.283}$$

$$\psi(m,n) = \frac{1}{\Delta l_n} \int_{\Delta l_n} G\mathrm{d}l \tag{2.284}$$

方程 (2.283) 中的 V_i 下标 i 表示天线馈源位置。求解方程 (2.281)，便可得到等效电流 $\{I\}$。由等效电流 $\{I\}$，便可计算出所需的物理量。对于天线，人们关心的是输入阻抗、方向图、方向系数、增益以及辐射效率。我们知道，增益是方向系

数与辐射效率的乘积，而辐射效率是由具体馈电网络与天线输入阻抗共同确定的。在馈电网络不确定的情况下，天线的分析主要是计算出输入阻抗、方向图和方向系数。输入阻抗反映的是天线的近场特征。计算很简单，就是馈电处的馈电电压与求出的等效电流的比值。天线的方向图和方向系数反映的是天线的远场特征。由公式 (2.101) 知：远场辐射能量可表示成

$$U=F(\theta,\phi)=\frac{1}{2Z}\left[\left|E_\theta(\theta,\phi)\right|^2+\left|E_\phi(\theta,\phi)\right|^2\right] \tag{2.285}$$

这里 E_θ 和 E_ϕ 是天线辐射远场的两个分量。这样天线的总辐射能量便可表示成

$$P_r=\int_0^{2\pi}\int_0^{\pi}F(\theta,\phi)\sin\theta\mathrm{d}\theta\mathrm{d}\phi \tag{2.286}$$

于是天线的方向图就可按下列定义式算出：

$$D(\theta,\phi)=4\pi\frac{F(\theta,\phi)}{P_r}=4\pi\frac{F(\theta,\phi)}{\int_0^{2\pi}\int_0^{\pi}F(\theta,\phi)\sin\theta\mathrm{d}\theta\mathrm{d}\phi} \tag{2.287}$$

而天线的方向系数就是 $D(\theta,\phi)$ 的最大值。

问　　题

1. 试证明加法定理 (2.73), 即

$$\frac{\mathrm{e}^{-\mathrm{j}k|\boldsymbol{r}+\boldsymbol{d}|}}{|\boldsymbol{r}+\boldsymbol{d}|}=-\mathrm{j}k\sum_{l=0}^{\infty}(-1)^l(2l+1)j_l(kd)h_l^{(2)}(kr)P_l(\hat{\boldsymbol{d}}\cdot\hat{\boldsymbol{r}})$$

2. 编写程序数值研究加法定理的截断精度。
3. 试证明恒等式 (2.75), 即

$$4\pi(-j)^l j_l(k_0d)P_l(\hat{\boldsymbol{d}}\cdot\hat{\boldsymbol{r}})=\oint\mathrm{e}^{-j\boldsymbol{k}\cdot\boldsymbol{d}}P_l(\hat{\boldsymbol{k}}\cdot\hat{\boldsymbol{r}})\mathrm{d}^2\hat{\boldsymbol{k}}$$

4. 编写程序数值验证恒等式 (2.75)。
5. 证明下列近似式：

$$\boldsymbol{\nabla}\left[-\mathrm{j}kG\hat{\boldsymbol{r}}\cdot\boldsymbol{J}(\boldsymbol{r}')\right]\approx-\mathrm{j}k\left[\hat{\boldsymbol{r}}\cdot\boldsymbol{J}(\boldsymbol{r}')\right]\cdot\boldsymbol{\nabla}G$$

6. 我们知道 PMCHW 方程是由面内电场积分方程与面外电场积分方程组合，以及面内磁场积分方程与面外磁场积分方程组合得到的。根据同样的思路，改变组合系数我们可以得到如下积分方程：

$$(\boldsymbol{L}_1+\boldsymbol{L}_2)(\boldsymbol{J})-\left(\frac{1}{Z_2}\boldsymbol{K}_1+\frac{1}{Z_2}\boldsymbol{K}_2\right)(\boldsymbol{M})=-\frac{1}{Z_1}\boldsymbol{E}^{\mathrm{i}}$$

$$(Z_1\boldsymbol{K}_1+Z_2\boldsymbol{K}_2)(\boldsymbol{J})+(\boldsymbol{L}_1+\boldsymbol{L}_2)(\boldsymbol{M})=-Z_1\boldsymbol{H}^{\mathrm{i}}$$

这组方程通常被称为联合切向场方程 (combined tangential field equation, CTF)，试比较两种方程的数值性能。

7. 根据上题思路，我们可以得到如下联合法向方程 (combined normal field eequation，CNF)：

$$\hat{\boldsymbol{n}}\times[\boldsymbol{K}_1-\boldsymbol{K}_2](\boldsymbol{M})+\hat{\boldsymbol{n}}\times[-Z_1\boldsymbol{L}_1+Z_2\boldsymbol{L}_2](\boldsymbol{J})=-\hat{\boldsymbol{n}}\times\boldsymbol{E}^{\mathrm{i}}(\boldsymbol{r})$$

$$\hat{\boldsymbol{n}}\times[\boldsymbol{K}_1-\boldsymbol{K}_2](\boldsymbol{J})+\hat{\boldsymbol{n}}\times\left[\frac{1}{Z_1}\boldsymbol{L}_1+\frac{1}{Z_2}\boldsymbol{L}_2\right](\boldsymbol{M})=-\hat{\boldsymbol{n}}\times\boldsymbol{H}^{\mathrm{i}}(\boldsymbol{r})$$

联合 CNF 和 CTF 便可产生 JMCFIE 方程，试分析 JMCFIE 方程的数值性能。

8. 试证明：式 (2.204)。

9. 依据式 (2.232) 和式 (2.240) 分别编写程序计算 P_{mn}，并比较两者计算精度和效率。

参 考 文 献

[1] Harrington R F. Field Computation by Moment Methods [M]. 2nd ed. New York: IEEE PRESS, 1993.

[2] Peterson A F, Ray S L, Mittra R. Computational Methods for Electromagnetics[M]. New York: IEEE PRESS, 1998.

[3] Rao S M, Wilton D R, Glisson A W. Electromagnetic scattering by surfaces of arbitrary shape[J]. IEEE Trans. Antennas Propaga. 1982, AP-30(3): 409~418.

[4] Rokhlin V. Rapid solution of integral equations of scattering theory in two dimensions[J]. Journal Computational Physics, 1990, 86(2): 414~439.

[5] Coifman R, Rokhlin V, Wandzura S. The fast multipole method for the wave equation: a pedestrian prescription[J]. IEEE Antennas Propagat. Mag., 1993, 35(3): 7~12.

[6] Song J M, Chew W C. Multilevel fast-multipole aglorithm for solving combined field integral equations of electromagnetic scattering[J]. Microwave Opt. Technol. Lett., 1995, 10(1): 14~19.

[7] Press W H, Teukolsky S A, Vetterling W T, et al. Numerical Recipes in Fortran[M]. New York: Cambridge University Press, 1992.

[8] Brandt A. Multilevel computations of integral transforms and partical interactions with oscillatory kernels[J]. Computer Physics Communications, 1991, 65: 24~38.

[9] 潘小敏. 计算电磁学中的并行技术及其应用 [D]. 北京：中国科学院, 2006.

[10] 潘小敏, 盛新庆. 一种多层快速多极子的高效并行方案 [J]. 电子学报, 2007, 27(6): 104~109.

[11] Yueng M S. Single integral equation for electromagnetic scattering by three-dimensional homo-geneous dielectric objects[J]. IEEE Trans. Antennas Propagat, 1999, 47(10): 1615~1622.

[12] Sheng X Q, Jin J M, Song J M, et al. Solution of combined-field integral equation using multilevel fast multipole algorithm for scattering by homogeneous bodies[J]. IEEE Trans. Antennas Propagat, 1998, 46(11): 1718~1726.

[13] Tsang L, Kong J A, Ding K H. Scattering of Electromagnetic Waves: Theories and Applications[M]. New York: John Wiley Sons, 2000.

[14] Lu C C. Volume-Surface Integral Equation, in Fast and Efficient Algorithms in Computational Electromagnetics[M]. Norwood, MA: Artech House, 2001.

[15] Zwamborn P, van der Berg P M. The three-dimensional weak form of the conjugate gradient FFT method for solving scattering problems[J]. IEEE Trans. Microwave Theory and Tech, 1992, 40(9): 1757~1766.

[16] Peng Z, Lim K H, Lee J F, A discontinuous Galerkin surface integral equation method for electromagnetic wave scattering from nonpenetrable targets[J]. IEEE Trans. Antennas Propag., 2013, 61(7): 3617~3628.

[17] Zhang L M, Sheng X Q. Discontinuous Galerkin volume integral equation solution of scattering from inhomogeneous dielectric objects by using the SWG basis function[J]. IEEE Transactions on Antennas and Propagation, 2017, 65(3): 1500~1504.

[18] Kong B B, Sheng X Q. A discontinuous Galerkin surface integral equation method for scattering from multi-scale homogeneous objects[J]. IEEE Trans. Antennas Propaga., 2018, 66(4): 1937~1946.

[19] Michalski K A, Mosig J R. Multilayered media Green's functions in integral equation formulations[J]. IEEE Trans. Antennas Propagat, 1997, 45(3): 508~519.

[20] He J, Yu T, Geny N, et al. Method-of-moments analysis of electromagnetic scattering from a general three-dimensional dielectric target embedded in a multi-layered medium[J]. Radio Science, 2000, 35(2): 305~313.

[21] Harrington R F. Time-Harmonic Electromagnetic Fields[M]. New York: McGraw-Hill, 1961.

第3章 有限元法

简而言之，**有限元方法**就是离散泛函变分数学表达形式的离散化方法。它在电磁学中的演进主要围绕两条线：一条是如何求解本征模问题；另一条是如何求解确定性问题。本征模问题可细分为波导本征模和谐振腔本征模。这两类又可进而再细分为空、介质填充、介质三种。确定性问题可分为闭域传输问题和开域散射、辐射问题。就技巧典型性、内容涉及面、求解彻底度综合而论，本征模问题要以介质填充波导较为突出，闭域传输问题要以三维波导不连续性最具代表，至于开域散射、辐射问题，作者以为这类问题求解的关键也基本在三维目标散射问题的求解中体现。因此，本章就以详述这三种具体问题的有限元求解过程来阐释有限元的基本原理、重要技术、典型技巧。至于其他问题的有限元求解，本章末节将简而述之，其详细求解过程，读者可仿照进行或参阅文献 [1] 和 [2]。

3.1 介质填充波导本征模

广义上说，波导是指一切用来引导电磁波的传输线。这里要研究的是**规则波导**，也就是指无限长直波导，其截面形状和尺寸、壁结构以及介质分布沿其轴线方向 (纵向) 都是不变的。由规则波导理论可知，规则波导中存在一系列可以单独存在的模式，这些模式在横截面上的场分布和纵向上的传播常数都不同。如何确定它们便是波导本征值问题。由于有限元方法能将此问题转化成数学上标准的矩阵本征值或广义本征值问题，因而较上一章的矩量法或下一章的时域有限差分法更为适于解决此类问题。有限元方法求解此类问题 40 年技术之演进，主要在三方面：一是泛函变分表达式各种形式的研究；二是基函数的恰当构造；三是广义本征值方程的快速求解。而这三方面的演进结果在介质填充波导本征值的求解中都有充分的体现。以下就全面细致地讲述这一问题的求解过程。

3.1.1 泛函变分表达式

一般说来，**泛函变分表达式**是由描述问题的偏微分方程推导而来。而描述问题的偏微分方程通常有多种形式，这样描述问题的泛函变分表达式一般也就多种多样。这些泛函变分表达式往往有适用范围窄宽之分，效率高低之别。就介质填充波导本征模问题而论，就有纵向电场和磁场共同构建的[4]，有横向电场和磁场共同构建的[5]，还有矢量势和标量势共同构建的[6] 等多种泛函变分表达式。就适用范围和效率综合而论，以从第 1 章矢量波动方程导出的全电场或磁场泛函变分表达式较为恰当[7]。这种泛函变分表达形式适用于任意填充介质，泛函中的未知量只有电场或磁场。下面就讲述如何从矢量波动方程导出全电场或磁场泛函变分表达式。这种推导过程是程式化的，完全可用于其他泛函变分表达式的推导。

由 1.2 节可知，描述介质填充波导的确定性偏微分方程可表示成

$$\nabla \times \frac{1}{\mu_r}\nabla \times \boldsymbol{E} - k_0^2\varepsilon_r \boldsymbol{E} = 0, \quad \text{在 } S \text{ 内} \tag{3.1}$$

$$\hat{\boldsymbol{n}} \times \boldsymbol{E} = 0, \quad \text{在}\tau_1\text{上} \tag{3.2}$$

$$\hat{\boldsymbol{n}} \times \nabla \times \boldsymbol{E} = 0, \quad \text{在}\tau_2\text{上} \tag{3.3}$$

这里，S 是波导的横截面，其边界分两部分：①电壁 Γ_1；②磁壁 Γ_2。一般说来，实际波导的边界都是电壁。只有对于某些模式，根据其场分布的对称性，可断定对于这些模式来说对称面为磁壁。如果只需确定这些模式，求解域可减少一半。此时边界才会既有电壁，又有磁壁。先对方程 (3.1) 两边点乘电场的任意微小变量，后在横截面上作积分，便有

$$\int_S \left[\nabla \times \left(\frac{1}{\mu_r}\nabla \times \boldsymbol{E}\right) - k_0^2\varepsilon_r \boldsymbol{E}\right] \cdot \delta\boldsymbol{E}\mathrm{d}S = 0 \tag{3.4}$$

再对方程 (3.3) 两边点乘电场的任意微小变量，并在边界 Γ_2 上作积分，又有

$$-\frac{1}{\mu_r}\int_{\Gamma_2} \hat{\boldsymbol{n}} \times (\nabla \times \boldsymbol{E}) \cdot \delta\boldsymbol{E}\mathrm{d}\Gamma = 0 \tag{3.5}$$

式中左端加上系数 $-1/\mu_r$ 是为了后面简化表达式。将式 (3.4) 和式 (3.5) 相加：

$$\int_S \left[\nabla \times \left(\frac{1}{\mu_r}\nabla \times \boldsymbol{E}\right) - \varepsilon_r k_0^2 \boldsymbol{E}\right] \cdot \delta\boldsymbol{E}\mathrm{d}S - \frac{1}{\mu_r}\int_{\Gamma_2} \hat{\boldsymbol{n}} \times (\nabla \times \boldsymbol{E}) \cdot \delta\boldsymbol{E}\mathrm{d}\Gamma = 0 \tag{3.6}$$

严格说来，方程 (3.6) 是方程 (3.1) 和方程 (3.3) 成立的必要条件，非充分条件。反映在实际数值计算中，若基函数选择不合理，会有伪解产生。注意，强加边界条件 (3.2) 不能包含在方程 (3.6) 中，实际数值计算时需做强加处理。因为 $\boldsymbol{E}$ 一旦明确，$\delta\boldsymbol{E}$ 就毫无意义。利用下面矢量格林定理：

$$\int_S [u(\nabla \times \boldsymbol{a}) \cdot (\nabla \times \boldsymbol{b}) - \boldsymbol{a} \cdot (\nabla \times u\nabla \times \boldsymbol{b})]\mathrm{d}S = \int_{\Gamma_2} u(\boldsymbol{a} \times \nabla \times \boldsymbol{b}) \cdot \hat{\boldsymbol{n}}\mathrm{d}\Gamma \tag{3.7}$$

方程 (3.6) 可简化成

$$\int_S \left[(\nabla \times \delta\boldsymbol{E}) \cdot \left(\frac{1}{\mu_r}\nabla \times \boldsymbol{E}\right) - \varepsilon_r k_0^2 \delta\boldsymbol{E} \cdot \boldsymbol{E}\right] \mathrm{d}S = 0 \tag{3.8}$$

此方程等效于下列泛函的变分：

$$F(\boldsymbol{E})=\frac{1}{2}\int_S\left[(\boldsymbol{\nabla}\times\boldsymbol{E})\cdot\left(\frac{1}{\mu_r}\boldsymbol{\nabla}\times\boldsymbol{E}\right)-\varepsilon_r k_0^2\boldsymbol{E}\cdot\boldsymbol{E}\right]\mathrm{d}S \tag{3.9}$$

这样原波导本征值问题就等效成下列变分问题：

$$\begin{cases}\delta F(\boldsymbol{E})=0\\ \hat{\boldsymbol{n}}\times\boldsymbol{E}=0,\quad 在\varGamma_1上\end{cases} \tag{3.10}$$

根据规则波导的结构特征，波导中任意模式的电场可写成下列形式：

$$\boldsymbol{E}(x,y,z)=[\boldsymbol{E}_t(x,y)+\hat{\boldsymbol{z}}E_z(x,y)]\,\mathrm{e}^{-\mathrm{j}\beta z} \tag{3.11}$$

这样便有

$$\frac{\partial\boldsymbol{E}}{\partial z}=-\mathrm{j}\beta\boldsymbol{E} \tag{3.12}$$

将 $\boldsymbol{\nabla}=\boldsymbol{\nabla}_t-\mathrm{j}\beta\hat{z}$ 代入式 (3.9) 得

$$\begin{aligned}F(\boldsymbol{E})=\int_S\bigg\{&\frac{1}{\mu_r}\left[(\boldsymbol{\nabla}_t\times\boldsymbol{E}_t)\cdot(\boldsymbol{\nabla}_t\times\boldsymbol{E}_t)+(\boldsymbol{\nabla}_tE_z+\mathrm{j}\beta\boldsymbol{E}_t)\right.\\ &\left.\cdot(\boldsymbol{\nabla}_tE_z+\mathrm{j}\beta\boldsymbol{E}_t)\right]-\varepsilon_r k_0^2\boldsymbol{E}\cdot\boldsymbol{E}\bigg\}\mathrm{d}S\end{aligned} \tag{3.13}$$

直接离散泛函 (3.13)，得到的是由传播常数 β 确定 k 的广义本征值表达形式。而实际中需要的往往是由 k 确定 β。为此作下列变换：

$$\begin{aligned}e_x&=\beta E_x\\ e_y&=\beta E_y\\ e_z&=-\mathrm{j}E_z\end{aligned} \tag{3.14}$$

这样泛函 (3.13) 便变换成

$$\begin{aligned}F(\boldsymbol{e})=\int_S\bigg\{&\beta^2\left[\frac{1}{\mu_r}(\boldsymbol{e}_t+\boldsymbol{\nabla}_te_{\mathrm{z}})\cdot(\boldsymbol{e}_t+\boldsymbol{\nabla}_te_{\mathrm{z}})-k_0^2\varepsilon_re_z^2\right]\\ &+\frac{1}{\mu_r}(\boldsymbol{\nabla}_t\times\boldsymbol{e}_t\cdot\boldsymbol{\nabla}_t\times\boldsymbol{e}_t)-k_0^2\varepsilon_r\boldsymbol{e}_t\cdot\boldsymbol{e}_t\bigg\}\mathrm{d}S\end{aligned} \tag{3.15}$$

很明显，泛函 (3.15) 中只涉及 k_0 和 β 的平方项，不涉及它们的一次项。因此，离散 (3.15) 可得到由传播常数 β 确定 k_0 的广义本征值表达形式，也可得到由 k_0 确定传播常数 β 的广义本征值表达形式。

3.1.2　基函数的选取

与矩量法一样，离散泛函 (3.15)，首先要选取基函数，将未知变量用基函数线性组合的方式表达出来。基函数选取已在讲述矩量法中点明，关键在两点：形状和插值参量。对于本节讨论的问题，求解域为面，很明显基函数的形状要以三角形最为灵活方便。至于插值参量的选取如何方为恰当，并非那么明显。实际上，在这点上人们经历了很多年的探索。很长一段时间一直是选择三角形三个顶点的矢量电场作为插值参量。其结果是求解结果中含有很多伪解 (spurious solutions)，即一些没有物理意义的解。为了消除伪解，人们一直在想办法，譬如罚函数方法，但都不理想。直到 20 世纪 80 年代末，人们才意识到问题出在插值参量选择不当。因为以三角形三个顶点的矢量电场作为插值参量，这样得到的基函数不仅保证了相邻单元切向电场连续，同时也额外强加了法向电场连续，这是不符合物理意义的。为此，除了纵向电场 E_z 仍选用三顶点处值作插值参量，横向电场分量 E_t 改用三角形各边中点处的切向电场 E_{ti} 作为插值参量 (图 3-1)。这样构建的基函数称之为**边缘元 (edge-element) 基函数**。在具体给出边缘元基函数的数学表达式之前，让我们先建立在三角形单元上的面积坐标。如图 3-1 所示，三角形三顶点按逆时针方向分别标为 1，2，3，面积为 Δ。$P(x,y)$ 为其内的一点，与三顶点之连线将原三角形分成三个小三角形，面积分别为 Δ_1，Δ_2，Δ_3。不难得到它们的具体计算表达式：

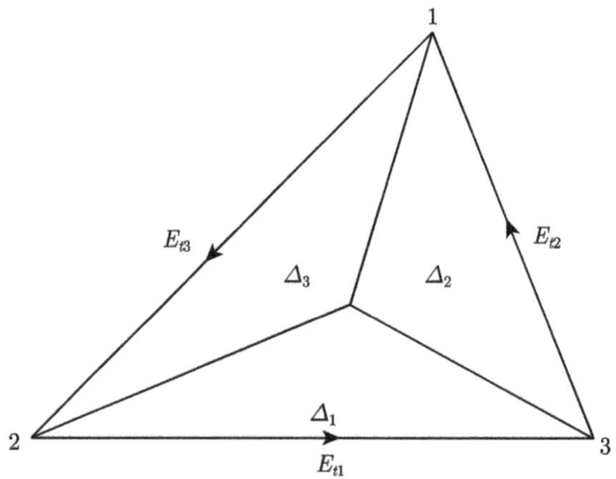

图 3-1　正三角形边缘元示意图

$$\Delta = \frac{1}{2}\begin{vmatrix} 1 & x_1 & y_1 \\ 1 & x_2 & y_2 \\ 1 & x_3 & y_3 \end{vmatrix} \tag{3.16}$$

以及

$$\Delta_1=\frac{1}{2}\begin{vmatrix}1 & x & y\\ 1 & x_2 & y_2\\ 1 & x_3 & y_3\end{vmatrix} \tag{3.17}$$

$$\Delta_2=\frac{1}{2}\begin{vmatrix}1 & x_1 & y_1\\ 1 & x & y\\ 1 & x_3 & y_3\end{vmatrix} \tag{3.18}$$

Δ_3 可类比写出。点 P 的**面积坐标** (L_1,L_2,L_3) 定义为

$$L_i=\frac{\Delta_i}{\Delta},\quad i=1,2,3 \tag{3.19}$$

显然，面积坐标的三个坐标分量并不独立，它们之和为 1 。考虑下面由面积坐标构成的矢量函数：

$$N_1=(L_2\boldsymbol{\nabla}L_3-L_3\boldsymbol{\nabla}L_2)l_1 \tag{3.20}$$

这里，l_1 为三角形第一边 (第一边指的是对应顶点 1 的边，换言之，为连接顶点 2、3 的边) 的长度。根据面积坐标定义，L_2 是线性函数，其值从顶点 2 处的 1 变化到顶点 3 处的 0；同样，L_3 也是线性函数，其值从顶点 2 处的 0 变化到顶点 3 处的 1 。设 $\hat{\boldsymbol{e}}_1$ 为从顶点 2 指向顶点 3 的单位矢量，这样 $\hat{\boldsymbol{e}}_1\cdot\boldsymbol{\nabla}L_2=-1/l_1$，$\hat{\boldsymbol{e}}_1\cdot\boldsymbol{\nabla}L_3=1/l_1$，于是不难验证，在第一边上有下面关系成立：

$$\hat{\boldsymbol{e}}_1\cdot\boldsymbol{N}_1=1 \tag{3.21}$$

又据面积坐标定义，三角形内平行于第二边的线为 L_2 的等值线，于是 $\boldsymbol{\nabla}L_2$ 垂直于第二边；且在第二边上 $L_2=0$ ，这样在第二边上就有

$$\hat{\boldsymbol{e}}_2\cdot\boldsymbol{N}_1=0 \tag{3.22}$$

同样可证在第三边上有

$$\hat{\boldsymbol{e}}_3\cdot\boldsymbol{N}_1=0 \tag{3.23}$$

如此便知，$\boldsymbol{N}_1$ 为对应于插值参量 E_{t1} 的基函数。同样可得出对应于插值参量 E_{t2}，E_{t3} 的基函数为

$$\boldsymbol{N}_2=(L_3\boldsymbol{\nabla}L_1-L_1\boldsymbol{\nabla}L_3)l_2 \tag{3.24}$$

$$\boldsymbol{N}_3=(L_1\boldsymbol{\nabla}L_2-L_2\boldsymbol{\nabla}L_1)l_3 \tag{3.25}$$

于是三角形单元内的横向电场便可表示成

$$\boldsymbol{E}_t=\sum_{i=1}^{3}\boldsymbol{N}_iE_{ti} \tag{3.26}$$

至于纵向电场，根据面积坐标定义可表示成

$$E_z = \sum_{i=1}^{3} L_i E_{zi} \tag{3.27}$$

3.1.3　泛函变分表达式的离散

将波导的横截面分成很多小三角形单元，在每一单元中，泛函 (3.15) 中的未知变量用 3.1.2 小节的边缘元基函数表示成

$$\boldsymbol{e}_t^e = \sum_{i=1}^{3} \boldsymbol{N}_i^e e_{ti}^e = \{\boldsymbol{N}^e\}^{\mathrm{T}} \{e_t^e\} = \{e_t^e\}^{\mathrm{T}} \{\boldsymbol{N}^e\} \tag{3.28}$$

$$\boldsymbol{e}_z^e = \sum_{i=1}^{3} L_i^e e_{zi}^e = \{L^e\}^{\mathrm{T}} \{e_z^e\} = \{e_z^e\}^{\mathrm{T}} \{L^e\} \tag{3.29}$$

这里，T 表示转置。将式 (3.28) 和式 (3.29) 代入式 (3.15) 得

$$F = \frac{1}{2} \sum_{e=1}^{M} \left(\{e_t^e\}^{\mathrm{T}} [A_{tt}^e] \{e_t^e\} + \beta^2 \left\{ \begin{array}{c} e_t^e \\ e_z^e \end{array} \right\}^{\mathrm{T}} \left[\begin{array}{cc} B_{tt}^e & B_{tz}^e \\ B_{zt}^e & B_{zz}^e \end{array} \right] \left\{ \begin{array}{c} e_t^e \\ e_z^e \end{array} \right\} \right) \tag{3.30}$$

其中，

$$[A_{tt}^e] = \int_{S^e} \left[\frac{1}{\mu_r} \{\boldsymbol{\nabla}_t \times \boldsymbol{N}^e\} \cdot \{\boldsymbol{\nabla}_t \times \boldsymbol{N}^e\}^{\mathrm{T}} - k_0^2 \varepsilon_r^e \{\boldsymbol{N}^e\} \cdot \{\boldsymbol{N}^e\}^{\mathrm{T}} \right] \mathrm{d}S \tag{3.31}$$

$$[B_{tt}^e] = \int_{S^e} \frac{1}{\mu_r^e} \{\boldsymbol{N}^e\} \cdot \{\boldsymbol{N}^e\}^{\mathrm{T}} \mathrm{d}S \tag{3.32}$$

$$[B_{tz}^e] = \int_{s_e} \frac{1}{\mu_r^e} \{\boldsymbol{N}^e\} \cdot \{\boldsymbol{\nabla} L^e\}^{\mathrm{T}} \mathrm{d}S \tag{3.33}$$

$$[B_{zt}^e] = [B_{tz}^e]^{\mathrm{T}} \tag{3.34}$$

$$[B_{zz}^e] = \int_{s^e} \left[\frac{1}{\mu_r^e} \{\boldsymbol{\nabla}_t L^e\} \cdot \{\boldsymbol{\nabla}_t L^e\}^{\mathrm{T}} - k_0^2 \varepsilon_r^e \{L^e\} \cdot \{L^e\}^{\mathrm{T}} \right] \mathrm{d}S \tag{3.35}$$

这里，M 是波导横截面上剖分的三角形单元总数，ε_r^e, μ_r^e 表示 e 单元中的相对电介质常数和磁导率。如果 ε_r^e, μ_r^e 在单元中为常数 (一般说来由于单元很小此假设都能成立)，式 (3.31)~ 式 (3.35) 中的积分就能解析求出。利用下面公式：

$$\int_{\Omega^e} (L_1)^k (L_2)^l (L_3)^m \mathrm{d}\Omega = \frac{k!l!m!}{(k+l+m+2)!} 2\Delta \tag{3.36}$$

这里，Δ 为三角形面积，式 (3.31)~ 式 (3.35) 可解析计算出来

$$[A_{tt}^e] = \frac{1}{\mu_r^e} [T]_{3\times3} - k_0^2 \varepsilon_r^e [R]_{3\times3} \tag{3.37}$$

$$[B_{tt}^e] = \frac{1}{\mu_r^e}[R]_{3\times 3} \tag{3.38}$$

$$[B_{tz}^e] = \frac{1}{\mu_r^e}[U]_{3\times 3} \tag{3.39}$$

$$[B_{zz}^e] = \frac{1}{\mu_r^e}[P]_{3\times 3} - k_0^2\varepsilon_r^e[Q]_{3\times 3} \tag{3.40}$$

其中，

$$T_{ij} = 4\Delta l_i l_j \boldsymbol{r}_{i_1 i_2}\cdot\boldsymbol{r}_{j_1 j_2} \tag{3.41}$$

$$R_{ij} = \frac{l_i l_j \Delta}{12}\left[\left(1+\delta_{i_1 j_1}\right)g_{i_1 j_1} - \left(1+\delta_{i_1 j_2}\right)g_{i_2 j_1} - \left(1+\delta_{i_2 j_1}\right)g_{i_1 j_2} + \left(1+\delta_{i_2 j_2}\right)g_{i_2 j_2}\right] \tag{3.42}$$

$$U_{ij} = \frac{l_i\Delta}{3}\left(g_{i_2 j} - g_{i_1 j}\right) \tag{3.43}$$

$$P_{ij} = \Delta g_{ij} \tag{3.44}$$

$$Q_{ij} = \frac{\left(1+\delta_{ij}\right)\Delta}{12} \tag{3.45}$$

以上式子中下标 i_1, i_2 是由下标 i 确定的，其确定法则由表 3-1 给出。

表 3-1 三角形中边标号和顶点标号之关系

i	i_1	i_2
1	2	3
2	3	1
3	1	2

同样，下标 j_1, j_2 是由下标 j 按照同样法则确定的。式中的 $\boldsymbol{r}_{ij}$ 和 g_{ij} 由下面式子给出：

$$\boldsymbol{r}_{ij} = \boldsymbol{\nabla} L_i \times \boldsymbol{\nabla} L_j \tag{3.46}$$

$$g_{ij} = \boldsymbol{\nabla} L_i \cdot \boldsymbol{\nabla} L_j \tag{3.47}$$

注意，在被积函数很复杂，譬如用高阶插值基函数时，有限元单元矩阵元素的解析求解往往相当繁冗，此时不妨采用 2.1.5 小节中讲述的数值积分方法。虽然数值积分有时会带来一定误差，但这种误差已被证明与有限元的离散化误差抵消[8]；另外，数值积分虽比用解析公式稍多花一点计算时间，但矩阵形成在整个有限元求解中所占时间较少。将未知插值参量统一编号，式 (3.30) 就可写成下列形式：

$$F = \frac{1}{2}\{e_t\}^{\mathrm{T}}[A_{tt}]\{e_t\} + \frac{1}{2}\beta^2\left\{\begin{array}{c} e_t \\ e_z \end{array}\right\}^{\mathrm{T}}\left[\begin{array}{cc} \boldsymbol{B}_{tt} & \boldsymbol{B}_{tz} \\ \boldsymbol{B}_{zt} & \boldsymbol{B}_{zz} \end{array}\right]\left\{\begin{array}{c} e_t \\ e_z \end{array}\right\} \tag{3.48}$$

对式 (3.48) 求变分，便得下列数学上标准的广义本征值方程：

$$\begin{bmatrix} \boldsymbol{A}_{tt} & 0 \\ 0 & 0 \end{bmatrix} \begin{Bmatrix} e_t \\ e_z \end{Bmatrix} = -\beta^2 \begin{bmatrix} \boldsymbol{B}_{tt} & \boldsymbol{B}_{tz} \\ \boldsymbol{B}_{zt} & \boldsymbol{B}_{zz} \end{bmatrix} \begin{Bmatrix} e_t \\ e_z \end{Bmatrix} \tag{3.49}$$

很明显，矩阵 $[A_{tt}]$,$[B_{tt}]$,$[B_{zz}]$ 都是稀疏对称阵。

3.1.4 强加边界条件

在求解式 (3.49) 之前，还需对此方程强加边界条件 (3.2)，也就是使边界上的切向电场为 0。为此，先将广义本征值方程 (3.49) 写成系数矩阵含有未知数 β 的线性方程组形式，再对此方程操作。其操作如下：先找到关于边界上切向电场变量的方程，再在此方程中找到此变量前的系数，将此系数设置为 1，而方程其他变量前的系数都设置为 0，并将方程右边设置为强加值，在本问题中强加值就是 0。很明显，由此方程可求出边界切向电场变量值，其值就是强加值，达到了强加目的。不难想象，此操作在系数矩阵上表现为只对行操作。其结果是破坏了系数矩阵的对称性。为了避免这个不足，让我们再来观察强加变量对其他方程的影响。在本问题中，因为强加变量值为 0，不论方程中此变量前系数为几，对此方程都无影响，因而也就可以将此系数设置为 0。如果强加变量值不为 0，我们可以将强加变量对方程的影响移置右边，再将强加变量前系数设置为 0 。此操作在系数矩阵上就表现为对列操作。如此就保证了系数矩阵的对称性。再进一步，不难发现，可将强加变量从线性方程组中剔除，从而减少未知变量个数，提高计算效率。只是这样做，需对变量重新标号，增加编程的复杂性。线性方程组经强加边界条件操作后，还原成广义本征值方程的形式，便可求出本征值和本征矢量。

3.1.5 广义本征值方程的求解

形如方程 (3.49) 的广义本征值方程求解是一个经典的数学问题。数学家在此问题上的探索由来已久，也涌现出形式多样的方法、技术。就大的思路层次而言，早期较为常用的思路是：用 Householder 相似变换将待求矩阵变换成三对角矩阵，再用二分法求出本征值和本征矢量 [9]。近期涌现的是基于 Krylov 子空间投影理论的方法。其基本思路是用 Arnoldi 或 Lanczos 算法将待求矩阵进行部分 Hessenberg 分解，并不断用类似 QR 迭代的算法求出所需的本征值和本征矢量[10]。这类方法一般都能充分利用矩阵的稀疏性，因而内存需求小，计算效率高。在将这些思路进一步细化，转化到真正可以运行的计算机程序的过程中，数学家又结合计算机特点开发出各种提速减存的技术。这些技术又随计算机技术的发展而日益演进。作为非专于这一问题的计算电磁学研究者，要实时消化这些技术并转化成计算机程序虽非不可能，然也确非易事。所幸的是，总有富远见之数学家实时地将这些研究成果转化成有良好平台的软件包，为其他领域学者直接利用。在求解本征值问题上，就有 20 世纪 70 年代的 **EISPACK 软件包**[11]，80 年代的 **IMSL 软件包**[12]，90 年代的 **ARPACK 软件包**[13]。而且，ARPACK 软件已被内嵌在有很好计算、图形平台的商业软件 MATLAB 6.5 中，使用相当方便。由此之故，本书也就无意对求解本征值的种种数学方法技巧进而细述。这里欲略缀数言的是：能否将方程 (3.49) 进一步化简或变换，使其更适于利用现有软件求解。

很明显，由于方程 (3.49) 左边系数阵奇异，因而有一系列本征值为 0 的简并本征矢量。这些简并本征矢量是没有物理意义的，是由于引入变换 (3.14) 带来的。为此，我们对方程 (3.49) 作进一步简化。由方程 (3.49) 可得

$$[B_{zt}]\{e_t\}+[B_{zz}]\{e_z\}=0 \tag{3.50}$$

利用此方程在 (3.49) 中消除 $\{e_z\}$ 得

$$[A_{tt}]\{e_t\}=\beta^2[B'_{tt}]\{e_t\} \tag{3.51}$$

其中，

$$[B'_{tt}]=[B_{tz}][B_{zz}]^{-1}[B_{zt}]-[B_{tt}] \tag{3.52}$$

不难验证，$[B'_{tt}]$ 仍是对称阵，只是原矩阵的稀疏性被破坏。下面再给出一个不破矩阵稀疏性的变换形式

$$\begin{bmatrix} B_{tt} & B_{tz} \\ B_{zt} & B_{zz} \end{bmatrix}\left\{\begin{array}{c} e_t \\ e_z \end{array}\right\}=\frac{\theta^2}{\theta^2-\beta^2}\begin{bmatrix} B_{tt}+\frac{1}{\theta^2}[A_{tt}] & B_{tz} \\ B_{zt} & B_{zz} \end{bmatrix}\left\{\begin{array}{c} e_t \\ e_z \end{array}\right\} \tag{3.53}$$

这里，$\theta^2=k_0^2\varepsilon_{\max}\mu_{\max}, \varepsilon_{\max}, \mu_{\max}$ 分别是波导中填充介质的最大相对介电常数和磁导率。很明显，θ 是介质参数为 $\varepsilon_{\max}$，$\mu_{\max}$ 均匀介质中的横电磁波 (TEM) 传播常数。一般说来，无耗介质填充波导中任何模式的传播常数 β^2 都小于 θ^2，而且越靠近主模的模式，传播常数 β 与 θ 就越近，也就是 $\theta^2/\left(\theta^2-\beta^2\right)$ 越大。这样，式 (3.53) 按从大至小顺序的本征值对应地便是介质填充波导的从主模至高次模顺序。这个特征对于很多只需求出前几个主要模式的实际问题是非常有利的。为后面叙述方便，我们将式 (3.51) 和式 (3.53) 都写成下面标准广义本征值方程的形式：

$$[A]\{e\}=\lambda[B]\{e\} \tag{3.54}$$

3.1.6 计算机程序的编写

由 3.1.1~3.1.5 小节分析不难看出，计算介质填充波导本征值和本征函数的程序应由四个子模块构成：一是波导截面剖分及特征的获取；二是离散单元矩阵的计算及集成；三是强加边界条件的处理；四是计算本征值和本征函数的子程序。在细

讲这些模块之前，首先要确定并讲清的是最终广义本征值方程的存储方式，因为它影响着每一个模块的具体编写。

最简单的存储方法就是用两个二维数组分别存储 $[A]$ 和 $[B]$。这种方法实施方便，但没有利用矩阵的稀疏性，从而浪费了大量内存，降低了计算效率。能利用矩阵稀疏性的存储方式也有多种，这里介绍一种称之为按行索引的**一维稀疏矩阵存储法**。以存储大小为 $N \times N$ 的稀疏矩阵 $[A]$ 为例，按行索引存储法是用两个一维数组 sa、ija 存储。数组 sa 主要用于存储矩阵 $[A]$ 中的非零元素，一般为复型数组，如果是无耗问题，则可用实型；如果数组 ija 是整形数组，则主要用于存储 sa 中元素的列位置。具体存储方式如下：

• 数组 sa 的前 N 个位置用于存储矩阵 $[A]$ 的对角元素。注意，即使对角元素为零也要存储。不过，有限元矩阵的对角元素一般都不为零。

• 数组 ija 的前 N 个位置用于存储矩阵 $[A]$ 中每行第一个非零非对角元素在数组 sa 中的位置索引。如果某行没有非零非对角元素，那么就是上一行最后一个非零元素在数组 sa 中的位置索引加 1。

• 数组 ija 的第 1 个位置存储的数总是 $N + 2$ 。

• 数组 ija 的第 $N + 1$ 个位置存储的数是 $[A]$ 中最后一行最后非零非对角元素在数组 sa 中的位置索引加 1 。数组 sa 的第 $N + 1$ 个位置不使用，可设置任何值。

• 数组 sa 从第 $N + 2$ 个位置开始用于存储矩阵 $[A]$ 的非零非对角元素。其顺序是按行存储，即先存第一行，再存第二行，依次进行。每一行中的非零元素按列由小到大进行。

• 数组 ija 从第 $N + 2$ 个位置开始用于存储数组 sa 中对应位置所存元素在矩阵 $[A]$ 中的所在列。

由此不难得到数组 sa、ija 的大小为矩阵 $[A]$ 中非零非对角元素总数 nnz 再加 1 。由此也可看出，这种存储方式实施的关键是要在离散单元矩阵集成之前确定出最终矩阵每一行的非零元素个数以及这些元素所对应的列数，以便能有效集成。明晰存储方式之后，便可对上述四个子模块的编写作进一步具体分析。

波导截面剖分及特征获取子程序要完成的是：先从外部文件中读取基本信息，再将这些信息转化成后面程序所需的信息形式。现有很多软件譬如 ANSYS 或 Hypermesh 能将波导截面自动剖分成三角形单元，一般都提供如下信息：顶点和三角形单元总数 (用整型变量 maxnodes 和 maxeles 表示)，所有顶点坐标 (用实型数组 xynodes(2,maxnodes) 存储)，以及三角形单元顶点局部编号和整体编号之关系及单元内的介质类型 (用整型数组 ln (4,maxeles) 存储，此数组的前三列数为顶点整体编号值，后一列表示介质类型)。这些信息一般属基本信息，可直接读取。然这些信息形式显然不能满足本问题求解中的需求，因为我们所用的边缘元基函数的插值参量是三角形边上的切向电场，因而还需对所有三角形边进行编号，并给出三角形边的局部编号和整体编号之关系。对于三角形边的编号一般截面内的边先编号，截面边界上的边后编号，这样做是为后面强加边界条件处理方便。出于同样目的，最好能对顶点重新整体编号：截面内的顶点先编号，截面边界上的顶点后编号。另外，还要确定最终矩阵每一行的非零元素个数。如此一来，此子程序的任务便进一步明确，那就是第一步，从外部文件中读取 maxnodes，maxeles，xyznodes(2, maxnodes),ln(4, maxeles)；第二步，根据这些信息首先确定哪些边在截面内，哪些边在截面上，并对它们编号，进而给出三角形边的局部编号和整体编号之关系，即 le(3, maxeles)；第三步，对顶点重新编号，给出新的 xyznodes(2, maxnodes)，ln(4, maxeles)；最后确定最终矩阵每一行的非零元素个数。第一步的程序编写简单直接，无须再述，第三步与第二步采用方法相似，故下面只对第二步和最后一步的程序编写再稍加讲述。

我们知道，截面内的边总是为两个三角形单元所共用，而截面边界上的边只为一个三角形所用。这一点可被利用来对它们加以区分。直接的利用方法是，任意三角形单元中的每一条边，都与其他所有三角形的三条边比较，若有重合者则为截面内边；否则就是截面边界上边。这种方式需做两重从 1 至 maxeles 的循环，计算量为 $O\left(\text{maxeles}^2\right)$，非常之大，不可取。下面介绍另一种方法。首先给所有三角形的所有边定义一个量 $y=n_1\sqrt{n_2}$(n_1，n_2 分别为边两顶点的整体编号)，然后用快速排序方法，如文献 [14] 中的 **Heapsort 算法**对 y 构成的序列进行排序。接着对已排序序列从头依次往后比较，如无相同者，则此量所对应的便是截面边界上的边，若有相同者，可进一步比较它们所对应边的两顶点是否相同，如相同，此边便是截面内边，若不相同，可往后再作比较。很显然这种方式的计算量主要在 Heapsort 算法的排序上，为 O(maxeles lg maxeles)，大大小于前述方法。而且在这一排序序列基础上，便可对 y 按我们的要求进行编号，再由 y 与三角形单元边的对应关系建立出三角形边的局部编号和整体编号之关系，即 le(3,maxeles)，从而完成第二步。

为叙述方便，这里以矩阵 $[B_{zz}]$ 为例来具体讲述如何确定矩阵每一行的非零元素个数。细思离散单元集成过程可知，确定第 i 行非零元素个数便是确定共用整体编号为 i 的顶点的所有三角形的顶点数。为此，首先确定共用每个顶点的单元总数 (用一维整数数组 ip(maxnodes) 存储)，以及这些单元的整体编号 (用二维整数数组 ipele(maxadj,maxnodes) 存储)。这不难实现，只要对所有单元作循环，每个单元再对三顶点作循环即可。更具体些，用 FORTRAN 高级语言可写成

```
do i=1,maxeles
do j=1,3
     n=ln(j,i)
     ip(n)=ip(n)+1
```

```
     ipele(ip(n),n)=i
end do
end do
```

然后利用数组 ip(maxnodes) 和 ipele(maxadj,maxnodes)，将共用整体编号为 i 的顶点的所有单元中其他顶点的整体编号排成序列，对此序列排序，便可很容易找出此序列中不同元素的个数 (用一维整数数组 ip(maxnodes) 存储)，并将这些元素，即和整体编号为 i 相邻的顶点的整体编号存于一维数组 icol(i) 中。数组元素 iq(i) 便是矩阵 $[B_{zz}]$ 中第 i 行非零元素个数，其对应列数存于 icol(i)。

确定了数组 iq 和 icol，便可进一步讲述离散单元矩阵的计算及集成模块的程序编写。离散单元矩阵的计算很简单，可直接按式 (3.37)~ 式 (3.45) 编写，无须赘述。这里欲说明的是离散单元矩阵的集成，还是以矩阵 $[B_{zz}]$ 为例。所谓集成就是如何将整体编号为 p 的单元矩阵 $[B_{zz}]^e_{3\times 3}$ 集成到 $[B_{zz}]$ 中。我们知道，用按行索引的一维稀疏矩阵存储法存储 $[B_{zz}]$ 需两个一维数组 sa、ija。利用数组 iq 和 icol, 很容易就确定出 ija。有了 ija，便可用 FORTRAN 高级语言编写出下面关于集成的程序：

```
  do 10 i=1,3
  do j=1,3
      ii=ln(i,p)
      jj=ln(j,p)
  if(ii.eq.jj)then
      sa(ii)=sa(ii)+bzze(i,j)
  else
      do k=ija(ii),jia(ii+1)-1
      if(jj.eq.ija(k))then
          sa(k)=sa(k)+bzze(i,j)
          goto 10
      else
  endif
  enddo
10 continue
10 continue
```

程序中数组 bzze(i,j) 表示单元矩阵 $[B_{zz}]^e_{3\times 3}$ 。强加边界条件模块可单独编写，也可直接在上述集成程序中完成。设截面内顶点总数为 maxinnodes，由于我们已将顶点重新编号，即截面内顶点先编号，截面边界上顶点后编号，于是边界的处理便可在上面程序的第四行之后加下面一句便可：

```
if(ii.gt.maxinnodes) goto 10
```

这样得到的 sa，存储的便是已经经过边界处理的，维数是 maxinnodes 的 $[B_{zz}]$。至于计算形如式 (3.54) 的本征值和本征函数模块，我们可直接调用软件包，譬如 ARPACK，无须编写。

3.1.7　计算机程序的运行结果

本节只引文献 [15] 中的一个结果，以示方法的有效性及其精度。计算的具体结构及尺寸如图 3-2 所示。表 3-2 给出了这种条形介质填充波导前三个模的传播常数计算值与理论值的比较。由表可见，有限元计算值与模匹配计算值吻合得不错。而且计算结果中没有发现任何伪解。在此计算中，整个波导截面只分成了 100 个三角形单元。有限元方法的精度由此可见一斑。至于更多的数值结果，可参见文献 [15]。

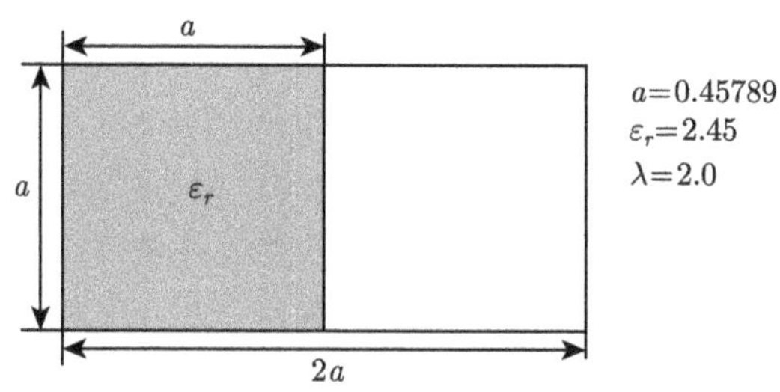

图 3-2　条形介质填充波导横截面

表 3-2　条形介质填充波导传输常数计算值与解析解之比较

本征模	解析解	计算值
主模	2.51335	2.53346
第一高次模	−5.41743	−5.51886
第二高次模	−5.55289	−5.65088

3.2　三维波导不连续性问题

很多微波器件如滤波器、定向耦合器、环行器等的理论分析都可归结为**波导不连续性问题**的分析。波导不连续性问题可细分为开波导不连续性和闭波导不连续性两类，像光纤中的不连续性就属于开波导不连续性问题，而金属波导中的不连续性就属于闭波导不连续性问题。这两类问题的分析有本质不同，因为开波导不连续性产生的散射场会向无限大空间辐射，其求解域为无限大；而闭波导不连续性产生的散射场将被波导壁封在波导内，其求解域只限在波导之内。对于开波导不连续性问题，如果辐射现象较弱，可以忽略，则其分析过程与闭波导不连续性分析并无二致；如果辐射现象严重，有限元分析就较为困难，实际中一般也就不用，转而采用矩量法分析或第 5 章将讲述的合元极技术。由此可见，就三维波导不连续性问题的有限元求解而言，闭波导不连续性问题的求解更典型，更彻底。以下也就不妨以讲述闭波导不连续性问题的有限元求解，来具体展示有限元在解决这类问题时所用的理论和技巧。

3.2.1 问题的数学表述

如图 3-3 所示，矩形波导中有一个介质块，入射波 TE_{10} 遇此介质块，必部分反射，部分透射。我们的问题便是分别计算出反射波和透射波的幅值和相位。准确说来，就是计算不连续性等效的二端口网络的散射矩阵，散射矩阵定义可见文献 [3]。计算此散射矩阵的首要问题便是确定波导内的场分布。换言之，就是要求解以波导内空间为求解域，以入射波 TE_{10} 为激励的麦克斯韦方程。而波导内空间为无限大空间，以此为求解域来求解麦克斯韦方程，既不可能，也无必要，故必须将无限长波导截断。截断之法有多种。如图 3-3(a) 所示，在离介质块不远处取截面 S_1,S_2，以 S_1,S_2 以及它们之间的波导壁所围成的区域为求解域。显然，这种截断方法实现之关键在于确定出截面 S_1,S_2 上的第三类边界条件。由规则波导传输理论可知，S_1,S_2 上的场可由矩形波导本征模线性叠加表示，由此便可推出此类边界条件，具体可参见文献 [3],[17]。不难看出，这种截断方法效率很高，因为截面 S_1,S_2 可离介质块很近，求解域很小，然其实现是既不方便，要首先计算波导本征模；又不通用，不同波导要重新编写。因而下面介绍另一种方法，虽效率不及上面所讲方法，但非常方便通用。

如图 3-3(b) 所示，在离介质块较远处 S_1,S_2，用金属将其封住，并且在离 S_1 不远处 S_e 面的中心线放置激励源 $\boldsymbol{J}^{\mathrm{e}} = \delta\left(x - a/2, z - z_e\right)\hat{\boldsymbol{e}}_y$。让我们分析以 S_1,S_2 以及波导壁所围区域为求解域，以 S_e 面中心线上的 $\boldsymbol{J}$ 为激励源的问题。此问题的边界条件很容易写出，问题在于它是否与原问题等效。准确地说，是能否从此问题的解中提取出我们需要的散射矩阵。首先来比较两问题中的激励源，等效问题中截面 S_e 上的激励源会激励出很多模式，如果波导工作在单模传输，高次模会很快衰减，只剩下主模，与原问题并无不同；如果波导是多模传输，就有多个模式 (包括主模)，与原问题就稍有不同。然由 3.2.3 小节的散射矩阵提取方法可以知道，即便对于多模传输，仍能从此等效问题的场分布中提取出主模的散射矩阵。再比较两问题中的透射波，等效问题的透射波遇金属面 S_2 会完全反射，此反射再遇介质块又产生反射和透射，如此反复，以致最终场分布与原问题完全不同，从而无法提取出所需信息。为此，在 S_2 面之前须放置一种称为完全匹配的吸收材料。透射波遇这种材料不反射，而且在这种材料中传输会逐渐衰减，以致到达 S_2 时非常小，可以忽略不计。如此一来，我们便可从等效问题的场分布中提取出我们感兴趣的主模散射矩阵。也许有人要提出，金属面 S_1 的反射会影响场分布，以致影响我们所需参数的提取。而实际上，由有源传输线的解可知[17]，激励源左侧的金属面 S_1 只会影响激励源左右两侧的能量分配，不会影响左右两侧的场分布。下面就给出此等效模型的数学表达。

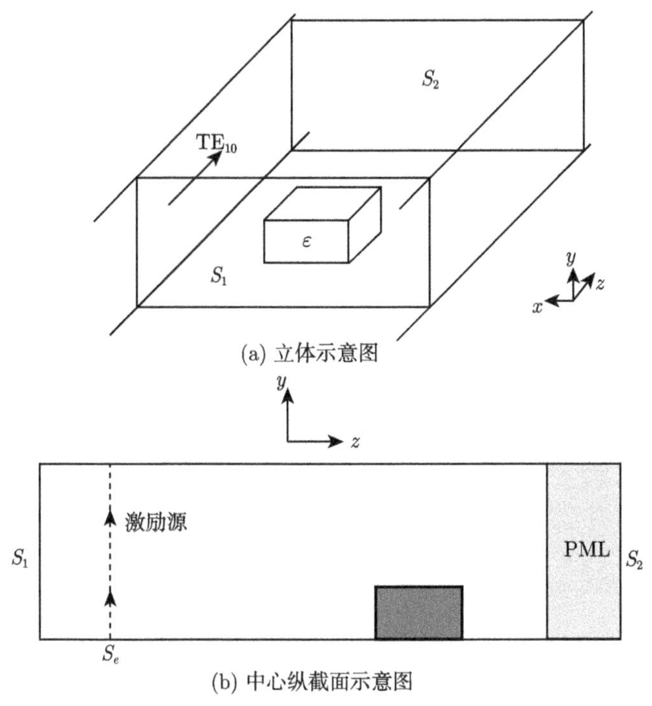

图 3-3 三维波导不连续问题求解示意图

由 1.2 节可知，描述此等效问题的确定性偏微分方程可表示成

$$\nabla \times [\mu_r]^{-1}\nabla \times \boldsymbol{E} - k_0^2[\varepsilon_r]\boldsymbol{E} = -\mathrm{j}k_0Z_0\boldsymbol{J}^{\mathrm{e}}, \quad \text{求解域内} \tag{3.55}$$

$$\hat{\boldsymbol{n}} \times \boldsymbol{E} = 0, \quad \text{求解域边界} \tag{3.56}$$

这里，$k_0 = \omega\sqrt{\mu_0\varepsilon_0}$ 是自由空间中的波数，$Z_0 = \sqrt{\mu_0/\varepsilon_0}$ 是自由空间中的波阻抗。相对介电常数 $[\varepsilon_r]$ 和磁导率 $[\mu_r]$ 要视介质块的具体材料而定。由文献 [18] 或本书第 4 章可知，完全匹配吸收材料中的相对介电常数 $[\varepsilon_r]$ 和磁导率 $[\mu_r]$ 有相同的形式，可表示成

$$[\varepsilon_r] = [\mu_r] = \begin{bmatrix} \Lambda_x & 0 & 0 \\ 0 & \Lambda_y & 0 \\ 0 & 0 & \Lambda_z \end{bmatrix} \tag{3.57}$$

其中，

$$\Lambda_x = s_z,\quad \Lambda_y = s_z,\quad \Lambda_z = \frac{1}{s_z} \tag{3.58}$$

这里，$s_z = \beta - \mathrm{j}\alpha$ 是 z 方向复坐标延伸因子，其中 β 控制着消失模的衰减快慢，而 α 则控制着传输模的衰减快慢。虽然 α,β 越大，透射波在吸收材料中就衰减得越快，从而吸收材料的厚度就可减少，求解域就可随之减小，计算效率也就随之提高；然 α,β 越大，也导致有限元离散在吸收材料中产生的反射加大，从而影响计算结果的准确程度。因而 α,β 的选取要折中考虑。好在 α,β 对计算结果并非十分敏感，选取也就并不困难。在作者的计算实践中，一般取 $\alpha = \beta = 1.0$，吸收材料厚度为 0.3 个波导波长。

比较方程 (3.55) 与 3.1.1 节的方程 (3.1)，除多一个激励项外，其他完全一样。仿照上节推导过程或直接类比，就可得到方程 (3.55) 的泛函变分表达形式：

$$\begin{cases} \delta F(\boldsymbol{E}) = 0 \\ \hat{\boldsymbol{n}} \times \boldsymbol{E} = 0, \quad \text{求解域边界} \end{cases} \tag{3.59}$$

其中，

$$F(\boldsymbol{E}) = \frac{1}{2}\int_V \left[(\nabla \times \boldsymbol{E}) \cdot ([\mu_r]^{-1} \cdot \nabla \times \boldsymbol{E}) - k_0^2 \boldsymbol{E} \cdot [\varepsilon_r] \cdot \boldsymbol{E}\right] \mathrm{d}V + \mathrm{j}k_0 Z_0 \int_V \boldsymbol{J}^{\mathrm{e}} \cdot \boldsymbol{E} \mathrm{d}V \tag{3.60}$$

3.2.2　基函数的选取

与计算波导本征模的泛函表达式 (3.15) 的面积分形式不同，计算不连续性的泛函 (3.60) 是体积分。其离散单元也就不再是面单元，而是体单元。体单元之形以四面体最为灵活方便，其插值参数可选择各条边中点的电场切向分量，如图 3-4 所示。不难看到，这里插值参数的选取完全是 3.1.2 小节中三角形边缘元插值参数选取的仿照。既然如此，图 3-4 所示的四面体边缘元基函数也可仿三角形边缘元基函数的建立而建立。先建立四面体单元上的体积坐标，如图 3-4 所示，四面体四顶点分别标为 1,2,3,4，体积为 V，$P(x,y,z)$ 为其内的一点，与四顶点之连线将原四面体分成四个小四面体，体积分别为 V_1,V_2,V_3,V_4。不难得到它们的具体计算表达式

$$V = \frac{1}{3!}\begin{vmatrix} 1 & x_1 & y_1 & z_1 \\ 1 & x_2 & y_2 & z_2 \\ 1 & x_3 & y_3 & z_3 \\ 1 & x_4 & y_4 & z_4 \end{vmatrix} \tag{3.61}$$

以及

$$V_1 = \frac{1}{3!}\begin{vmatrix} 1 & x & y & z \\ 1 & x_2 & y_2 & z_2 \\ 1 & x_3 & y_3 & z_3 \\ 1 & x_4 & y_4 & z_4 \end{vmatrix} \tag{3.62}$$

$$V_2 = \frac{1}{3!}\begin{vmatrix} 1 & x_1 & y_1 & z_1 \\ 1 & x & y & z \\ 1 & x_3 & y_3 & z_3 \\ 1 & x_4 & y_4 & z_4 \end{vmatrix} \tag{3.63}$$

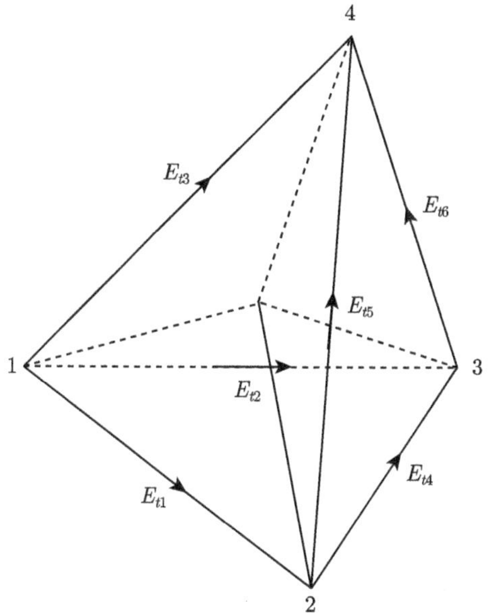

图 3-4 四面体边缘元示意图

V_3 和 V_4 可类比写出。点 P 的**体积坐标**(L_1, L_2, L_3, L_4) 就定义为

$$L_i = \frac{V_i}{V}, \quad i = 1, 2, 3, 4 \tag{3.64}$$

很显然，体积坐标中的四个坐标分量不独立，有下面简单关系：

$$\sum_{i=1}^{4} L_i = 1 \tag{3.65}$$

在确定四面体每条边的标号与其两顶点标号的对应关系 (表 3-3) 之后，对应插值参量 E_i 的基函数便可表示成

$$\boldsymbol{N}_i = (L_{i1}\boldsymbol{\nabla} L_{i2} - L_{i2}\boldsymbol{\nabla} L_{i1})l_i \tag{3.66}$$

这里 l_i 为第 i 条边的边长。如此一来，四面体单元中的电场便可表示成

$$\boldsymbol{E}=\sum_{i=1}^{6}\boldsymbol{N}_i E_{ti} \tag{3.67}$$

表 3-3 四面体每条边标号与其对应顶点标号之关系

边标号 i	顶点标号 i_1	顶点标号 i_2
1	1	2
2	1	3
3	1	4
4	2	3
5	2	4
6	3	4

3.2.3 泛函变分表达式的离散

将求解域分成很多小四面体单元，在每一单元中，泛函 (3.60) 中的未知变量用 3.2.2 小节的边缘元基函数表示成

$$\boldsymbol{E}^e=\sum_{i=1}^{6}\boldsymbol{N}_i^e\boldsymbol{E}_i^e=\{N^e\}^{\mathrm{T}}\{E^e\}=\{E^e\}^{\mathrm{T}}\{N^e\} \tag{3.68}$$

将式 (3.68) 代入式 (3.60) 得

$$F=\sum_{e=1}^{M}\left(\frac{1}{2}\{E^e\}^{\mathrm{T}}[A^e]\{E^e\}-\{E^e\}^{\mathrm{T}}\{b^e\}\right) \tag{3.69}$$

其中，

$$[A^e]=\int_{V^e}\left[\{\boldsymbol{\nabla}\times\boldsymbol{N}^e\}[\nu_r^e]\{\boldsymbol{\nabla}_t\times\boldsymbol{N}^e\}^{\mathrm{T}}-k_0^2\{N^e\}[\varepsilon_r]^e\{N^e\}^{\mathrm{T}}\right]\mathrm{d}V \tag{3.70}$$

$$\{b^e\}=-\mathrm{j}k_0Z_0\int_{V^e}\boldsymbol{J}\cdot\{N^e\}^{\mathrm{T}}\mathrm{d}V \tag{3.71}$$

这里 $[\nu_r^e]=[\mu_r^e]^{-1}$，而 $[\varepsilon_r^e]$, $[\mu_r^e]$ 表示 e 单元中的相对电介质常数和磁导率张量。如果它们在单元中为常数 (一般说来由于单元很小此假设都能成立)，式 (3.70) 和式 (3.71) 中的积分都能解析求出。利用下面公式：

$$\iiint_{V^e}(L_1)^k(L_2)^l(L_3)^m(L_4)^n\,\mathrm{d}V=\frac{k!l!m!n!}{(k+l+m+n+3)!}6V^e \tag{3.72}$$

这里，V^e 为四面体单元体积，式 (3.70) 可具体计算出：

$$[A^e] = [T]_{6\times6} - k_0^2 [R]_{6\times6} \tag{3.73}$$

其中，

$$T_{ij} = 4Vl_il_j\boldsymbol{r}_{i_1i_2}\cdot[\nu_r^e]\cdot\boldsymbol{r}_{j_1j_2} \tag{3.74}$$

$$\begin{aligned} R_{ij} =& \frac{l_il_jV}{20}\left[(1+\delta_{i_1j_1})\boldsymbol{g}_{i_1j_1} - (1+\delta_{i_2j_1})\boldsymbol{g}_{i_2j_1}\right. \\ &\left. - (1+\delta_{i_1j_2})\boldsymbol{g}_{i_1j_2} + (1+\delta_{i_2j_2})\boldsymbol{g}_{i_2j_2}\right] \end{aligned} \tag{3.75}$$

以上式子中下标 i_1,i_2 是由下标 i 确定的，其确定法则由表 3-3 给出。同样，下标 j_1,j_2 是由下标 j 按照法则确定的。式中的 $\boldsymbol{r}_{ij}$ 和 $\boldsymbol{g}_{ij}$ 由下面式子给出：

$$\boldsymbol{r}_{ij} = \boldsymbol{\nabla}L_i\times\boldsymbol{\nabla}L_j \tag{3.76}$$

$$\boldsymbol{g}_{ij} = \boldsymbol{\nabla}L_i\cdot[\varepsilon_r^e]\cdot\boldsymbol{\nabla}L_j \tag{3.77}$$

另外，上述积分也可用下面数值积分公式进行：

$$\iiint_{V^e} F(L_1,L_2,L_3,L_4)\mathrm{d}L_1\mathrm{d}L_2\mathrm{d}L_3 = \sum_{i=1}^{m} W_iF(L_{1i},L_{2i},L_{3i},L_{4i}) \tag{3.78}$$

方程 (3.78) 中的 m 表示取样点数，这里取样点坐标 $(L_{1i},L_{2i},L_{3i},L_{4i})$ 以及对应的权因子 W_i 由表 3-4 给出。将未知插值参量统一编号，式 (3.69) 就可写成下列形式：

$$F = \frac{1}{2}\{E\}^{\mathrm{T}}[A]\{E\} - \{E\}^{\mathrm{T}}\{b\} \tag{3.79}$$

对式 (3.79) 求变分，便得下列线性方程组：

$$[A]\{E\} = \{b\} \tag{3.80}$$

很明显，矩阵 $[A]$ 是稀疏对称阵。利用 3.1.5 小节介绍的方法将边界条件 (3.56) 强加于式 (3.80) 之后，便可解出未知参量 $\{E\}$，进而由式 (3.68) 得到整个求解域的场分布。

表 3-4　四面体单元的数值积分表

单元阶次	图形	误差	积分点	体积坐标	权系数
线性单元		$R=O(h^2)$	a	$\frac{1}{4},\frac{1}{4},\frac{1}{4},\frac{1}{4}$	1
二次单元		$R=O(h^3)$	a	$\alpha, \beta, \beta, \beta$	$\frac{1}{4}$
			b	$\beta, \alpha, \beta, \beta$	$\frac{1}{4}$
			c	$\beta, \beta, \alpha, \beta$	$\frac{1}{4}$
			d	$\beta, \beta, \beta, \alpha$	$\frac{1}{4}$
				$\alpha=0.58541020$ $\beta=0.13819660$	
三次单元		$R=O(h^4)$	a	$\frac{1}{4},\frac{1}{4},\frac{1}{4},\frac{1}{4}$	$-\frac{4}{5}$
			b	$\frac{1}{3},\frac{1}{6},\frac{1}{6},\frac{1}{6}$	$\frac{9}{20}$
			c	$\frac{1}{6},\frac{1}{3},\frac{1}{6},\frac{1}{6}$	$\frac{9}{20}$
			d	$\frac{1}{6},\frac{1}{6},\frac{1}{3},\frac{1}{6}$	$\frac{9}{20}$
			e	$\frac{1}{6},\frac{1}{6},\frac{1}{6},\frac{1}{3}$	$\frac{9}{20}$

3.2.4　线性方程组的求解

大致说来，有两类方法求解线性方程组 (3.80)。一类是直接法，如 LU 分解法；另一类是迭代法，如共轭梯度法。这两类方法虽都早已有之，然时至今日仍在随计算机技术的演进而不断演进。其演进不外两端：一端在使算法越来越稳定，如在高斯消除法中增加选主元的技术；另一端在使算法越来越高效。就直接法而言，稀疏矩阵在求解中，稀疏性一般都要遭到破坏。如何减少这种破坏，换言之，如何减少求解中非零元素个数的增加，便是提高直接法效率的主要考虑之点。近年来，各种技术纷纷涌现，使大型稀疏矩阵的求解效率突飞猛进。譬如，未知数经过重新排序后，稀疏矩阵的非零元素分布就可大大改变，从而 LU 分解中非零元素个数的增加将大

大减少。图 3-5(a) 是用上述有限元方法计算波导不连续性问题产生矩阵的非零元素

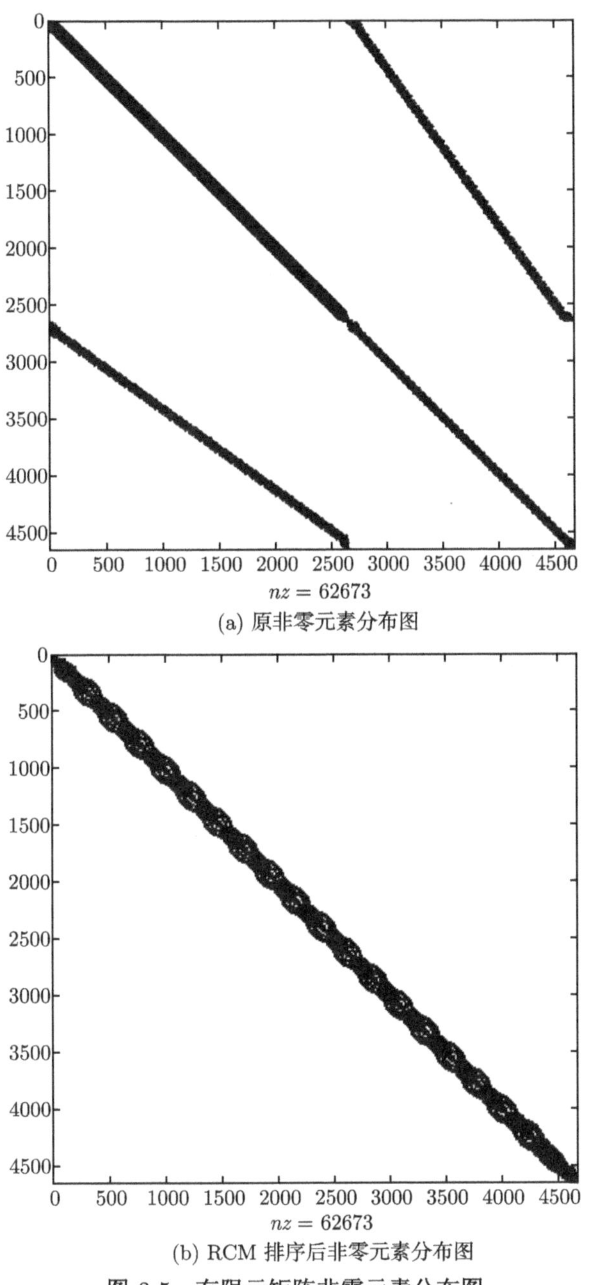

(a) 原非零元素分布图

(b) RCM 排序后非零元素分布图

图 3-5 有限元矩阵非零元素分布图

分布图，图 3-5 (b) 是此矩阵经过一种被称为 Reverse Cuthill-Mckee(RCM) 算法排序后的非零元素分布图。由图可见，图 3-5(b) 的非零元素都集中在对角线附近，这将大大减少 LU 分解中非零元素个数的增加。就迭代法而言，基于 Krylov 子空间投射理论的各种算法以及各种加快收敛速度的预处理技术，近年来也是层出不穷，如广义最小余量法 (generalized minimal residual, GMRES)，准最小余量法 (quasi-minimal residual, QMR)，以及不完全 LU 预处理技术。这些成果中较为成熟的已被融进商业软件 MATLAB 6.5，直接为我们所用。像 MATLAB 6.5 中线性方程组的直接求解采用的便是由 T.A. Davis 等开发的 **UMFPACK 软件**，用的是不对称多波前方法[19]。还有一个不错的直接法软件 **SuperLU 软件**，由 J.W.Demmel, J.R.Glibert, X.S.Li 等开发，读者可从网址 http://www.netlib.org/scalapack/prototype 下载得到。至于迭代法，各种各样的算法如 GMRES 、QMR 、BICGSTAB，在 MATLAB 6.5 中都有。对计算电磁学研究者来说，关键在于从中选取合适的。就求解式 (3.80) 而言，直接法和迭代法各有所长。直接法所需内存一般大于迭代法，但直接法数值性能稳定，而且效率往往要高于迭代法。因为有限元矩阵 $[A]$ 的条件数一般不是很好，尤其是对于大型矩阵，迭代法往往收敛很慢，有的甚至不收敛。图 3-6 呈现的是用共轭梯度法 (CG) 和双共轭梯度法 (BCG) 求解上述有限元方法，分析不连续性问题产生矩阵的迭代过程。由图可见，计算这样一个有 21408 个未知数的线性方程组，CG 经过 1 万次迭代，归一化剩余范数只到 0.03，而 BCG 就根本不收敛。因而选择方法也要视具体问题、具体条件而定。对于特殊问题，往往可尝试结合直接法和迭代法，也就是先用直接法譬如不完全 LU 作预处理，再用迭代法求解，以找到求解问题的最佳途径。

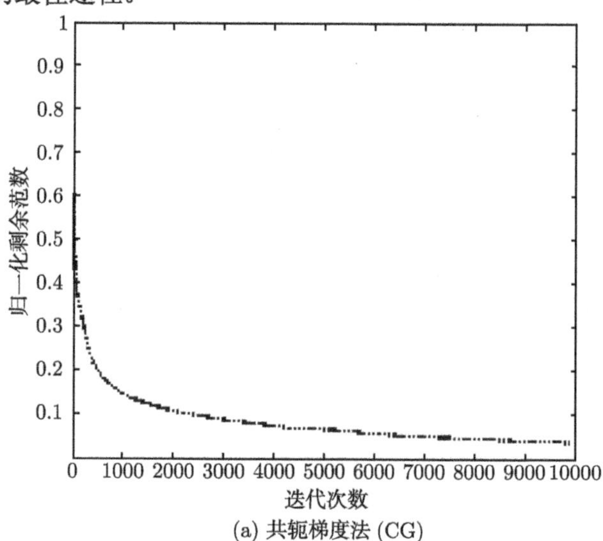

(a) 共轭梯度法 (CG)

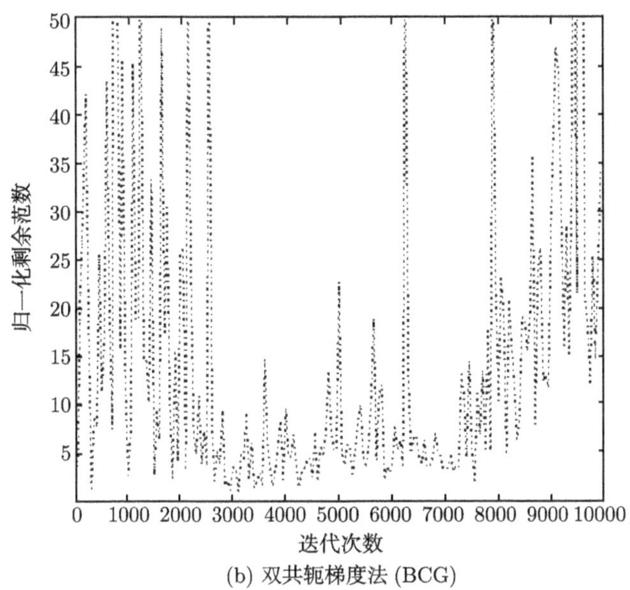

(b) 双共轭梯度法 (BCG)

图 3-6 求解有限元矩阵方程的迭代过程

3.2.5 散射参数的提取

未知参量 $\{E\}$ 一旦从方程 (3.80) 中解出，整个求解域的场便由式 (3.68) 而定，进而便可提取出散射参数。不难知道，沿波导中线 y 方向的电场可写成

$$E_y\left(x=a/2,y=b/2,z\right)=\sum_{i=1}^{d}c_i\mathrm{e}^{\mathrm{j}s_iz}+n\left(z\right) \tag{3.81}$$

这里，s_i 是第 i 个传输模的传播常数 (若是正值，表示沿负 z 方向传输；若为负值，表示沿正 z 方向传输), c_i 是对应的复系数，$n\left(z\right)$ 表示数值计算的噪声。显然，所谓散射参数的提取便是根据已求出的 $E_y\left(x=a/2,y=b/2,z\right)$ 来确定 s_i,c_i。有多种方法提取 s_i,c_i。简单者，可根据 $E_y\left(x=a/2,y=b/2,z\right)$ 的三点抽样值确定出 s_i,c_i [20]。当然，这种方法只适用于工作在主模传输的情形，而且数值结果不是很稳定。复杂者，可用 Prony 方法[21]，但这种方法对噪声 $n\left(z\right)$ 较为敏感。这里推荐一种**旋转不变参数提取技术**(estimation of signal parameters via rotational invariance technique, **ESPRIT**)。限于本书所定范围，这项技术具体可参见文献 [22]，在此就不详述了。使用者只要根据物理现象先大致确定出 d，再选择 $N>2d+1$ 个抽样点，便可计算出 s_i,c_i。

3.2.6 计算机程序的运行结果

计算波导不连续性问题的离散公式系统已得，继而便可编写计算机程序。其编写之要与 3.1.7 小节中所讲相仿，无须赘述。在此只引文献 [23] 中的一个结果，以示方法的有效性。计算的具体结构及尺寸如图 3-7 所示。其中铁氧体的磁导率为

$$[\mu_r] = \begin{bmatrix} 1 & 0 & 0.5j \\ 0 & 1 & 0 \\ -0.5j & 0 & 1 \end{bmatrix}$$

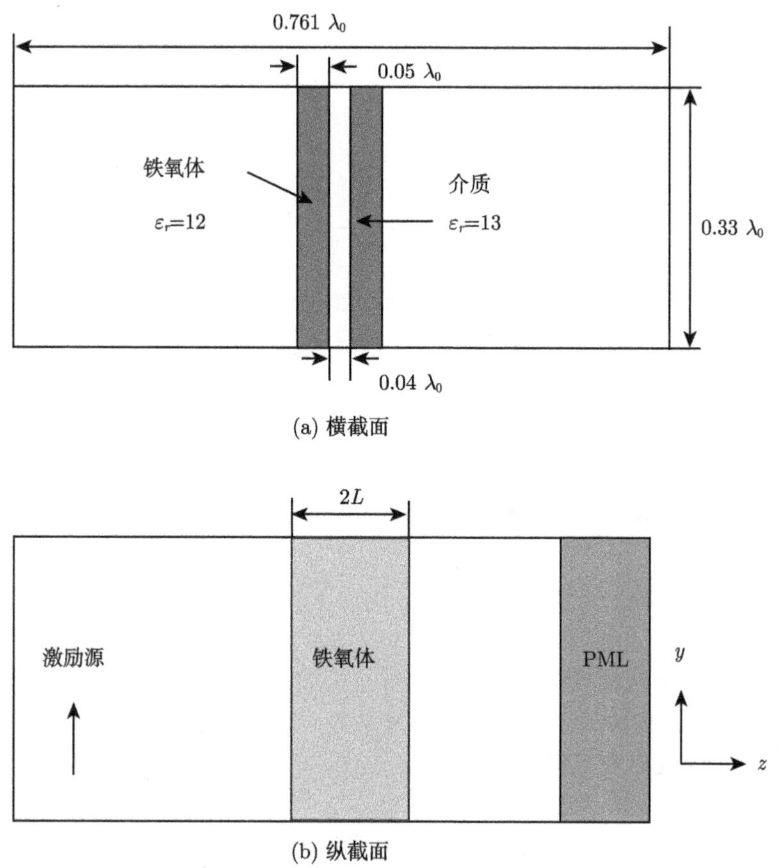

图 3-7　不连续结构及尺寸

图 3-8(a) 展示的是铁氧体介质块纵向长度 $L = 0.125\lambda_0$ 时，波导纵向中间截面 y 方向电场沿 z 方向分布的计算值。由图可见，激励的入射波遇到铁氧体介质块后，一部分反射，与入射波叠加形成驻波，一部分透射，被完全匹配吸收层 (PML) 吸收，完全符合前面对物理现象的分析。由电场分布提取的反射系数幅值示于图 3-8 (b)。由图可见，有限元计算值与模匹配计算值吻合得很好。有限元方法的精度由此可见一斑。至于更多的数值结果，读者可参见文献 [16],[23]。

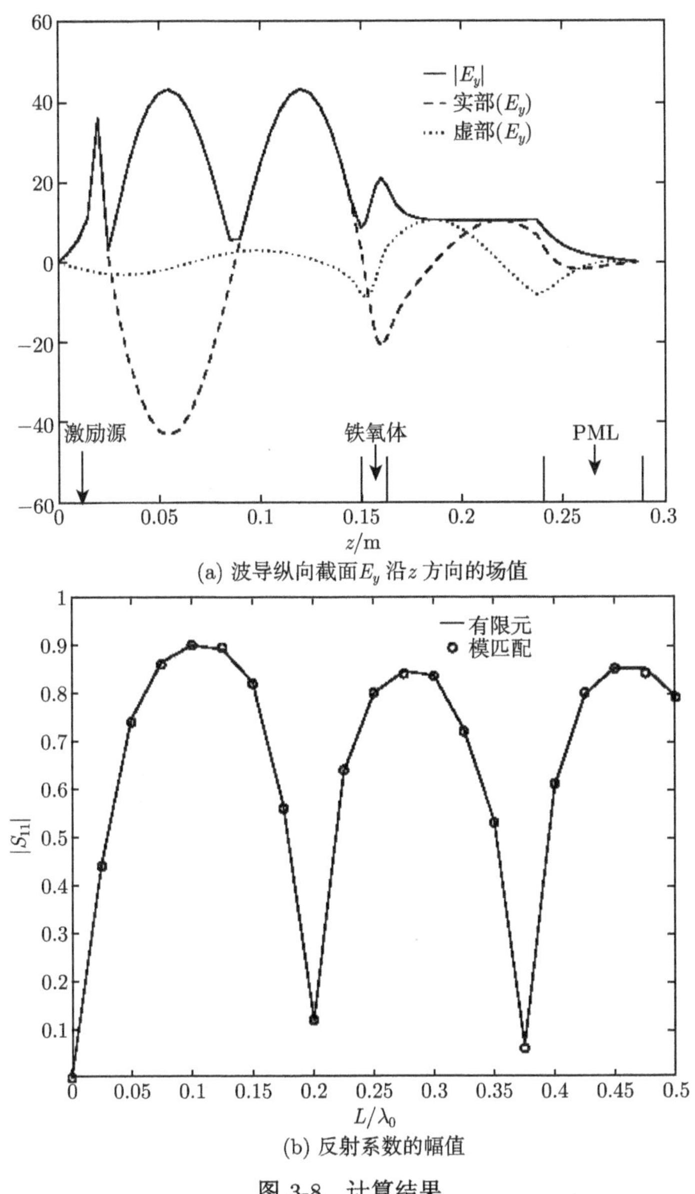

(a) 波导纵向截面E_y沿z方向的场值

(b) 反射系数的幅值

图 3-8 计算结果

3.3 三维目标的散射

三维目标的散射已在第 2 章矩量法中详细论述。这里重返此问题，其兴趣主要不在问题，而在方法。通过讲述此问题的有限元求解，欲让读者一能体察用有限元方法解此类问题与其他问题之不同，二能比较有限元法与矩量法之优劣。

如图 3-9 所示，一个复杂目标由三部分组成：第 I 部分为理想电导体，第 II 部分为理想磁导体，第III部分为不均匀介质体。下面便讲述如何用有限元方法求解此目标的电磁波散射。因为电磁波不可能穿过理想导体壁 S_1, S_2 进入理想导体，因而求解域是理想导体外，即边界 S_1, S_2 以外的区域。由 1.2 节可知，在此区域内电磁场满足：

$$\nabla \times \left(\frac{1}{\mu_r}\nabla \times \boldsymbol{E}\right) - \varepsilon_r k_0^2 \boldsymbol{E} = 0 \tag{3.82}$$

$$\hat{\boldsymbol{n}} \times \boldsymbol{E} = 0, \quad 在边界S_1上 \tag{3.83}$$

$$\hat{\boldsymbol{n}} \times (\nabla \times \boldsymbol{E}) = 0, \quad 在边界S_2上 \tag{3.84}$$

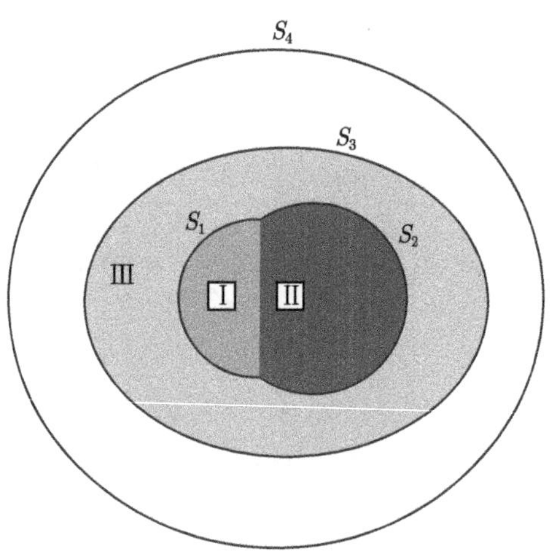

图 3-9　复杂散射体有限元求解示意图

显然，上述求解域为无穷大，离散必导致无穷个未知插值参量，以致无法求解。为此，求解域必须截断。截断之法有多种，大致可分两类：一类为全域截断技术，也就是用严格的方程，譬如用积分方程截断无限大求解域，此类技术的特点是精确，但破坏了有限元矩阵的稀疏特性，将在第 5 章中详述；另一类为局域截断技术，此类中的花样很多，像 3.2 节所用的完全匹配吸收层就是其中一种，此类的共同特点是保持了有限元矩阵的稀疏特性，但是近似的。这里介绍一种简单的局域截断技术。

引入一个虚构球面 S_4，以此来截断无穷大求解域。换言之，将无穷大求解域缩为以 S_1, S_2, S_4 所包的有限区域。这样剩下的问题便是如何给出球面 S_4 上的第三类边界条件。一个简单的方法就是直接将无穷远处的辐射条件作为 S_4 上的边界条件，即

$$\hat{\boldsymbol{r}} \times (\nabla \times \boldsymbol{E}^{\mathrm{s}}) \approx -\mathrm{j}k_0 \hat{\boldsymbol{r}} \times (\hat{\boldsymbol{r}} \times \boldsymbol{E}^{\mathrm{s}}) \tag{3.85}$$

显然，式 (3.85) 是近似的。为了提高精度，文献 [24] 又推出：

$$\begin{aligned}\hat{\boldsymbol{r}} \times (\nabla \times \boldsymbol{E}^{\mathrm{s}}) \approx & -\mathrm{j}k_0\hat{\boldsymbol{r}} \times (\hat{\boldsymbol{r}} \times \boldsymbol{E}^{\mathrm{s}}) + \beta(r)\nabla \times [\hat{\boldsymbol{r}}(\nabla \times \boldsymbol{E}^{\mathrm{s}})_r] \\ & + \beta(r)\nabla_t(\nabla \cdot \boldsymbol{E}_t^{\mathrm{s}})\end{aligned} \tag{3.86}$$

这里，$\boldsymbol{E}^{\mathrm{s}}$ 表示散射场，$\beta(r) = r/2(1 + \mathrm{j}k_0 r)$($r$ 为球面半径)。下标 t 代表相对于 $\hat{\boldsymbol{r}}$ 的横向分量，下标 r 代表径向分量。而且有 $\boldsymbol{E}_t^{\mathrm{s}} = -\hat{\boldsymbol{r}} \times (\hat{\boldsymbol{r}} \times \boldsymbol{E}^{\mathrm{s}})$，以及 $\boldsymbol{E}_r^{\mathrm{s}} = \hat{\boldsymbol{r}} \cdot \boldsymbol{E}^{\mathrm{s}}$。文献 [24] 已指明：式 (3.85) 是将散射场展成关于 r 的幂级数，并取一阶近似后推导而得，式 (3.86) 是取二阶近似后推导而得。因此式 (3.85) 又称为**一阶吸收边界条件**，式 (3.86) 为**二阶吸收边界条件**。很明显，r 越大，式 (3.85) 和式 (3.86) 就越准确，而未知数也就越多，计算量也就越大。在实际计算中，S_4 一般放置在离目标 0.3λ 远处。为了叙述方便，将式 (3.85) 和式 (3.86) 写成统一形式：

$$\hat{\boldsymbol{r}} \times (\nabla \times \boldsymbol{E}^{\mathrm{s}}) + \boldsymbol{P}(\boldsymbol{E}^{\mathrm{s}}) = 0 \tag{3.87}$$

这里，$\boldsymbol{P}$ 是矢量算子。对于一阶吸收边界条件 (3.85), $\boldsymbol{P}$ 定义为

$$\boldsymbol{P}(\boldsymbol{E}^{\mathrm{s}}) = \mathrm{j}k_0\hat{\boldsymbol{r}} \times (\hat{\boldsymbol{r}} \times \boldsymbol{E}^{\mathrm{s}}) \tag{3.88}$$

对于二阶吸收边界条件 (3.86)，$\boldsymbol{P}$ 变为

$$\begin{aligned}\boldsymbol{P}(\boldsymbol{E}^{\mathrm{s}}) = & \mathrm{j}k_0\hat{\boldsymbol{r}} \times (\hat{\boldsymbol{r}} \times \boldsymbol{E}^{\mathrm{s}}) - \beta(r)\nabla \times [\hat{\boldsymbol{r}}(\nabla \times \boldsymbol{E}^{\mathrm{s}})_r] \\ & - \beta(r)\nabla_t(\nabla \cdot \boldsymbol{E}_t^{\mathrm{s}})\end{aligned} \tag{3.89}$$

显然，这些条件只适用于散射场。为了得到总场的边界条件，将 $\boldsymbol{E}^{\mathrm{s}} = \boldsymbol{E} - \boldsymbol{E}^{\mathrm{i}}$ 代入式 (3.87) 得

$$\hat{\boldsymbol{r}} \times (\nabla \times \boldsymbol{E}) + \boldsymbol{P}(\boldsymbol{E}) = \hat{\boldsymbol{r}} \times \left(\nabla \times \boldsymbol{E}^{\mathrm{i}}\right) + \boldsymbol{P}(\boldsymbol{E}^{\mathrm{i}}) \tag{3.90}$$

简洁起见，式 (3.90) 又可写成

$$\hat{\boldsymbol{r}} \times (\nabla \times \boldsymbol{E}) + \boldsymbol{P}(\boldsymbol{E}) = \boldsymbol{U}^{\mathrm{i}} \tag{3.91}$$

其中，

$$\boldsymbol{U}^{\mathrm{i}} = \hat{\boldsymbol{r}} \times \left(\nabla \times \boldsymbol{E}^{\mathrm{i}}\right) + \boldsymbol{P}(\boldsymbol{E}^{\mathrm{i}}) \tag{3.92}$$

这里，$\boldsymbol{E}^{\mathrm{i}}$ 是入射波电场。若是平面波，其具体表达式为式 (2.1)。至此，描述三维目标散射的确定性偏微分方程已完全明确。与描述波导不连续性问题的方程比较，唯一不同在于 S_4 上的边界条件。仿照 3.1.1 小节推导过程，就可得到方程 (3.82) 的泛函变分表达形式：

$$\begin{cases}\delta F(\boldsymbol{E}) = 0 \\ \hat{\boldsymbol{n}} \times \boldsymbol{E} = 0, \quad \text{在边界}S_1\text{上}\end{cases} \tag{3.93}$$

对于一阶吸收边界条件，泛函表示为

$$
\begin{aligned}
F(\boldsymbol{E}) = & \frac{1}{2} \iiint_V \left[\frac{1}{\mu_r} (\nabla \times \boldsymbol{E}) \cdot (\nabla \times \boldsymbol{E}) - k_0^2 \varepsilon_r \boldsymbol{E} \cdot \boldsymbol{E} \right] \mathrm{d}V \\
& + \frac{1}{2} \mathrm{j} k_0 \iint_{S_4} \boldsymbol{E}_t \cdot \boldsymbol{E}_t \mathrm{d}S + \iint_{S_4} \boldsymbol{U}^{\mathrm{i}} \cdot \boldsymbol{E} \mathrm{d}S
\end{aligned} \tag{3.94}
$$

对于二阶吸收边界条件，泛函表示为

$$
\begin{aligned}
F(\boldsymbol{E}) = & \frac{1}{2} \iiint_V \left[\frac{1}{\mu_r} (\nabla \times \boldsymbol{E}) \cdot (\nabla \times \boldsymbol{E}) - k_0^2 \varepsilon_r \boldsymbol{E} \times \boldsymbol{E} \right] \mathrm{d}V \\
& + \frac{1}{2} \iint_{S_4} \left[\mathrm{j} k_0 \boldsymbol{E}_t \cdot \boldsymbol{E}_t + \beta (\nabla \times \boldsymbol{E})_r^2 - \beta (\nabla \cdot \boldsymbol{E}_t)^2 \right] \mathrm{d}S \\
& + \iint_{S_4} \boldsymbol{E} \times \boldsymbol{U}^{\mathrm{i}} \mathrm{d}S
\end{aligned} \tag{3.95}
$$

三维目标散射问题的泛函一经确定，接着便可离散，继而求解。由于其离散过程，求解之要点与波导不连续性问题完全一样，在此就不再赘述了。在此欲提及的是计算远区散射场的公式。由于泛函式 (3.94) 或式 (3.95) 只含有未知数电场，因而求解之后也只得电场分布。由 1.3.1 小节中讲述的惠更斯原理可知，要计算远区散射场，还得求出磁场分布。这里可直接采用麦克斯韦方程组中的 $\nabla \times E = -\mathrm{j}\omega\mu\boldsymbol{H}$ 计算出磁场分布。如此一来，再利用 2.1.9 小节中的远场近似可得

$$
\boldsymbol{E}^{\mathrm{s}} = -\frac{\mathrm{e}^{-\mathrm{j}k_0\boldsymbol{r}}}{4\pi\boldsymbol{r}} \iint_S [\hat{\boldsymbol{n}} \times \nabla \times \boldsymbol{E} + \mathrm{j}k_0(\hat{\boldsymbol{n}} \times \boldsymbol{E} \times \hat{\boldsymbol{r}})] \mathrm{e}^{\mathrm{j}k_0\hat{\boldsymbol{r}}\cdot\boldsymbol{r}'} \mathrm{d}S' \tag{3.96}
$$

至此，三维目标散射的有限元求解过程就已讲毕。就求解过程而言，三维目标散射问题的有限元求解与闭波导不连续性问题的有限元求解基本相同，唯一不同的是无穷域的截断处理技术。如果都用完全匹配吸收层作截断，那就连这一点不同也不复存在了。然就求解效果而言，闭波导不连续性问题的有限元求解要比三维目标散射问题的有限元求解好得多。这是因为闭波导不连续性问题的主要物理现象是不连续性导致的反射和透射，无穷域的截断面较小 (波导横截面)，其实际求解区域一般不会很大；而三维目标散射问题的主要物理现象是整个空间的散射，无穷域的截断面较大 (此截断面要包围整个三维目标，而且离目标还要有相当距离)，因而其求解区域一般比较大。与矩量法比较，读者容易发现有限元方法要通用、方便。别的不说，就以三维目标散射而言，矩量法对于金属体散射、均匀介质体散射、非均匀介质体散射要分别处理，所用技巧差别很大，所遇问题根本不同，而且公式系统颇为复杂；而有限元方法求解这三种问题时基本相同，公式系统相对简单。矩量法的复杂性带来的好处是：其求解效率、精度要好于有限元方法，尤其是对于金属体散射。这两种方法，还有时域有限差分法的更深入比较将留到

第 4 章论述。下面就呈现两例实际计算结果来显示上述方法的有效性。图 3-10 给出的是金属正方体在不同频率电磁波入射下的后向散射截面有限元计算值与测量值之比较。图 3-11 给出的是均匀介质椭球 ($k_0a = \pi/2, a/b = 2, \varepsilon_r = 4-\mathrm{j}$) 的双站散

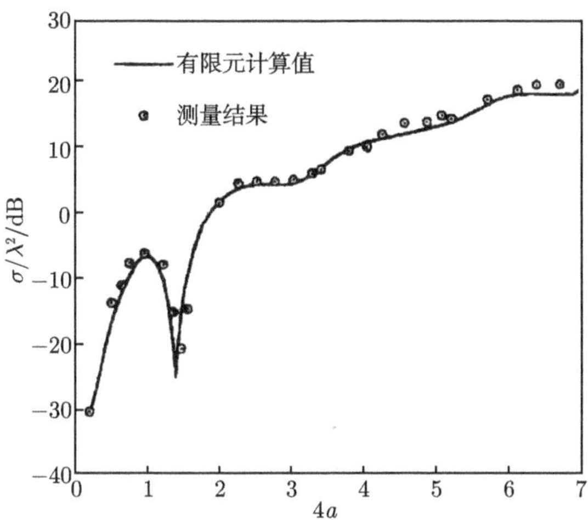

图 3-10 金属正方体正入射下的后向散射截面

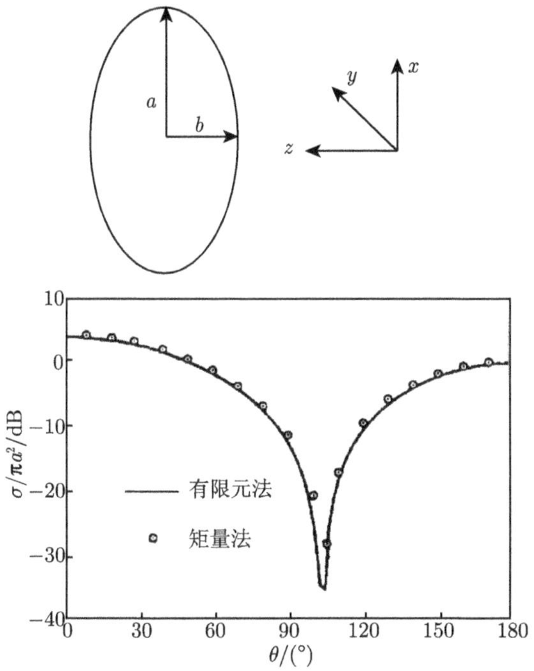

图 3-11 均匀介质椭球的双战散射截面

射截面有限元计算值与矩量法计算值之比较。由图可见，有限元方法能得到相当精确的结果。在此计算中，有限元法中的截断边界用的是二阶吸收边界条件，边界离目标 0.15λ[25]。

3.4　高阶有限元

将连续方程离散，便引入**截断误差**(truncation error)。这是任何数值方法都不可避免的，只能尽量减少。有限元方法除了这种截断误差外，还有**色散误差**(dispersion error)。这种有限元色散误差就是：泛函经离散后，其离散方程所确定的相速度与电磁波在介质中的真实相速度有一定的误差，这种误差影响了最终场计算结果的精度。其影响特征是：随计算目标尺寸的增大而累积增大。减少这两类误差的一种有效方法就是采用高阶有限元。

有限元误差除了上述两种误差外，还须特别注意一种**累计误差** (round-off error)。这种误差不是离散造成的，而是在用计算机数值求解离散方程的过程中引入的。这种误差与离散方程条件数以及求解器紧密相关。因此在构造高阶有限元单元减少截断误差和色散误差时，要注意单元离散方程的条件数。

那么如何构造适用于泛函 (3.9) 的高阶有限元单元？有两种构造方式：插值型构造和叠加型构造。顾名思义，**插值型高阶有限元**单元中的场表达式就是用单元中插值点处的场值参量插值而成；而**叠加型高阶有限元**单元中的场表达式是在低阶元场表达式基础上，增加未知参量和基函数而成。由此可知，插值型高阶元中的插值参量对应于单元插值点处的实际场值，具有明确的物理意义；而叠加型高阶元中的插值参量不具有明确的物理意义。一般说来，插值型高阶元离散矩阵条件数好于叠加型，但其缺点在于低阶元和高阶元不兼容。插值型高阶元的这种不兼容性可用简单的边界匹配处理技术解决。叠加型离散矩阵条件数差的问题可用对基函数正交化处理技术解决。下面将讲述适于泛函 (3.9) 的插值型高阶矢量元的构造[26]，至于叠加型高阶元的构造及**基函数正交化处理技术**可参阅文献 [27] 和 [28]。

为了讲清插值型高阶矢量元的构造，我们先介绍两种插值多项式。一种是 Silvester 插值多项式，定义为

$$R_i\left(p,L\right)=\begin{cases}\dfrac{1}{i!}\displaystyle\prod_{k=0}^{i-1}(pL-k), & 1\leqslant i\leqslant p\\ 1, & i=0\end{cases}\tag{3.97}$$

这些是关于 L 的 i 阶多项式，其中，L 为区间 $[0,1]$ 中的插值点。参数 p 表示区间 $[0,1]$ 的等分数，插值多项式 $R_i\left(p,L\right)$ 满足 $L=i/p$ 时为 1，L=$0,1/p,2/p,\cdots,(i–1)/p$

时为 0。利用 Silvester 插值多项式，在自然坐标系中，可以很容易构造出标量高阶有限元单元基函数。以二维三角形单元为例，下面多项式：

$$\alpha_{ijk}\left(L_1,L_2,L_3\right)=R_i\left(p,L_1\right)R_j\left(p,L_2\right)R_k\left(p,L_3\right) \tag{3.98}$$

就是三角形单元中对应插值点 $(i/p,j/p,k/p)$ 的 p 阶基函数，其中，$i+j+k=p$,(L_1,L_2,L_3) 为三角形的面积坐标。

另一种是便于构造高阶矢量元的插值多项式。下面称为内移 Silvester 插值多项式，定义为

$$\begin{aligned}\hat{R}_i\left(p,L\right)&=R_{i-1}\left(p,L-1/p\right)\\&=\begin{cases}\dfrac{1}{(i-1)!}\displaystyle\prod_{k=0}^{i-1}(pL-k), & 2\leqslant i\leqslant p\\ 1, & i=1\end{cases}\end{aligned} \tag{3.99}$$

由定义可看出，i 阶内移 Silvester 插值多项式 $\hat{R}_i\left(p,L\right)$ 就是插值点内移的 $i-1$ 阶 Silvester 插值多项式。

有了上述两种插值多项式，便可构造高阶矢量元。在构造之前，让我们再来观察下面恒等式：

$$\begin{aligned}&(p+2)\,L_1^{\alpha}L_2^{\beta}\boldsymbol{\nabla}L_1=\boldsymbol{\nabla}\left(L_1^{\alpha+1}L_2^{\beta}\right)+\beta L_1^{\alpha}L_2^{\beta-1}\boldsymbol{N}_3\\&(p+2)\,L_1^{\alpha}L_2^{\beta}\boldsymbol{\nabla}L_2=\boldsymbol{\nabla}\left(L_1^{\alpha}L_2^{\beta+1}\right)-\alpha L_1^{\alpha-1}L_2^{\beta}\boldsymbol{N}_3\\&\qquad p=\alpha+\beta-1\geqslant 0,\quad \alpha,\beta\geqslant 0\end{aligned} \tag{3.100}$$

由此可看出：任意一个 $p+1$ 阶矢量多项式都可分解成两部分：一部分为 $p+2$ 阶多项式的梯度，另一部分为 p 阶多项式和前述边缘元基函数相乘。我们知道，泛函 (3.9) 中有两项，其中一项为场的旋度。此旋度项的计算精度显然要低于另一项，因此，一般说来，旋度项的计算决定了整个计算的精度。又任何梯度场的旋度是为零的，因此一个完备 $p+1$ 阶矢量多项式中的梯度场模拟部分对计算精度贡献很小。换言之，为了达到泛函 (3.9) 的 p 阶离散精度，我们无须构造一个完备 $p+1$ 阶矢量多项式，而只需利用完备 p 阶标量多项式和前述边缘元基函数相乘便可。
对于三角形单元而言，其 p 阶离散矢量基函数为

$$\begin{aligned}&\boldsymbol{N}_{ijk}^{1}=C_{ijk}^{1}R_i\left(p+2,L_1\right)\hat{R}_j\left(p+2,L_2\right)\hat{R}_k\left(p+2,L_3\right)\boldsymbol{N}_1\\&i=0,1,\cdots,p;j,k=1,2,\cdots,p+1\end{aligned} \tag{3.101}$$

$$\begin{aligned}&\boldsymbol{N}_{ijk}^{2}=C_{ijk}^{2}\hat{R}_i\left(p+2,L_1\right)R_j\left(p+2,L_2\right)\hat{R}_k\left(p+2,L_3\right)\boldsymbol{N}_2\\&j=0,1,\cdots,p;i,k=1,2,\cdots,p+1\end{aligned} \tag{3.102}$$

$$\begin{aligned}&\boldsymbol{N}_{ijk}^3=C_{ijk}^3\hat{R}_i\left(p+2,L_1\right)\hat{R}_j\left(p+2,L_2\right)R_k\left(p+2,L_3\right)\boldsymbol{N}_3\\&k=0,1,\cdots,p;i,j=1,2,\cdots,p+1\end{aligned}\tag{3.103}$$

这里 $i+j+k=p+2$，$\boldsymbol{N}_1,\boldsymbol{N}_2,\boldsymbol{N}_3$ 是下列没有归一的边缘元基函数：

$$\begin{aligned}\boldsymbol{N}_1&=L_2\boldsymbol{\nabla}L_3-L_3\boldsymbol{\nabla}L_2\\\boldsymbol{N}_2&=L_3\boldsymbol{\nabla}L_1-L_1\boldsymbol{\nabla}L_3\\\boldsymbol{N}_3&=L_1\boldsymbol{\nabla}L_2-L_2\boldsymbol{\nabla}L_1\end{aligned}\tag{3.104}$$

图 3-12 给出了三角形三阶矢量元的构造示意图。式 (3.101) 中 $\boldsymbol{N}_1$ 前面的多项式对应的正是根据向内移动的帕斯卡三角插值点，利用 **Silvester 多项式**以及**内移 Silvester 多项式**构成的 p 阶完备插值多项式。之所以边 2 和边 3 向内移动，是因为 $\boldsymbol{N}_1$ 的方向垂直于边 2 和边 3。若插值点没有向内移动，而是在边上，那么就意味着用边 2 和边 3 的垂直分量作为插值参数。这就隐含相邻边界垂直分量连续，违背了物理上边界连续性条件。式 (3.102) 和式 (3.103) 的道理相同。还需说明的是，式 (3.101)~ 式 (3.103) 中的 C_{ijk}^β 是归一化系数，以保证基函数 $\boldsymbol{N}_{ijk}^\beta$ 在插值点处沿 $\boldsymbol{l}_\beta$ 方向的切线分量值为 1。一般可表示成

$$C_{ijk}^\beta=\frac{p+2}{p+2-i_\beta}l_\beta^{ijk}\tag{3.105}$$

这里，i_β 取为 i,j,k，分别对应 β=1, 2, 3。l_β^{ijk} 是 $l_\beta=|\boldsymbol{l}_\beta|$ 在下面插值点 $\left(\frac{i}{p+2},\frac{j}{p+2},\frac{k}{p+2}\right)$ 的取值。上述 $\boldsymbol{l}_\beta$ 定义为

$$\boldsymbol{l}_\beta=\frac{\partial\boldsymbol{r}}{\partial L_\beta}\tag{3.106}$$

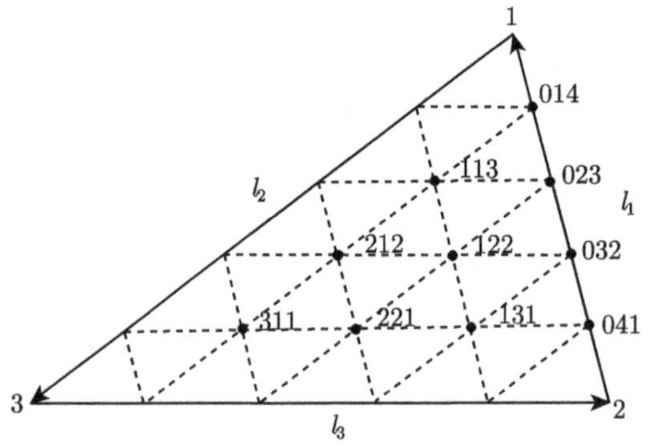

图 3-12 三角形三阶矢量元的构造示意图

很多时候，在采用高阶有限元来模拟场分布的同时，还需利用等参曲线单元来高效模拟求解区域。等参曲线单元的位置坐标变换一般可表示成

$$\boldsymbol{r} = \sum_{i+j+k=p} \alpha_{ijk}(L_1, L_2, L_3)\boldsymbol{r}_i \tag{3.107}$$

这样对于一般高阶等参曲线矢量元来说，先由式 (3.105)~ 式 (3.107) 确定出 C_{ijk}^{β}，再由式 (3.101)~ 式 (3.103) 完全确定高阶矢量元 $\boldsymbol{N}_{ijk}^{\beta}$。

由上分析可以算出用于离散泛函 (3.9) 的 p 阶三角形矢量元的插值参数个数：每条边上切线场分量插值参量的个数为 $p+1$，3 条边共 $3(p+1)$；三角形内部共有 $p(p+1)/2$ 个插值点，每个插值点有两个方向的插值参数，共有 $p(p+1)$ 个三角形内部插值参数，因此 p 阶矢量元的插值参数总数为 $(p+1)(p+3)$。

同理可以算出用于离散泛函 (3.9) 的 p 阶四面体矢量元的插值参数个数：每条边上切线场分量插值参量的个数为 $p+1$，6 条边共 $6(p+1)$；四面体每个面上的场切线分量插值参数个数为 $p(p+1)$，4 个面共有 $4p(p+1)$ 个插值点；四面体内部共有 $p\left(p^2-1\right)/6$ 个插值点，每个插值点有 3 个方向的插值参数，共有 $p\left(p^2-1\right)/2$ 个四面体内部插值参数，因此 p 阶四面体矢量元的插值参数总数为 $(p+1)(p+3)(p+4)/2$。类推可得，p 阶四面体矢量元的基函数：

$$\begin{gathered}\boldsymbol{N}_{ijkl}^{1} = C_{ijkl}^{1}\hat{R}_i(p+2, L_1)\hat{R}_j(p+2, L_2)R_k(p+2, L_3)R_l(p+2, L_4)\boldsymbol{N}_1 \\ i, j = 1, 2, \cdots, p+1; k, l = 0, 1, \cdots, p\end{gathered} \tag{3.108}$$

其中，

$$\boldsymbol{N}_1 = L_2\boldsymbol{\nabla}L_3 - L_3\boldsymbol{\nabla}L_2 \tag{3.109}$$

$$C_{ijkl}^{1} = \frac{p+2}{p+2-i-j}l_1^{(ijkl)} \tag{3.110}$$

这里，$l_1^{(ijkl)}$ 为 $l_1 = |\boldsymbol{l}_1|$ 在插值点 $\left(\dfrac{i}{p+2}, \dfrac{j}{p+2}, \dfrac{k}{p+2}, \dfrac{l}{p+2}\right)$ 的值。其他 $\boldsymbol{N}_{ijkl}^{\beta}$ $(\beta = 2, 3, \cdots, 6)$ 可类似写出。

3.5 区域分解有限元方法

由 3.2.4 小节分析可知，有限元方法离散泛函变分表达式所形成的矩阵方程，其系数矩阵是一个条件数不好的稀疏矩阵。如果采用迭代法求解，迭代很慢甚至不收敛；如果用直接法求解，虽然有一些稀疏矩阵快速直接求解技术，但是计算复杂度粗略估计，一般也要增加到 $O(N^2)$(N 是矩阵方程维数)。近些年发展起来的区域

分解有限元方法不仅有与区域分解矩量法相同的优势，即剖分更为自由、方便，而且能较好地解决上述常规有限元矩阵方程求解所遇到的问题。

区域分解有限元方法的基本思路是：将求解域分成若干子区域，建立子区域边界条件 (包括子区域与相邻子区域的连接条件)，然后用常规有限元方法离散此子区域可得到子区域离散矩阵方程，求解此子区域离散方程可消除子区域内未知数得到一个子区域边界未知数与相邻子区域交接边界未知数的关联方程，聚集所有子区域的这些关联方程得到整个区域的关联方程，最后用迭代法求解。这中间最重要的是，如何建立子区域交界面连接条件？下面会详述。

区域分解有限元方法大致有两类：一类是施瓦茨 (Schwarz) 型，如图 3-13(a) 所示，另一类是撕裂对接 (FETI-DP) 型，如图 3-13(b) 所示。不同之处在于：施瓦茨区域分解有限元方法将子区域之间完全分离，即交接面上未知数有两套，譬如图 3-13(a) 中 $\Gamma_{1,2}$ 上有一套未知数，$\Gamma_{2,1}$ 上有另一套未知数；撕裂对接区域分解有限元方法则是先将区域撕裂成不同的子区域，然后在多个子区域共用的拐角处连接在一起，即将子区域交接面上的未知数分成两类：一类为非拐角未知数，另一类为拐角未知数，非拐角未知数有两套，而拐角处未知数是一套。因此撕裂对接区域分解有限元方法分两步求解矩阵方程，首先，一般用直接法求解全局拐角未知数构成的方程，然后，用迭代法求解非拐角未知数方程。施瓦茨区域分解实施简单，撕裂对接区域分解实施复杂，而且，在大多数情况下，两者计算效率相当。

下面以 3.3 节论述的散射问题为例，讲述施瓦茨区域分解有限元方法。撕裂对接区域分解有限元方法可参看文献 [29] 和 [30]。

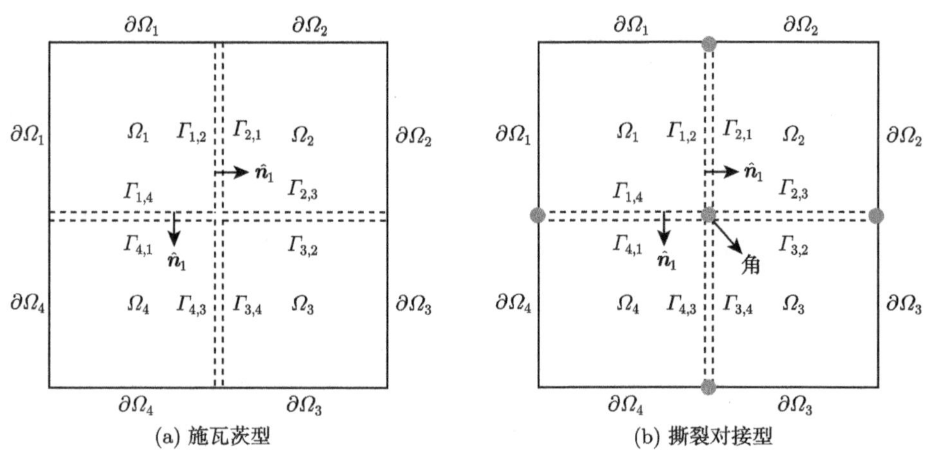

图 3-13　不同区域分解有限元方法的区域分解策略示意图

将求解域分成一系列子区域，任意一个子区域 Ω_m 内部的电场 $\boldsymbol{E}_m$ 满足下面的微分方程：

$$\nabla \times \frac{1}{\mu_{r,m}} \nabla \times \boldsymbol{E}_m - k_0^2 \varepsilon_{r,m} \boldsymbol{E}_m = 0, \quad 在\Omega_m内 \tag{3.111}$$

其中，$\varepsilon_{r,m}$ 和 $\mu_{r,m}$ 分别为第 m 子区域的相对介电常数和磁导率，$k_0 = \omega\sqrt{\mu_0 \varepsilon_0}$ 为自由空间的波数。与外边界相连子区域的边界分两种情况：一种是外边界的一部分；另一种是与其他子区域的交接面。与外边界不相连的子区域，其边界都是与其他子区域的交接面。若外边界采用一阶吸收边界条件 (absorbing boundary condition, ABC) 进行截断，那么子区域外边界面 $\partial\Omega_m$ 上的电场满足：

$$\hat{\boldsymbol{n}}_m \times \nabla \times \boldsymbol{E}_m - \mathrm{j}k_0 \hat{\boldsymbol{n}}_m \times \boldsymbol{E}_m \times \hat{\boldsymbol{n}}_m = \boldsymbol{U}_m^{\mathrm{Inc}}, \quad 在\partial\Omega_m上 \tag{3.112}$$

式中，$\boldsymbol{U}_m^{\mathrm{Inc}}$ 代表激励源，具体表达式为 $\hat{\boldsymbol{n}}_m \times \nabla \times \boldsymbol{E}_m^{\mathrm{Inc}} - \mathrm{j}k_0 \hat{\boldsymbol{n}}_m \times \boldsymbol{E}_m^{\mathrm{Inc}} \times \hat{\boldsymbol{n}}_m$，其中 $\boldsymbol{E}_m^{\mathrm{Inc}}$ 为入射电场。$\mathrm{j} = \sqrt{-1}$ 表示虚部单位。子区域交接面 $\Gamma_{m,n}$ 上需建立连接条件以保证解的唯一性。连接条件可以用 Dirichlet 连续性条件，也可用 Robin 型传输条件。数值结果表明 Robin 型传输条件比 Dirichlet 连续性条件要好得多。具体而言就是，使用 Robin 型传输条件连接子区域离散方程所得到的整体求解域的离散方程，经过块对角预处理之后的条件数要远小于使用 Dirichlet 连续性条件的。这是因为使用 Robin 型传输条件表述的子区域系统是一个无谐振系统，而使用 Dirichlet 连续性条件表述的子区域系统是一个谐振系统。一阶 Robin 型传输条件可以表示成

$$\begin{aligned} &\hat{\boldsymbol{n}}_m \times \frac{1}{\mu_{r,m}} \nabla \times \boldsymbol{E}_m - \mathrm{j}k_0 \hat{\boldsymbol{n}}_m \times \boldsymbol{E}_m \times \hat{\boldsymbol{n}}_m \\ =& -\hat{\boldsymbol{n}}_n \times \frac{1}{\mu_{r,n}} \nabla \times \boldsymbol{E}_n - \mathrm{j}k_0 \hat{\boldsymbol{n}}_n \times \boldsymbol{E}_n \times \hat{\boldsymbol{n}}_n, \quad 在\Gamma_{m,n}上 \end{aligned} \tag{3.113}$$

为了方便，在子区域交界面上引入辅助变量 $\boldsymbol{J}_m$，定义为

$$\boldsymbol{J}_m = \frac{1}{-\mathrm{j}k_0} \hat{\boldsymbol{n}}_m \times \frac{1}{\mu_{r,m}} \nabla \times \boldsymbol{E}_m, \quad 在\Gamma_m上 \tag{3.114}$$

将式 (3.114) 代入式 (3.113) 后，一阶 Robin 型传输条件可表示成

$$-\mathrm{j}k_0 \boldsymbol{J}_m - \mathrm{j}k_0 \hat{\boldsymbol{n}}_m \times \boldsymbol{E}_m \times \hat{\boldsymbol{n}}_m = \mathrm{j}k_0 \boldsymbol{J}_n - \mathrm{j}k_0 \hat{\boldsymbol{n}}_n \times \boldsymbol{E}_n \times \hat{\boldsymbol{n}}_n, \quad 在\Gamma_{m,n}上 \tag{3.115}$$

由 3.1.1 节可知，求解子区域中的电场 $\boldsymbol{E}_m$ 问题可转化为下列泛函公式的变分问题：

$$\begin{aligned} F(\boldsymbol{E}_m) =& \frac{1}{2} \int_{\Omega_m} (\nabla \times \boldsymbol{E}_m) \cdot \left(\frac{1}{\mu_{r,m}} \nabla \times \boldsymbol{E}_m \right) - k_0^2 \varepsilon_{r,m} \boldsymbol{E}_m \cdot \boldsymbol{E}_m \mathrm{d}V \\ &+ \frac{1}{2} \mathrm{j}k_0 \int_{\partial\Omega_m} (\hat{\boldsymbol{n}}_m \times \boldsymbol{E}_m) \cdot (\hat{\boldsymbol{n}}_m \times \boldsymbol{E}_m) \mathrm{d}S \end{aligned}$$

$$-\mathrm{j}k_0\int_{\Gamma_m}\boldsymbol{E}_m\cdot\boldsymbol{J}_m\mathrm{d}S \tag{3.116}$$

按照传统有限元方法，将子区域 Ω_m 进行四面体剖分，区域内电场 $\boldsymbol{E}_m$ 便可用 3.2.2 小节所介绍的边缘元基函数表示出来。剩下的问题是边界面上的辅助变量 $\boldsymbol{J}_m$ 如何表示。依据物理意义，要保证相邻单元法向电流连续，辅助变量 $\boldsymbol{J}_m$ 应该采用 RWG 基函数 $\boldsymbol{g}$ 表示。但是，这样一阶 Robin 型传输条件 (3.115) 的 Galerkin 离散就很难保证每项都能被很好地测试，即如果用边缘元基函数作为试函数，那么式 (3.115) 中的电流项的测试效果就不好，会导致一条对角线元素为零的子矩阵；如果用 RWG 作为试函数，那么式 (3.115) 中的电场项的测试效果就不好，同样会导致一条对角线元素为零的子矩阵。因此，为了让一阶 Robin 型传输条件 (3.115) 有很好的 Galerkin 离散矩阵方程，我们这里仍然用边缘元基函数表示辅助变量 $\boldsymbol{J}_m$。不过，我们要注意用边缘元基函数表示辅助变量 $\boldsymbol{J}_m$，保证的是 $\boldsymbol{J}_m$ 在相邻单元的切向连续，而非法向连续。从物理意义上说，这是不合理的。但是，在非磁介质下，我们可以证明 $\boldsymbol{J}_m$ 在相邻单元也是切向连续的。从数学角度来看，对于共形剖分 (即不同子区域在其交接面上剖分一致)，我们可直接用边缘元基函数直接表示辅助变量 $\boldsymbol{J}_m$，无须强加其他条件；对于非共形剖分，在用边缘元基函数直接表示辅助变量 $\boldsymbol{J}_m$ 时，还须在多个子区域共用的拐角处强加另外一个磁通量为零的条件，以保证符合物理意义。

这样式 (3.115) 和式 (3.116) 便可离散为

$$\begin{aligned}&\begin{bmatrix}\boldsymbol{K}_m^{\mathrm{II}} & \boldsymbol{K}_m^{\mathrm{I\Gamma}} & 0\\ \boldsymbol{K}_m^{\mathrm{\Gamma I}} & \boldsymbol{K}_m^{\mathrm{\Gamma\Gamma}} & \boldsymbol{B}_m\\ 0 & \bar{\boldsymbol{B}}_m & \boldsymbol{D}_m\end{bmatrix}\begin{Bmatrix}E_m^{\mathrm{I}}\\ E_m^{\Gamma}\\ J_m\end{Bmatrix}\\ &=\begin{Bmatrix}f_m^{\mathrm{I}}\\ 0\\ 0\end{Bmatrix}+\sum_{n\in\text{相邻}(m)}\begin{bmatrix}0&0&0\\0&0&0\\0&\boldsymbol{F}_{m,n}&\boldsymbol{G}_{m,n}\end{bmatrix}\begin{Bmatrix}E_n^{\mathrm{I}}\\ E_n^{\Gamma}\\ J_n\end{Bmatrix}\end{aligned} \tag{3.117}$$

其中，

$$\begin{aligned}\begin{bmatrix}\boldsymbol{K}_m^{\mathrm{II}} & \boldsymbol{K}_m^{\mathrm{I\Gamma}}\\ \boldsymbol{K}_m^{\mathrm{\Gamma I}} & \boldsymbol{K}_m^{\mathrm{\Gamma\Gamma}}\end{bmatrix} = &\int_{\Omega_m}(\nabla\times\boldsymbol{N}_m)\cdot\left(\frac{1}{\mu_{r,m}}\nabla\times\boldsymbol{N}_m^T\right)-k_0^2\varepsilon_{r,m}\boldsymbol{N}_m\cdot\boldsymbol{N}_m^T\mathrm{d}V\\ &+\mathrm{j}k_0\int_{\partial\Omega_m}(\hat{\boldsymbol{n}}_m\times\boldsymbol{N}_m)\cdot\left(\hat{\boldsymbol{n}}_m\times\boldsymbol{N}_m^T\right)\mathrm{d}S\end{aligned} \tag{3.118}$$

$$[\boldsymbol{B}_m]=-\mathrm{j}k_0\int_{\Gamma_m}\boldsymbol{N}_m^{\Gamma}\cdot\left(\boldsymbol{N}_m^{\Gamma}\right)^T\mathrm{d}S \tag{3.119}$$

$$[\bar{\boldsymbol{B}}_m]=-\mathrm{j}k_0\int_{\Gamma_m}\boldsymbol{N}_m^{\Gamma}\cdot\left(\boldsymbol{N}_m^{\Gamma}\right)^T\mathrm{d}S \tag{3.120}$$

$$[\boldsymbol{D}_m] = -\mathrm{j}k_0 \int_{\Gamma_m} \boldsymbol{N}_m^{\Gamma} \cdot \left(\boldsymbol{N}_m^{\Gamma}\right)^T \mathrm{d}S \tag{3.121}$$

$$\{f_m^{\mathrm{I}}\} = -\int_{\partial\Omega_m} \boldsymbol{N}_m \cdot \boldsymbol{U}_m^{\mathrm{Inc}} \mathrm{d}S \tag{3.122}$$

$$[\boldsymbol{F}_{m,n}] = -\mathrm{j}k_0 \int_{\Gamma_{m,n}} \boldsymbol{N}_m^{\Gamma} \cdot \left(\boldsymbol{N}_n^{\Gamma}\right)^T \mathrm{d}S \tag{3.123}$$

$$[\boldsymbol{G}_{m,n}] = \mathrm{j}k_0 \int_{\Gamma_{m,n}} \boldsymbol{N}_m^{\Gamma} \cdot \left(\boldsymbol{N}_n^{\Gamma}\right)^T \mathrm{d}S \tag{3.124}$$

为了叙述方便，方程 (3.117) 可写为下面更紧凑的形式：

$$[\boldsymbol{A}_m]\{x_m\} - \sum_{n\in 相邻(m)} [\mathbf{C}_{m,n}]\{x_n\} = \{f_m\} \tag{3.125}$$

在方程 (2.115) 两边同乘以 $\left[\boldsymbol{A}_m^{-1}\right]$ 可消去 $\left\{E_m^{\mathrm{I}}\right\}$ 得到如下子区域与其相邻子区域交接面上的关联方程：

$$[\boldsymbol{I}_m]\{x_m^{\Gamma}\} - \left[\boldsymbol{R}_m^{\Gamma}\right]\left[\boldsymbol{A}_m^{-1}\right] \sum_{n\in 相邻(m)} [\boldsymbol{C}_{m,n}]\{x_n\} = \left[\boldsymbol{R}_m^{\Gamma}\right]\left[\boldsymbol{A}_m^{-1}\right]\{f_m\} \tag{3.126}$$

其中，$\left[\boldsymbol{R}_m^{\Gamma}\right]$ 为引入的布尔矩阵，定义为

$$\{x_m^{\Gamma}\} = \left\{\begin{array}{c} E_m^{\Gamma} \\ J_m \end{array}\right\} = \left[\boldsymbol{R}_m^{\Gamma}\right]\{x_m\} \tag{3.127}$$

聚集所有子区域的关联方程 (3.126) 便得到整个区域的关联方程：

$$\left[\begin{array}{ccc} \boldsymbol{I}_1 & \boldsymbol{R}_1^{\Gamma}\boldsymbol{A}_1^{-1}\boldsymbol{C}_{1,m} & \boldsymbol{R}_1^{\Gamma}\boldsymbol{A}_1^{-1}\boldsymbol{C}_{1,N} \\ \boldsymbol{R}_m^{\Gamma}\boldsymbol{A}_m^{-1}\boldsymbol{C}_{m,1} & \boldsymbol{I}_m & \boldsymbol{R}_m^{\Gamma}\boldsymbol{A}_m^{-1}\boldsymbol{C}_{m,N} \\ \boldsymbol{R}_N^{\Gamma}\boldsymbol{A}_N^{-1}\boldsymbol{C}_{N,1} & \boldsymbol{R}_N^{\Gamma}\boldsymbol{A}_N^{-1}\boldsymbol{C}_{N,m} & \boldsymbol{I}_N \end{array}\right] \left\{\begin{array}{c} x_1^{\Gamma} \\ x_m^{\Gamma} \\ x_N^{\Gamma} \end{array}\right\} = \left\{\begin{array}{c} \boldsymbol{R}_1^{\Gamma}\boldsymbol{A}_1^{-1}f_1 \\ \boldsymbol{R}_m^{\Gamma}\boldsymbol{A}_m^{-1}f_m \\ \boldsymbol{R}_N^{\Gamma}\boldsymbol{A}_N^{-1}f_N \end{array}\right\} \tag{3.128}$$

数值实验表明式 (3.128) 是一个条件数很好的矩阵方程，一般用迭代法可以高效求解。我们用上述区域分解有限元具体计算了不同电尺寸介质立方块的散射。介质块的相对介电常数为 2−j。计算中吸收边界放在离介质块边界 0.5 电波长处，电磁波垂直于介质块表面入射，剖分单元尺寸设置为 0.05 电波长。表 3-5 列出了计算信息，以及计算结果与矩量法计算结果的比较。由表可见随着计算未知数的增多以及子区域相应个数的增加，区域分解有限元求解迭代次数几乎保持不变，充分显示了区域分解有限元的可扩展性。

表 3-5　不同电尺寸介质块散射的区域分解有限元计算

边长/电波长	子区域个数	未知数	迭代步数	单站雷达散射截面/dBsw	
				区域分解有限元	矩量法
1.0	64	898384	45	−1.37	−1.06
2.0	216	3070116	47	10.22	10.41
3.0	512	7322432	47	17.18	17.39
4.0	1000	14354500	46	22.15	22.33
5.0	1728	25168608	46	26.00	26.20

3.6　有限元法杂论

本节的主旨与讲述矩量法的 2.4 节基本相同，都在于：使读者能更深入地体会 3.1~3.5 节所阐释的方法通则及其实施关键，更全面地了解方法应用所涉及的方方面面。然而讲述的内容、叙述的方式稍有不同。2.4 节以问题为中心，以点明求解要点为方式；而本节的内容较杂，既有问题，也有方法，讲述则更简明。之所以内容杂些，因为作者有切身感受的东西较杂；之所以更简明些，因为有 2.4 节可供借鉴，像如何从三维问题向二维问题转化，辐射和散射问题有何区别等，不论是矩量法，还是有限元方法，所要注意之点都很相似，无须再述。

就本征模问题而言，3.1 节只就介质填充波导本征模的求解过程进行了仔细的剖析讲述，至于其他种种具体问题的求解并无论及。这里欲对此做一简述。本章开篇就已提及，本征模问题分波导本征模和谐振腔本征模。这两类问题的求解并无本质不同。差别仅在于谐振腔本征模的求解域是体，因而其剖分单元要用 3.2 节中的四面体边缘元。虽然谐振腔本征模的求解域是体，未知数一般较多，计算量较大，但就公式系统而言，谐振腔本征模的离散化公式系统要简于波导本征模的系统，因而离散化公式推导、程序编写反而较波导本征模问题容易。就波导本征模而言，除了介质填充波导本征模问题，还有空波导和开波导。空波导可视为介质填充波导的一种特殊情形，因而介质填充波导本征模的计算程序完全适用于空波导。但这种计算方式效率不高。高效方式是：用标量偏微分方程分别描述空波导的横向磁波模式 (TM) 和横向电波模式 (TE)，继之建立相应的标量泛函变分求解，具体可见文献 [2]。至于开波导的求解要困难得多。其困难在于无限求解域的处理。常用的处理方式是用无限元，也就是在离波导边界一定距离以外用指数衰减函数模拟无限域场。指数衰减函数中的衰减常数和波导传播常数一般要经过迭代求得。其具体可参见文献 [32] 和 [33]。

3.2 节中的不连续性、3.3 节中的目标散射，讲述的都是三维情形下的有限元求解。那么二维情形下，有限元该如何求解呢？应该说，不论是离散化公式推导，还是最终所需计算资源，二维有限元求解都要简单容易。和 2.4.1 小节过程相似，二维有限元求解之要在于根据电磁场沿某一方向上不变的特性，将麦克斯韦方程化简成标量偏微分方程，继之建立相应的标量泛函变分，而后离散求解。其具体过程读者可仿照进行或可参见文献 [2] 和 [31]。

问　题

1. 假设问题满足下列二阶偏微分方程：

$$-\frac{\partial}{\partial x}\left(\alpha_x\frac{\partial\phi}{\partial x}\right)-\frac{\partial}{\partial y}\left(\alpha_y\frac{\partial\phi}{\partial y}\right)-\frac{\partial}{\partial z}\left(\alpha_z\frac{\partial\phi}{\partial z}\right)+\beta\phi=f$$

以及边界条件：

$$\phi=0,\quad 在\ S_1上$$

$$\left(\alpha_x\frac{\partial\phi}{\partial x}+\alpha_y\frac{\partial\phi}{\partial y}+\alpha_z\frac{\partial\phi}{\partial z}\right)\cdot\hat{\boldsymbol{n}}+\gamma\phi=0,\quad 在\ S_2上$$

试证明此问题等价于下列泛函的变分：

$$F(\phi)=\frac{1}{2}\int_V\left[\alpha_x\left|\frac{\partial\phi}{\partial x}\right|^2+\alpha_y\left|\frac{\partial\phi}{\partial y}\right|^2+\alpha_z\left|\frac{\partial\phi}{\partial z}\right|^2+\beta\left|\phi\right|^2\right]\mathrm{d}V$$
$$+\frac{1}{2}\int_{S_2}\gamma\left|\phi\right|^2\mathrm{d}S-\frac{1}{2}\int_V\left[\phi f^*+f\phi^*\right]\mathrm{d}V$$

2. 假设问题满足下列矢量波动方程：

$$\boldsymbol{\nabla}\times\left(\frac{1}{\varepsilon_r}\boldsymbol{\nabla}\times\boldsymbol{H}\right)-k_0^2\mu_r\boldsymbol{H}=\boldsymbol{\nabla}\times\left(\frac{1}{\varepsilon_r}\boldsymbol{J}\right)$$

以及边界条件：

$$\hat{\boldsymbol{n}}\times\boldsymbol{H}=0,\quad 在\ S_1上$$
$$\frac{1}{\varepsilon_r}\hat{\boldsymbol{n}}\times(\boldsymbol{\nabla}\times\boldsymbol{H})+\gamma_h\hat{\boldsymbol{n}}\times(\hat{\boldsymbol{n}}\times\boldsymbol{H})=0,\quad 在\ S_2上$$

试证明此问题等价于下列泛函的变分：

$$F(\boldsymbol{H})=\frac{1}{2}\int_V\left[\frac{1}{\varepsilon_r}(\boldsymbol{\nabla}\times\boldsymbol{H})\cdot(\boldsymbol{\nabla}\times\boldsymbol{H})^*-k_0^2\mu_r\boldsymbol{H}\cdot\boldsymbol{H}^*\right]\mathrm{d}V$$
$$+\frac{1}{2}\int_{S_2}\left[\gamma_h(\hat{\boldsymbol{n}}\times\boldsymbol{H})\cdot(\hat{\boldsymbol{n}}\times\boldsymbol{H})^*\right]\mathrm{d}S$$

$$-\frac{1}{2}\int_V\left[\boldsymbol{H}^*\cdot\left(\boldsymbol{\nabla}\times\frac{1}{\varepsilon_r}\boldsymbol{J}\right)+\boldsymbol{H}\cdot\left(\boldsymbol{\nabla}\times\frac{1}{\varepsilon_r}\boldsymbol{J}\right)^*\right]\mathrm{d}V$$

3. 重新考虑问题 1, 但是边界条件变为

$$\phi = p, \quad 在\ S_1上$$

$$\left(\alpha_x\frac{\partial\phi}{\partial x}+\alpha_y\frac{\partial\phi}{\partial y}+\alpha_z\frac{\partial\phi}{\partial z}\right)\cdot\hat{\boldsymbol{n}}+\gamma\phi=q, \quad 在\ S_2上$$

试证明此时问题将等价于下列泛函的变分：

$$F(\phi)=\frac{1}{2}\int_V\left[\alpha_x\left|\frac{\partial\phi}{\partial x}\right|^2+\alpha_y\left|\frac{\partial\phi}{\partial y}\right|^2+\alpha_z\left|\frac{\partial\phi}{\partial z}\right|^2+\beta\left|\phi\right|^2\right]\mathrm{d}V$$
$$+\frac{1}{2}\int_{S_2}\left(\gamma\left|\phi\right|^2-q\phi^*-q^*\phi\right)\mathrm{d}S-\frac{1}{2}\int_V\left(f^*\phi+f\phi^*\right)\mathrm{d}V$$

4. 重新考虑问题 2, 但是边界条件变为

$$\hat{\boldsymbol{n}}\times\boldsymbol{H}=\boldsymbol{Q}, \quad 在\ S_1上$$

$$\frac{1}{\varepsilon_r}\hat{\boldsymbol{n}}\times(\boldsymbol{\nabla}\times\boldsymbol{H})+\gamma_h\hat{\boldsymbol{n}}\times(\hat{\boldsymbol{n}}\times\boldsymbol{H})=\boldsymbol{V}, \quad 在\ S_2上$$

试证明此时问题将等价于下列泛函的变分：

$$F(\boldsymbol{H})=\frac{1}{2}\int_V\left[\frac{1}{\varepsilon_r}(\boldsymbol{\nabla}\times\boldsymbol{H})\cdot(\boldsymbol{\nabla}\times\boldsymbol{H})^*-k_0^2\mu_r\boldsymbol{H}\cdot\boldsymbol{H}^*\right]\mathrm{d}V$$
$$+\frac{1}{2}\int_{S_2}\left[\gamma_h(\hat{\boldsymbol{n}}\times\boldsymbol{H})\cdot(\hat{\boldsymbol{n}}\times\boldsymbol{H})^*+\boldsymbol{H}^*\cdot\boldsymbol{V}+\boldsymbol{H}\cdot\boldsymbol{V}^*\right]\mathrm{d}S$$
$$-\frac{1}{2}\int_V\left[\boldsymbol{H}^*\cdot\left(\boldsymbol{\nabla}\times\frac{1}{\varepsilon_r}\boldsymbol{J}\right)+\boldsymbol{H}\cdot\left(\boldsymbol{\nabla}\times\frac{1}{\varepsilon_r}\boldsymbol{J}\right)^*\right]\mathrm{d}V$$

5. 试证明下列关系：

$$\boldsymbol{N}_i\times\hat{\boldsymbol{n}}=\boldsymbol{g}_i$$

这里，$\boldsymbol{N}_i$ 是式 (3.20)、式 (3.24) 或式 (3.25) 表示的边缘元基函数，$\boldsymbol{g}_i$ 是由式 (2.15) 表示的 RWG 基函数，$\hat{\boldsymbol{n}}$ 为三角形单元对应边的单位法向矢量。

6. 基于解析公式 (3.37)∼ 式 (3.47)，编写程序计算 $[A_{tt}]$, $[B_{tt}]$, $[B_{zz}]$；基于三角形 Gauss-Ledendre 数值积分方法，编写程序计算 $[A_{tt}]$, $[B_{tt}]$, $[B_{zz}]$。比较两者的计算精度和效率。

7. 基于解析公式 (3.74)∼ 式 (3.77)，编写程序计算 $[A]$, $\{b\}$；基于四面体 Gauss-Ledendre 数值积分方法，编写程序计算 $[A]$, $\{b\}$。比较两者的计算精度和效率。

8. 参考文献 [27] 和 [28], 推导叠加型高阶基函数表达式。

9. 用插值型高阶基函数和叠加型高阶基函数，分别编写程序计算方程 (3.80) 的系数矩阵，并比较它们的条件数。

参 考 文 献

[1] Silvester P P, Ferrari R L. Finite Elements for Electrical Engineering[M]. Cambridge: Cambridge University Press, 1983.

[2] Jin J M. The Finite Element Method in Electromagnetics [M]. New York: Wiley, 1993.

[3] 黄宏嘉. 微波原理 [M]. 北京：科学出版社，1963.

[4] Cendes Z J, Silvester P. Numerical solution of dielectric loaded wavegudies: I. finite-element analysis[J]. IEEE Trans. Microwave Theory Tech., 1970, 18(12): 1124~1131.

[5] Angkaew T, Matsuhara M, Kunagai N. Finite-element analysis of waveguide modes: A novel approach that eliminates spurious modes[J]. IEEE Trans. Microwave Theory Tech., 1987, 35(2): 117~123.

[6] Bardi I, Biro O. An efficient finite-element formulation without spurious modes for anisotropic waveguides[J]. IEEE Trans. Microwave Theory Tech., 1991, 39(7): 1133~1139.

[7] Lee J F, Sun D K, Cendes Z J. Full-waves analysis of dielectric waveguides using tangential vector finite elements[J]. IEEE Trans. Microwave Theory Tech., 1991, 39(8): 1262~1271.

[8] Zienkiewicz O C, Taylor R L. The finite element method (4th ed). vol.1: basic formulation and linear problems[M]. New York: McGraw-Hill, 1989.

[9] Wilkinson J H, Reinsch C. Linear Algebra, Handbook for Automatic Computation. vol.II[M]. New York: Springer-Verlag, 1971.

[10] Golub G H, van Loan C F. Matrix Computations[M]. 3nd ed. Baltimore: Johns Hopkins University Press, 1996.

[11] Smith B T, Boyle J M, Dongarra J J, et al. Matrix eigensystem routines: EISPACK guide (2nd ed). vol. 6 of lectures notes in computer science[M]. New York: Springer-Verlag, 1976.

[12] Rice J R. Numerical Methods, Software, and Analysis. (IMSL Reference Edition)[M]. New York: McGraw-Hill, 1983.

[13] Lehoucq R B, Sorensen D C, Yang C. ARPACK users' guide[M]. Philadelphia: SIAM, 1998.

[14] Press W H, Teukolsky S A, Vetterling W T, et al. Numerical Recipes in Fortran: the Art of Scientific Computing[M]. 2th ed. New York: Cambridge University Press, 1992.

[15] 盛新庆. 边缘元及其应用 [D]. 合肥：中国科学技术大学, 1996.

[16] Ise K, Inoue K, Koshiba M. Three-dimensional finite-element method with edge elements for electromagnetic waveguide discontinuities[J]. IEEE Trans. Microwave Theory Tech.,

1991, 39(8): 1289~1295.

[17] 廖承恩. 微波技术基础 [M]. 长沙：国防工业出版社，1984: 68~70.

[18] Sacks Z S, Kingsland D M, Lee R, et al. A perfectly matched anisotropic absorber for use as an absorbing boundary condition[J]. IEEE Trans. Trans Antennas Propagt, 1995, 43(12): 1460~1463.

[19] Davis T A, Duff I S. An unsymmetric-pattern multifrontal method for sparse LU factorization[J]. SIAM J. Matrix Analysis and Applications, 1997, 19(1): 140~158.

[20] Chang D C, Zheng J X. Electromagnetic modeling of passive circuit elements in MMIC[J]. IEEE Trans. Microwave Theory Tech., 1992, 40(9): 1741~1747.

[21] Naishadham K, Lin X P. Application of spectral domain Prony's method to the FDTD analysis of plannar microstrip circuits[J]. IEEE Trans. Microwave Theory Tech., 1994, 42(12): 2391~2398.

[22] Roy R, Paulraj A, Kailath T. ESPRIT-A subspace rotation approach to estimation of parameters of cisoids in noise[J]. IEEE Trans. Acoust. Speech, Signal Processing, 1986, 34(10): 1340~1342.

[23] Sheng X Q, Yung E K N. Analysis of 3D ferrite-loaded waveguide discontinuities problems[J]. International Journal of RF and Microwave Computer-Aided Engineering, 2003, 13(5): 341~347.

[24] Webb P, Kanellopoulos V N. Absorbing boundary conditions for the finite element solution of the vector wave equation[J]. Microwave Opt. Tech. Lett., 1989, 2(10): 370 ~372.

[25] Chatterjee A, Jin J M, Volakis J L. Edge-based finite elements and vector ABCs applied to 3D scattering[J]. IEEE Trans. Antennas Propagat., 1993, 41(2): 221~226.

[26] Graglia R D, Wilton D R, Peterson A F. Higher order interpolatory vector bases for computational electromagnetics[J]. IEEE Trans. Antennas Propagat., 1997, 45(3): 329~342.

[27] Webb J P. Hierarchal vector basis functions of arbitrary order for triangular and tetrahedral finite elements[J]. IEEE Trans. Antennas Propagat., 1999, 47: 1244-1253.

[28] Sun D K, Lee J F, Cendes Z. Construction of nearly orthogonal Nedelec bases for rapid convergence with multilevel preconditioned solvers[J]. SIAM J. Scientific. Computing., 2001, 23(4): 1053-1076.

[29] Li Y, Jin J M. A new dual-primal domain decomposition approach for finite element simulation of 3-D large-scale electromagnetic problems[J]. IEEE Trans. Antennas Propagat., 2007, 55: 2803-2810.

[30] Yang M L, Sheng X Q. On the finite element tearing and interconnecting method for scattering by large 3D inhomogeneous targets[J]. International Journal of Antennas and Propagation, 2012, 2012(6): 425; http://www.hindawi.com/journals/ijap/2012/898247/.

[31] Xu S J, Sheng X Q, Greiner P, et al. High-order finite-element analysis of scattering properties of II-VI semiconductor materials[J]. Chinese Journal Infrared and Millimeter

Waves., 1993, 12(3): 201~209.

[32] Rahman B M A, Davies J B. Finite-element analysis of optical and microwave waveguide problems[J]. IEEE Trans. Microwave Theory Tech., 1984, 32(6): 20~28.

[33] McDougall M J, Webb J P. Infinite elements for the analysis of open dielectric waveguides[J]. IEEE Trans. Microwave Theory Tech., 1989, 37(11): 1724~1731.

第 4 章　时域有限差分法

简而言之，**时域有限差分法**(FDTD) 就是直接离散时域麦克斯韦方程偏微分表达形式的离散化方法。用差分代替偏微分的离散方式早已有之，但计算电磁学中时域有限差分法却是起于 20 世纪 60 年代美籍华人 K.S.Yee 的 Yee 离散格式。Yee 格式巧妙地将电场和磁场的离散在空间上错置，时间上交替，真实地反映了电磁波的传播。这种 Yee 离散格式通用、简单，尤其是无须多少预备知识便能编程计算，因而很受欢迎，应用十分广泛。本章仍先以计算三维物体的散射为例来讲述 Yee 格式及其应用中种种要注意的问题，后再对若干特殊问题的处理作一简述，最后对本书已讲的三种离散方法作一比较。

4.1　三维物体的散射

三维物体的散射已在前两章详细讲述，这里重访此问题：一是时域有限差分法的演进很多来源于对此问题精确快速求解的追逐；二是为了让读者更好地比较三种离散方法之优劣。

4.1.1　求解方案

三维物体散射问题的明确表述已在前两章讲过。本章的不同之处只在于入射波是时域平面波，非时谐平面波。因为描述电磁场的方程是时域麦克斯韦方程，非时谐麦克斯韦方程。时域平面波的具体数学表达式将在 4.1.7 小节讨论给出。时域麦克斯韦方程已在 1.1.2 小节中给出，这里就不重复了。本小节着重要考虑的是以下两个问题：一是究竟用什么方式截无限求解域为有限求解域；二是究竟以什么场作为待求未知量，是以总场还是以散射场或其他。截断无限求解域的方式有多种。目前时域有限差分法中较常用的有两种：一种是二阶 Mur 吸收边界，另一种就是完全匹配吸收层。**二阶 Mur 吸收边界**在文献 [1] 中有非常详尽的论述，在此就不重复了。本章采用的是完全匹配吸收层，将在下一小节详细论述。不论是 Mur 吸收边界，还是完全匹配吸收层，针对的都是散射场。就这一点而论，以散射场为待求未知量合适。但我们知道，在某些区域，散射场与入射场幅值相当，相位相反，其总场近于零。在这种情况下，若以散射场为待求未知量，其较小的计算误差会导致较大的总场误差。若以这一点而论，又以总场为待求未知量合适。为此，人们构思出一种**总场–散射场联合求解方式**。如图 4-1 所示，连接边界以内为总场区，连接边界以外为散射场区，也就是连接边界以内以总场为待求未知量，连接边界以外以散射场为待求未知量。这样做的另一个好处就是：入射场可方便地在连接边界处加入，其具体加入方式将在 4.1.8 小节讲述。连接边界以外的散射场被完全匹配吸收层无反射地吸收。图中标出的输出边界是利用惠更斯原理计算散射截面的等效面，原则上可取吸收边界以内任何包围物体的封闭面。为方便起见，一般取吸收边界和连接边界中间的长方体表面。

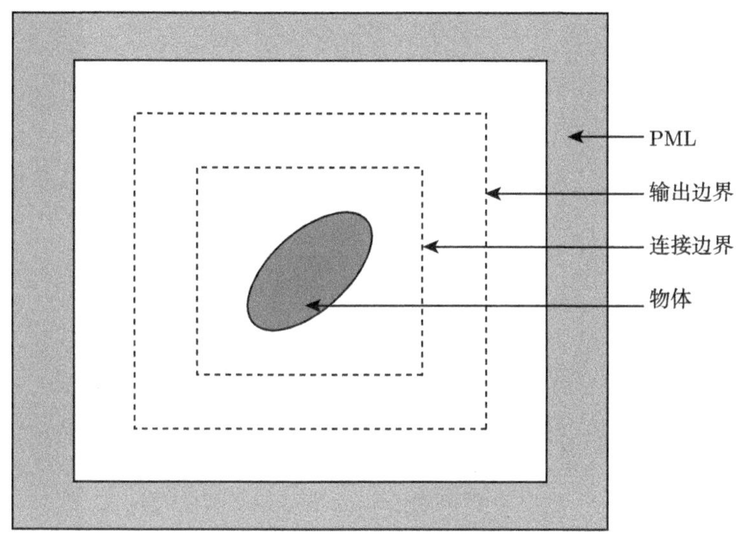

图 4-1 求解方案示意图

4.1.2 完全匹配吸收层

完全匹配吸收层 (perfectly matching layers, PML)是由法国学者 J.P. Berenger 首先在文献 [2] 中提出的，后由很多学者不断补充、完善，现已成为一种性能优良、表述简明的截断无限求解域的方法。完全匹配吸收层已在 3.2.1 小节中使用，其特点用图 4-1 来说就是：散射场从自由空间进入完全匹配吸收层，虽经介质不连续面，然没有任何反射，且散射场在此吸收层不断衰减，直至非常小，几乎为零。此特点是如何获得的？下面不妨来看看此材料的设计过程。设区域边界上任一点 P 的局域坐标为 (u,v,w)，其中 u,v 为边界切向，w 为边界法向，对边界法向坐标进行复延拓，即 $w\to\overline{w}=sw$, 这里，复系数 $s=1-\mathrm{j}\alpha,\alpha>0$。因为上述变换只对法向 w 进行，横向未作任何变化，换言之，这种变化仍能保证场的切向连续，因而也就不会引起反射。假设边界为 xy 平面，在这种变换下，$\boldsymbol{\nabla}$ 算子在直角

坐标系下可写成

$$\begin{aligned}\boldsymbol{\nabla} \to \overline{\boldsymbol{\nabla}} =& \hat{\boldsymbol{x}}\frac{\partial}{\partial \overline{x}} + \hat{\boldsymbol{y}}\frac{\partial}{\partial \overline{y}} + \hat{\boldsymbol{z}}\frac{\partial}{\partial \overline{z}} \\ =& \hat{\boldsymbol{x}}\frac{\partial}{\partial x} + \hat{\boldsymbol{y}}\frac{\partial}{\partial y} + \hat{\boldsymbol{z}}\frac{1}{s_z}\frac{\partial}{\partial z}\end{aligned} \tag{4.1}$$

进一步可写成下面更通用的形式：

$$\begin{aligned}\boldsymbol{\nabla} \to \overline{\boldsymbol{\nabla}} =& \hat{\boldsymbol{x}}\frac{\partial}{\partial \overline{x}} + \hat{\boldsymbol{y}}\frac{\partial}{\partial \overline{y}} + \hat{\boldsymbol{z}}\frac{\partial}{\partial \overline{z}} \\ =& \hat{\boldsymbol{x}}\frac{1}{s_x}\frac{\partial}{\partial x} + \hat{\boldsymbol{y}}\frac{1}{s_y}\frac{\partial}{\partial y} + \hat{\boldsymbol{z}}\frac{1}{s_z}\frac{\partial}{\partial z}\end{aligned} \tag{4.2}$$

显然在 $s_x = s_y = 1$ 下，式 (4.2) 便退化为式 (4.1)。将式 (4.2) 写成下面更紧凑的形式：

$$\overline{\boldsymbol{\nabla}} = \overline{\boldsymbol{S}} \cdot \boldsymbol{\nabla} \tag{4.3}$$

其中，

$$\bar{\bar{\boldsymbol{S}}} = \hat{\boldsymbol{x}}\hat{\boldsymbol{x}}\left(\frac{1}{s_x}\right) + \hat{\boldsymbol{y}}\hat{\boldsymbol{y}}\left(\frac{1}{s_y}\right) + \hat{\boldsymbol{z}}\hat{\boldsymbol{z}}\left(\frac{1}{s_z}\right) \tag{4.4}$$

这样麦克斯韦方程也就变成

$$\overline{\boldsymbol{\nabla}} \times \boldsymbol{E}^c = -\mathrm{j}\omega\mu_0 \boldsymbol{H}^c \tag{4.5}$$

$$\overline{\boldsymbol{\nabla}} \times \boldsymbol{H}^c = \mathrm{j}\omega\varepsilon_0 \boldsymbol{E}^c \tag{4.6}$$

这里，上标 c 表示此处的场与真实电磁场有所不同，因为方程中的算子已不同于麦克斯韦方程中的算子。为此，下面欲通过数学运算将式 (4.5)、式 (4.6) 转化为麦克斯韦方程形式。利用下面直角坐标系下恒等式：

$$\boldsymbol{\nabla} \times \left(\bar{\bar{\boldsymbol{S}}}^{-1} \cdot \boldsymbol{a}\right) = \left(\det \bar{\bar{\boldsymbol{S}}}\right)^{-1} \bar{\bar{\boldsymbol{S}}} \cdot \left(\bar{\bar{\boldsymbol{S}}} \cdot \boldsymbol{\nabla}\right) \times \boldsymbol{a} \tag{4.7}$$

这里，$\boldsymbol{a}(\boldsymbol{r})$ 为任意矢量函数，$\det \bar{\bar{\boldsymbol{S}}} = (s_x s_y s_z)^{-1}$，方程 (4.5) 和方程 (4.6) 可转化为

$$\boldsymbol{\nabla} \times \left(\bar{\bar{S}}^{-1} \cdot \boldsymbol{E}^c\right) = -\mathrm{j}\omega\mu_0 \left(\det \bar{\bar{\boldsymbol{S}}}\right)^{-1} \bar{\bar{\boldsymbol{S}}} \cdot \boldsymbol{H}^c \tag{4.8}$$

$$\boldsymbol{\nabla} \times \left(\bar{\bar{S}}^{-1} \cdot \boldsymbol{H}^c\right) = \mathrm{j}\omega\varepsilon_0 \left(\det \bar{\bar{\boldsymbol{S}}}\right)^{-1} \bar{\bar{\boldsymbol{S}}} \cdot \boldsymbol{E}^c \tag{4.9}$$

令

$$\boldsymbol{E} = \bar{\bar{\boldsymbol{S}}}^{-1} \cdot \boldsymbol{E}^c \tag{4.10}$$

$$\boldsymbol{H} = \bar{\bar{\boldsymbol{S}}}^{-1} \cdot \boldsymbol{H}^c \tag{4.11}$$

这样一来式 (4.8) 和式 (4.9) 便可写成

$$\nabla\times\boldsymbol{E}=-\mathrm{j}\omega\mu_0\left(\det\bar{\bar{\boldsymbol{S}}}\right)^{-1}\bar{\bar{\boldsymbol{S}}}\cdot\bar{\bar{\boldsymbol{S}}}\boldsymbol{H} \tag{4.12}$$

$$\nabla\times\boldsymbol{H}=\mathrm{j}\omega\varepsilon_0\left(\det\bar{\bar{\boldsymbol{S}}}\right)^{-1}\bar{\bar{\boldsymbol{S}}}\cdot\bar{\bar{\boldsymbol{S}}}\boldsymbol{E} \tag{4.13}$$

这便是完全匹配吸收层中满足的麦克斯韦方程。由此方程可得出完全匹配吸收层中的介质本构参数:

$$\bar{\bar{\varepsilon}}_r=\bar{\bar{\mu}}_r=\left(\det\bar{\bar{\boldsymbol{S}}}\right)^{-1}\bar{\bar{\boldsymbol{S}}}\cdot\bar{\bar{\boldsymbol{S}}}=\bar{\bar{\varLambda}} \tag{4.14}$$

其中,

$$\bar{\bar{\varLambda}}=\hat{\boldsymbol{x}}\hat{\boldsymbol{x}}\varLambda_x+\hat{\boldsymbol{y}}\hat{\boldsymbol{y}}\varLambda_y+\hat{\boldsymbol{z}}\hat{\boldsymbol{z}}\varLambda_z \tag{4.15}$$

$$\varLambda_x=\frac{s_ys_z}{s_x},\quad \varLambda_y=\frac{s_zs_x}{s_y},\quad \varLambda_z=\frac{s_xs_y}{s_z} \tag{4.16}$$

在频域中,复坐标延伸因子一般取下面形式:

$$s_x=1+\gamma_x=1+\frac{\sigma_x}{\mathrm{j}\omega\varepsilon_0} \tag{4.17}$$

$$s_y=1+\gamma_y=1+\frac{\sigma_y}{\mathrm{j}\omega\varepsilon_0} \tag{4.18}$$

$$s_z=1+\gamma_z=1+\frac{\sigma_z}{\mathrm{j}\omega\varepsilon_0} \tag{4.19}$$

这里,延伸因子的虚部,即电磁场的衰减因子,是一个频率的函数。之所以这样选择:一是和真实吸收材料的衰减因子符合,二是完全匹配吸收层的厚度在实际计算中是固定的,不同频率的电厚度也就不同。采用上述形式的衰减因子,能保证在不同频率下的吸收效果相当。然而这样一来转化到时域就需费一番心思。有多种方法可将式 (4.12)~ 式 (4.13) 转化为时域,譬如将电磁场分离[3],或利用极化电磁流的转化方式[4] 等。下面介绍一种易于理解的转化方式,即通过引入中间变量来实现转化[5]。下面以讲述转化频域方程 (4.13) 到时域方程为例,来具体说明这种转化方式。通过引入 $\boldsymbol{D}$ 将式 (4.13) 分解成下面两个方程:

$$\nabla\times\boldsymbol{H}=\mathrm{j}\omega\boldsymbol{D} \tag{4.20}$$

$$\boldsymbol{D}=\varepsilon_0\bar{\bar{\varLambda}}\boldsymbol{E} \tag{4.21}$$

式 (4.20) 很容易转化到时域,即

$$\nabla\times\boldsymbol{H}=\frac{\partial\boldsymbol{D}}{\partial t} \tag{4.22}$$

困难在于如何将式 (4.21) 转化到时域。将式 (4.21) 写成标量形式，其中关于 x 分量的方程为

$$D_x = \varepsilon_0 \frac{s_y s_z}{s_x} E_x \tag{4.23}$$

为转化方便，在此再引入一个变量 D'_x，将式 (4.23) 分解成下面两个方程：

$$D_x = \frac{s_z}{s_x} D'_x \tag{4.24}$$

$$D'_x = \varepsilon_0 s_y E_x \tag{4.25}$$

将式 (4.17)~ 式 (4.19) 代入式 (4.24)~ 式 (4.25)，并作逆傅里叶变换，便得式 (4.24)~ 式 (4.25) 的时域方程形式：

$$\varepsilon_0 \frac{\partial D_x}{\partial t} + \sigma_x D_x = \varepsilon_0 \frac{\partial D'_x}{\partial t} + \sigma_z D'_x \tag{4.26}$$

$$\frac{\partial D'_x}{\partial t} = \varepsilon_0 \frac{\partial E_x}{\partial t} + \sigma_y E_x \tag{4.27}$$

式 (4.21) 的其他两个标量方程的时域形式同样可写出。

方程 (4.12)~ 方程 (4.13) 是电磁场在完全匹配吸收层中所满足方程的一般数学形式。具体实施中要注意：不同区域有着不同的具体形式。以图 4-2 为例，在没有完全匹配吸收层区域，$\sigma_x = \sigma_y = \sigma_z = 0$。在面 PML_x 区域，只有 $\sigma_x \neq 0,\sigma_y = \sigma_z = 0$；类似地，在面 PML_y 区域，只有 $\sigma_y \neq 0,\sigma_x = \sigma_z = 0$；在面 PML_z 区域，只有 $\sigma_z \neq 0,\sigma_x = \sigma_y = 0$。至于在边棱区域 PML_{xy} 等，$\sigma_x,\sigma_y,\sigma_z$ 中只有一个为零；或角区域 PML_{xyz}，$\sigma_x,\sigma_y,\sigma_z$ 都不为零。

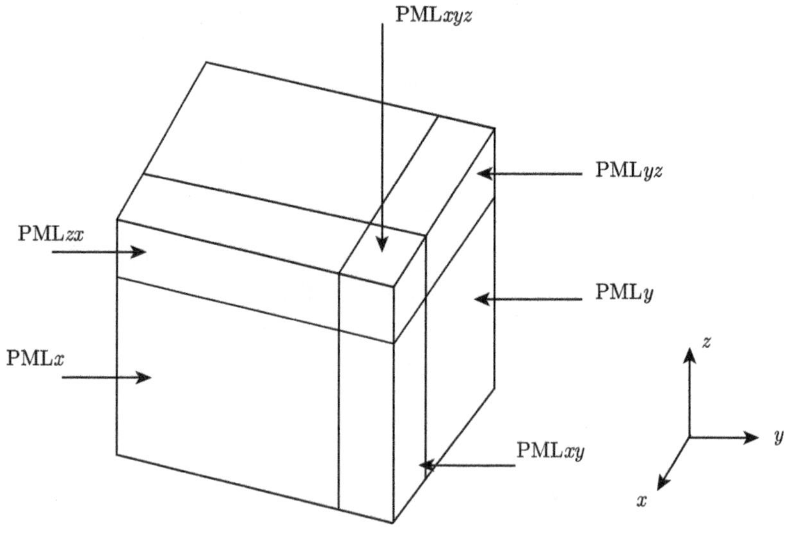

图 4-2　完全匹配吸收层不同区域示意图

4.1.3 Yee 离散格式

本小节讲述如何用 **Yee 格式**来离散时域麦克斯韦方程。将电场和磁场的离散点交错放置，如图 4-3 所示。由图可见，每个电场分量，有四个磁场分量环绕其周；每个磁场分量，也有四个电场分量环绕其周。如此一来，电场任意分量对时间偏导数可由围绕其周的磁场的中心差分表示；磁场任意分量对时间偏导数可由围绕其周的电场的中心差分表示。对时间偏导数的离散，电场和磁场也都用中心差分，不过需要提及的是，电场和磁场要交替进行，也就是差半个时间步。对于引入的变量 $\boldsymbol{D}$ 和 $\boldsymbol{D}'$，不难看出，它们的离散点位置应与 $\boldsymbol{E}$ 一样；同样对于引入的变量 $\boldsymbol{B}$ 和 $\boldsymbol{B}'$，它们的离散点位置应与 $\boldsymbol{H}$ 一样。更具体些，将空间均匀网格中的某个网格点记为

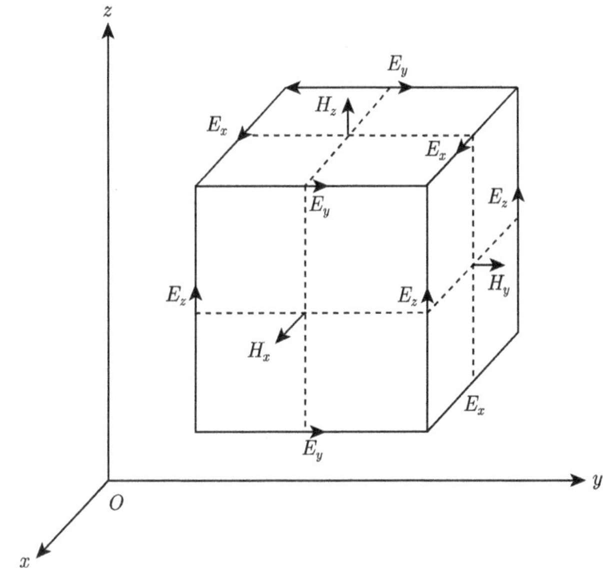

图 4-3 Yee 离散格式示意图

$$(i, j, k) = (i\Delta x, j\Delta y, k\Delta z) \tag{4.28}$$

这里，Δx, Δy, Δz 分别表示 x, y, z 三个方向的网格长度，将任何函数 u 在某一离散网格和时间点的值记为

$$u\left(i\Delta x, j\Delta y, k\Delta z, n\Delta t\right) = u\big|_{i,j,k}^{n} \tag{4.29}$$

这里，Δt 是时间步长。如此一来，方程 (4.22) 中的 x 方向标量方程便可离散为

$$\frac{D_x|_{i+1/2,j,k}^{n+1} - D_x|_{i+1/2,j,k}^{n}}{\Delta t} = \frac{H_z|_{i+1/2,j+1/2,k}^{n+1/2} - H_z|_{i+1/2,j-1/2,k}^{n+1/2}}{\Delta y} - \frac{H_y|_{i+1/2,j,k+1/2}^{n+1/2} - H_y|_{i+1/2,j,k-1/2}^{n+1/2}}{\Delta z} \tag{4.30}$$

整理式 (4.30) 得 $D_x|_{i+1/2,j,k}^{n+1}$ 的递进公式:

$$\begin{aligned} &D_x|_{i+1/2,j,k}^{n+1} \\ &= D_x|_{i+1/2,j,k}^{n} + \Delta t\left(\frac{H_z|_{i+1/2,j+1/2,k}^{n+1/2} - H_z|_{i+1/2,j-1/2,k}^{n+1/2}}{\Delta y}\right. \\ &\left. - \frac{H_y|_{i+1/2,j,k+1/2}^{n+1/2} - H_y|_{i+1/2,j,k-1/2}^{n+1/2}}{\Delta z}\right) \end{aligned} \tag{4.31}$$

方程 (4.26) 离散为

$$\begin{aligned} &\varepsilon_0 \frac{D_x|_{i+1/2,j,k}^{n+1} - D_x|_{i+1/2,j,k}^{n}}{\Delta t} + \sigma_x \frac{D_x|_{i+1/2,j,k}^{n+1} + D_x|_{i+1/2,j,k}^{n}}{2} \\ &= \varepsilon_0 \frac{D'_x|_{i+1/2,j,k}^{n+1} - D'_x|_{i+1/2,j,k}^{n}}{\Delta t} + \sigma_z \frac{D'_x|_{i+1/2,j,k}^{n+1} + D'_x|_{i+1/2,j,k}^{n}}{2} \end{aligned} \tag{4.32}$$

整理得 $D'_x|_{i+1/2,j,k}^{n+1}$ 的递进公式:

$$D'_x|_{i+1/2,j,k}^{n+1} = \frac{1}{a'}\left(-b'\, D'_x|_{i+1/2,j,k}^{n} + a\, D_x|_{i+1/2,j,k}^{n+1} + b\, D_x|_{i+1/2,j,k}^{n}\right) \tag{4.33}$$

其中,

$$a' = \frac{\varepsilon_0}{\Delta t} + \frac{\sigma_z}{2},\quad b' = -\frac{\varepsilon_0}{\Delta t} + \frac{\sigma_z}{2},\quad a = \frac{\varepsilon_0}{\Delta t} + \frac{\sigma_x}{2},\quad b = -\frac{\varepsilon_0}{\Delta t} + \frac{\sigma_x}{2} \tag{4.34}$$

方程 (4.27) 离散为

$$\begin{aligned} \frac{D'_x\Big|_{i+1/2,j,k}^{n+1} - D'_x\Big|_{i+1/2,j,k}^{n}}{\Delta t} &= \varepsilon_0 \frac{E_x\Big|_{i+1/2,j,k}^{n+1} - E_x\Big|_{i+1/2,j,k}^{n}}{\Delta t} \\ &+ \sigma_y \frac{E_x\Big|_{i+1/2,j,k}^{n+1} + E_x\Big|_{i+1/2,j,k}^{n}}{2} E_x \end{aligned} \tag{4.35}$$

整理得 $E_x\Big|_{i+1/2,j,k}^{n+1}$ 的递进公式:

$$E_x\Big|_{i+1/2,j,k}^{n+1} = \frac{1}{c}\left(d\, E_x\Big|_{i+1/2,j,k}^{n} + \frac{D'_x\Big|_{i+1/2,j,k}^{n+1} - D'_x\Big|_{i+1/2,j,k}^{n}}{\Delta t}\right) \tag{4.36}$$

其中，

$$c=\frac{\varepsilon_0}{\Delta t}+\frac{\sigma_y}{2},\quad d=\frac{\varepsilon_0}{\Delta t}-\frac{\sigma_y}{2} \tag{4.37}$$

这样便得到由磁场，通过式 (4.31) 计算的中间变量 $D_x|_{i+1/2,j,k}^{n+1}$，再通过式 (4.33) 计算另一中间变量 $D'_x|_{i+1/2,j,k}^{n+1}$，最后通过式 (4.36) 计算出 $E_x\Big|_{i+1/2,j,k}^{n+1}$。类似可由磁场计算出 $E_y\Big|_{i,j+1/2,k}^{n+1}$，$E_z\Big|_{i,j,k+1/2}^{n+1}$，以及由电场计算出下一步磁场。需要注意的是，在总场和散射场连接边界处，上述离散公式要稍做修正方能采用。这是因为上述离散时间推进公式只适用于纯散射场或纯总场，而连接边界附近场的时间推进既涉及边界以内总场又涉及边界以外散射场。修正方法很简单，只要将散射场加上入射场或将总场减去入射场代入上述公式，便可得边界附近场的离散公式了。同时，也自然地将入射场激励加入了离散公式。程序实现中，要特别小心的是，由于电场和磁场的离散点错置，所需修正的点并不一致。另外，连接边界的棱上离散点和面上离散点要分别处理，因为它们涉及的总场和散射场分布也稍有差别。具体修正公式，需要者可根据上面所讲容易推得或直接参阅文献 [6] 的 84~85 页。

4.1.4　散射物体的剖分

时域有限差分的剖分很简单，即先将包含散射物体的长方体求解域在 x,y,z 三个方向以 Δx, Δy, Δz 进行等间隔剖分，后确定剖分网格与介质本构关系参数的对应关系。需要提及的是，与有限元法稍有不同，时域有限差分法建立的一般不是剖分单元与介质本构关系参数的一一对应关系，而是未知量空间离散位置与介质本构关系参数的一一对应关系。譬如，对于 E_x 所在的某一离散点，其相对介电常数 $\varepsilon_{\rm r}$ 就是所有共用此点的剖分单元中的相对介电常数的平均值。这样一来，即使同一单元的 E_y，由于其所处离散点位置与 E_x 不同，其对应的相对介电常数 $\varepsilon_{\rm r}$ 也就有可能不同。

4.1.5　曲面边界的处理

很明显，上述 Yee 离散格式是以长方体网格为基础的。对于曲面边界，若仍用这种格式，就相当于用阶梯形状来近似曲面。这样为了精确模拟曲面，就不得不缩小网格，其结果是大大增加了计算量。为此下面将对 Yee 离散格式作些修正，在不增加计算量的前提下以获得较高的计算精度。曲面边界分两类：一类是金属曲面边界，另一类是介质曲面边界。其处理有所不同，下面分而述之。对于金属曲面边界，处理的方法是：先用回路积分形式法拉第定律导出边界附近的修正磁场离散时间推进公式，以使边界的曲面信息完全反映于此修正的磁场离散时间推进公式中。既然修正磁场离散时间推进公式已完全包含了边界的曲面信息，电场的离散时间推进公式就无须再作修正，保持原样来推进电场即可。具体而言，如图 4-4 所示，单元的某一面被边界分成两部分：阴影部分为金属，空白部分为自由空间。我们知

道，在自由空间中磁场 H_x 的时间推进公式可简化为

$$\begin{aligned}H_x|_{i,j+1/2,k+1/2}^{n+1/2} = H_x|_{i,j+1/2,k+1/2}^{n-1/2} &- \frac{\Delta t}{\mu_0}\left(\frac{E_z|_{i,j+1,k+1/2}^{n} - E_z|_{i,j,k+1/2}^{n}}{\Delta y}\right. \\ &\left. - \frac{E_y|_{i,j+1/2,k+1}^{n} - E_y|_{i,j+1/2,k}^{n}}{\Delta z}\right)\end{aligned} \tag{4.38}$$

下面就是要对此公式作些修正以便适用于图 4-4 所示的被金属边界分割的单元。将下面回路积分形式的法拉第定律应用于此单元：

$$\oint_l \boldsymbol{E} \cdot \mathrm{d}l = -\mu_0 \frac{\partial}{\partial t} \int_S \boldsymbol{H} \cdot \mathrm{d}\boldsymbol{S} \tag{4.39}$$

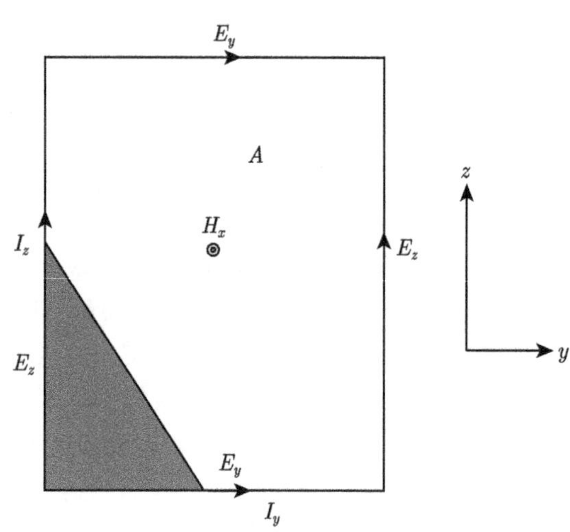

图 4-4　金属曲面边界处理示意图

并利用金属上的切向电场为零，可推得下面修正的 H_x 的时间推进公式：

$$\begin{aligned}H_x|_{i,j+1/2,k+1/2}^{n+1/2} = H_x|_{i,j+1/2,k+1/2}^{n-1/2} - \frac{\Delta t}{\mu_0 A}\Big(& E_z|_{i,j+1,k+1/2}^{n}\, l_z|_{i,j+1,k+1/2} \\ & -E_z|_{i,j,k+1/2}^{n}\, l_z|_{i,j,k+1/2} - E_y|_{i,j+1/2,k+1}^{n}\, l_y|_{i,j+1/2,k+1} \\ & + E_y|_{i,j+1/2,k}^{n}\, l_y|_{i,j+1/2,k}\Big)\end{aligned} \tag{4.40}$$

这里，A 表示单元中自由空间部分的面积，l_y, l_z 分别是单元 y, z 方向边在自由空间部分的长度。其他磁场分量的修正公式可仿照推得。对于介质曲面边界，处理的方法是对每一个离散分量定义各自的有效本构参数。如图 4-5 所示，譬如单元内有两种

介质，对于电场分量 $E_y\left|_{i,j+1/2,k}\right.,E_z\left|_{i,j,k+1/2}\right.$ 的有效介电常数 $\varepsilon_y^{\mathrm{e}}\left|_{i,j+1/2,k}\right.,\varepsilon_z^{\mathrm{e}}\left|_{i,j,k+1/2}\right.$ 可定义为

$$\varepsilon_y^{\mathrm{e}}\big|_{i,j+1/2,k}=[\Delta y_2\varepsilon_{y2}+(\Delta y-\Delta y_2)\varepsilon_{y1}]/\Delta y \tag{4.41}$$

$$\varepsilon_z^{\mathrm{e}}\big|_{i,j,k+1/2}=[\Delta z_2\varepsilon_{z2}+(\Delta z-\Delta z_2)\varepsilon_{z1}]/\Delta z \tag{4.42}$$

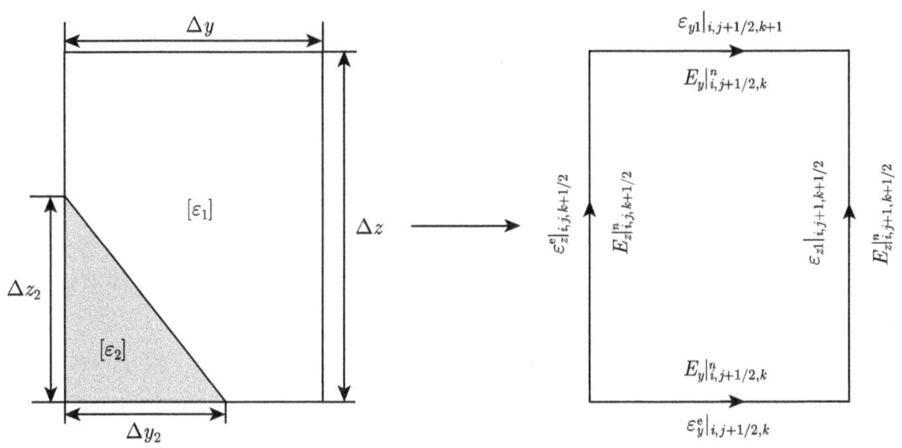

图 4-5 正介质曲面边界处理示意图

单元上其他电场分量 $E_y\left|_{i,j+1/2,k+1}\right.,E_z\left|_{i,j+1,k+1/2}\right.$ 所在边介质均匀，其等效介电常数就是介质的介电常数。

4.1.6 单元大小及时间步长的确定

在时域有限差分法实际计算中，需注意的是剖分单元的大小及时间步长的确定。剖分单元大小的确定与有限元相似，一般其边长要小于 0.1λ。由于时域有限差分法中的激励一般是脉冲，有相当宽的带宽，因而单元边长应为我们感兴趣频段的最高频率，即最小波长的 1/10。还需提及的是，剖分单元大小一般要随散射物体尺寸的增大而减小。这是因为时域有限差分法也有数值色散误差。因而为了保证大物体的最终计算精度，只能进一步减小剖分单元来减小色散误差，以弥补大尺寸累计影响。剖分单元的大小确定之后，便可确定离散时间步长。经证明，为了保证算法的稳定性，时间步长的选取要满足下列 **Courant 条件**：

$$v(\Delta t)\leqslant 1\Big/\sqrt{\frac{1}{(\Delta x)^2}+\frac{1}{(\Delta y)^2}+\frac{1}{(\Delta z)^2}} \tag{4.43}$$

这里，v 是电磁波在介质中的传播速度。Courant 条件的详细证明过程可参阅文献 [1] 或 [6]。

4.1.7 时域平面波

入射方向为 (θ,ϕ) 的时域平面波在球坐标下可表示成

$$E^{\mathrm{i}}=[E_\theta\hat{\boldsymbol{\theta}}+E_\phi\hat{\boldsymbol{\phi}}]f(t+\boldsymbol{r}'\cdot\hat{\boldsymbol{k}}/c) \tag{4.44}$$

$$H^{\mathrm{i}}=\frac{1}{Z}[E_\phi\hat{\boldsymbol{\theta}}-E_\theta\hat{\boldsymbol{\phi}}]f(t+\boldsymbol{r}'\cdot\hat{\boldsymbol{k}}/c) \tag{4.45}$$

这里，$\hat{\boldsymbol{\theta}}$ 和 $\hat{\phi}$ 是球坐标系的单位矢量, Z 是自由空间的特性阻抗，c 是光速。单位矢量 $\hat{\boldsymbol{k}}$ 是入射波方向，$\boldsymbol{r}'$ 表示离散点坐标。函数 $f(t)$ 可取多种形式：正弦形式、高斯脉冲形式、调制高斯脉冲形式等。若 $f(t)$ 取正弦形式，因其是单频信号，计算得到的将是单频响应；若 $f(t)$ 取高斯脉冲形式，因其频谱分布如图 4-6 所示，计算得到的将是从 0 到 f_0 的响应；若 $f(t)$ 取调制高斯脉冲形式，因其频谱分布如图 4-7 所示，计算得到的将是从 f_1 到 f_2 的响应。为了便于计算，一般采用直角坐标系。在直角坐标系下，上述入射波各分量的幅值为

$$E_x=E_\theta\cos\theta\cos\phi-E_\phi\sin\phi \tag{4.46}$$

$$E_y=E_\theta\cos\theta\sin\phi-E_\phi\cos\phi \tag{4.47}$$

$$E_z=-E_\theta\sin\theta \tag{4.48}$$

$$H_x=(E_\theta\sin\phi-E_\phi\cos\theta\cos\phi)/Z \tag{4.49}$$

$$H_y=(-E_\theta\cos\phi+E_\phi\cos\theta\sin\phi)/Z \tag{4.50}$$

$$H_z=-E_\phi\sin\theta/Z \tag{4.51}$$

更具体些，取 $f(t)$ 为高斯脉冲，电场的 x 分量可表示成

$$E_x^{\mathrm{i}}\Big|_{i+1/2,j,k}^{n}=E_x\exp[-4\pi(t-t_0)^2/\tau^2] \tag{4.52}$$

其中，

$$t=n\Delta t+\boldsymbol{r}'\cdot\hat{\boldsymbol{r}}/c \tag{4.53}$$

$$t_0=\beta\Delta t \tag{4.54}$$

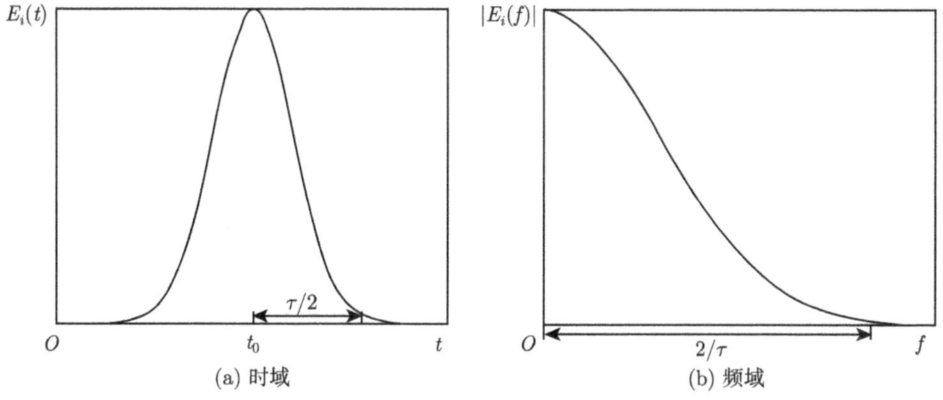

图 4-6　高斯脉冲及其频谱

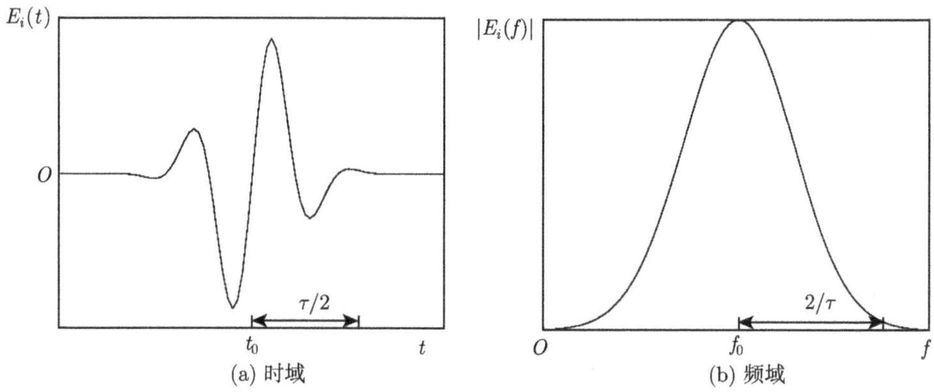

图 4-7　调制高斯脉冲及其频谱

这里，Δt 为时间步长，τ 决定着脉冲的宽度，t_0 为脉冲峰值时刻，β 之意可从后面叙述得知，$\boldsymbol{r}'\cdot\hat{\boldsymbol{r}}$ 可具体地表示成

$$\boldsymbol{r}'\cdot\hat{\boldsymbol{r}}=((i-1)+1/2)\Delta x\cos\phi\sin\theta+(j-1)\Delta y\sin\phi\sin\theta+(k-1)\Delta z\cos\theta \quad (4.55)$$

注意，式 (4.55) 中出现的 1/2 单元偏移量是考虑 E_x 分量在单元 (i,j,k) 中具体位置的结果。其他分量可仿照写出，无须赘述。需要进一步提及的是如何选取高斯脉冲中的参数，即 τ 和 β。严格说来，高斯脉冲是无限长的时间信号，只不过时间越靠后，信号越弱，以致在某一时刻 t_p 之后信号可以忽略而已。就计算而言，t_p 越小，计算越有效。但 t_p 越小，信号高频分量就越大，这样对于高频而言，剖分就不足，此不足就会影响其他频率的计算精度。因而高斯脉冲持续时间的长短必须折中而定。而持续时间的长短又取决于 τ 的大小。如此一来，τ 的大小也须折中而定。在实际计算中，一般取 $\tau=t_0=\beta\Delta t$，持续时间为 $2t_0$。对式 (4.52) 作傅里叶变

换得

$$\begin{aligned}E_x^{\mathrm{i}}(i,j,k,f) &= E_x\frac{\tau}{2}\exp\left[-\mathrm{j}2\pi f t_0-\pi f^2\tau^2/4\right]\\ &= E_x\frac{\beta\Delta t}{2}\exp[-\mathrm{j}2\beta\pi\Delta t f-\pi f^2(\beta\Delta t)^2/4]\end{aligned} \tag{4.56}$$

由此式不难看出，高斯信号带宽即 f_0 取决于 β。若希望带宽以外信号最大幅值不超过带宽以内信号最大幅值的 5%，那么 $f_0\approx 2/(\beta\Delta t)$；若希望带宽以外信号最大幅值不超过带宽以内信号最大幅值的 10%，那么 $f_0\approx 1.7/(\beta\Delta t)$。下面以计算一个 29cm× 29cm 金属平板在 0~3GHz 频带内的后向散射为例，来具体说明如何确定 τ 和 β 的大小。对于频率为 3GHz 的电磁波，其波长为 10cm。按一个波长不能少于 10 个剖分计算，剖分单元的最大尺寸为 1cm×1cm×1cm。如此一来，按 Courant 条件，时间步长不能大于 $\Delta t_{\max}=0.0192$ns，一般取 $\Delta t=0.8\Delta t_{\max}=0.0154$ns。由 $f_0\approx 2/(\beta\Delta t)$ 以及 f_0 =3GHz 可计算出 $\beta=43.3$。方便起见，可取 $\beta=40$。

4.1.8　时域入射平面波的计算

由 4.1.3 小节末段可知，入射平面波是通过对在连接边界附近离散点的离散时间推进公式修正加入的。这种加入方式需要计算连接边界附近所有离散点、所有时间步的入射场。此入射场的计算有多种方法。一种就是直接将离散点坐标、时间步代入 4.1.7 小节的式 (4.52) 计算得到。这种方法费时，因为所有离散点、所有时间步都需计算。这里介绍另一种计算方式。先用一维时域有限差分法计算得到在入射波方向上一系列离散点的电磁场 $E_i\big|_p^n, H_i\big|_{p+1/2}^{n+1/2}$，所采取的离散间隔 $\Delta t,\Delta r$ 与三维时域有限差分法所取间隔相同。具体计算公式为

$$E_i\big|_p^{n+1}=E_i\Big|_p^n-\frac{\Delta t}{\varepsilon\Delta r}\left(H_i\Big|_{p+1/2}^{n+1/2}-H_i\Big|_{p-1/2}^{n+1/2}\right) \tag{4.57}$$

$$H_i\Big|_{p+1/2}^{n+1/2}=H_i\Big|_{p+1/2}^{n-1/2}-\frac{\Delta t}{\mu\Delta r}\left(E_i\big|_{p+1}^n-E_i\big|_p^n\right) \tag{4.58}$$

然后再用投影插值的方法计算出所需的入射场值。以计算 $E_z\Big|_{i,j,k+1/2}^n$ 为例，先由下式计算出该点投影在入射波方向上的距离：

$$r=i\Delta x\sin\theta_i\cos\phi_i+j\Delta y\sin\theta_i\sin\phi_i+(k+1/2)\Delta z\cos\theta_i \tag{4.59}$$

投影点可能位于一维时域有限差分法的两个节点之间，即 $r=(p+w)\Delta r, 0<w<1$，也就是位于 p 和 $p+1$ 节点之间。于是利用线性插值公式可得边界上 $E_z\Big|_{i,j,k+1/2}^n$ 的入射波为

$$E_z^n(i,j,k+1/2)=(1-w)E_i\big|_p^n+wE_i\big|_{p+1}^n \tag{4.60}$$

4.1.9 散射截面的计算

由 2.1.9 小节可知，频域中的远区散射场可由封闭输出边界 S' 上的等效电磁流 $\boldsymbol{J}_s$ 和 $\boldsymbol{M}_s$ 表示成

$$E_\theta = -ZW_\theta - U_\phi \tag{4.61}$$

$$E_\phi = -ZW_\phi + U_\theta \tag{4.62}$$

其中，

$$\boldsymbol{W}(\omega) = \mathrm{j}\omega\frac{\mathrm{e}^{-\mathrm{j}\omega r/c}}{4\pi rc}\int_{S'}\boldsymbol{J}_s(\omega)\exp(\mathrm{j}k\boldsymbol{r}'\cdot\hat{\boldsymbol{r}})\mathrm{d}S' \tag{4.63}$$

$$\boldsymbol{U}(\omega) = \mathrm{j}\omega\frac{\mathrm{e}^{-\mathrm{j}\omega r/c}}{4\pi rc}\int_{S'}\boldsymbol{M}_s(\omega)\exp(\mathrm{j}k\boldsymbol{r}'\cdot\hat{\boldsymbol{r}})\mathrm{d}S' \tag{4.64}$$

这里，ω 是角频率。对式 (4.63) 和式 (4.64) 作逆傅里叶变换，便得下面**时域远区散射场公式**：

$$\boldsymbol{W}(t) = \frac{1}{4\pi rc}\frac{\partial}{\partial t}\int_{S'}\boldsymbol{J}_s(t+\boldsymbol{r}'\cdot\hat{\boldsymbol{r}}/c - r/c)\mathrm{d}S' \tag{4.65}$$

$$\boldsymbol{U}(t) = \frac{1}{4\pi rc}\frac{\partial}{\partial t}\int_{S'}\boldsymbol{M}_s(t+\boldsymbol{r}'\cdot\hat{\boldsymbol{r}}/c - r/c)\mathrm{d}S' \tag{4.66}$$

这里，$\boldsymbol{J}_s = \hat{\boldsymbol{n}}\times\boldsymbol{H}(t)$ 和 $\boldsymbol{M}_s = -\hat{\boldsymbol{n}}\times\boldsymbol{E}(t)$ 是时域中的等效电磁流。为了方便 $\boldsymbol{W}(t)$ 和 $\boldsymbol{U}(t)$ 的计算，一般可取输出边界为长方体边界。又公式 (4.65) 和式 (4.66) 中的 $1/r$ 和 r/c 是常数，方便起见，它们可在式 (4.65) 和式 (4.66) 中略去。公式 (4.65) 和式 (4.66) 中既有微分，又有积分，如何进行，下面略作说明。以输出边界上一个长方形小块 $\Delta x\Delta z$ 上 z 方向的等效磁流为例：

$$\boldsymbol{M}_s\cdot\hat{\boldsymbol{z}} = (-\hat{\boldsymbol{y}}\times E_x\hat{\boldsymbol{x}})\cdot\hat{\boldsymbol{z}} = E_x^n \tag{4.67}$$

此小块是单元 (i,j,k) 的一个面。式中的 E_x^n 可由下式计算得到

$$E_x^n = (E_x|_{i+1/2,j,k}^n + E_x|_{i+1/2,j,k+1}^n)/2 \tag{4.68}$$

利用单点数值积分，此等效磁流对 $\boldsymbol{U}(t)$ 产生的增量为

$$\Delta\boldsymbol{U} = \Delta U_z\hat{\boldsymbol{z}} = \frac{\Delta x\Delta z}{4\pi rc}\frac{\partial}{\partial t}(E_x^n\hat{\boldsymbol{z}})|_{\text{长方形中心}} \tag{4.69}$$

此增量将会经过 f 个时间步贡献于 $\boldsymbol{U}(t)$。时间步 f 可由下面公式计算得到

$$f = \frac{\tau}{\Delta t} = \frac{\boldsymbol{r}'\cdot\hat{\boldsymbol{r}}}{c\Delta t} \tag{4.70}$$

其中，

$$\boldsymbol{r}'\cdot\hat{\boldsymbol{r}} = ((i-1)+1/2)\,\Delta x\cos\phi_s\sin\theta_s + (j-1)\,\Delta y\sin\phi_s\sin\theta_s$$

$$+\left((k-1)+1/2\right)\Delta z\cos\theta_s \tag{4.71}$$

这里，(θ_s,ϕ_s) 表示观察点方向。利用中心差分计算式 (4.69) 中的偏导数，并考虑增量 ΔU_z 的作用延迟时间，可得

$$U_z\big|^{n+1/2+f}\leftarrow U_z\big|^{n+1/2+f}+\frac{\Delta x\Delta z}{4\pi c\Delta t}(E_x^{n+1}-E_x^n) \tag{4.72}$$

在实际计算中，一般只能用整型数组 $u_z(i)$ 存储 U_z 的所有时间步值，而式中的上标 $n+1/2+f$ 并非都是整数。为此就不得不作些处理。一种方法是将增量 $\Delta\boldsymbol{U}$ 的作用分配到与 $n+1/2+f$ 相近的两个整时间步上。先对 $n+1/2+f$ 取整，记

$$m=\mathrm{INT}(n+1/2+f) \tag{4.73}$$

这里 INT 是不超过作用宗量最大整数的函数。后取出 $n+1/2+f$ 的小数部分，记

$$a=n+1+f-m \tag{4.74}$$

这样增量 $\Delta\boldsymbol{U}$ 的作用就由下面两式来替代式 (4.72)：

$$U_z\big|^{m}\leftarrow U_z\big|^{m}+(1-a)\frac{\Delta x\Delta z}{4\pi c\Delta t}(E_x^{n+1}-E_x^n) \tag{4.75}$$

$$U_z\big|^{m+1}\leftarrow U_z\big|^{m+1}+(a)\frac{\Delta x\Delta z}{4\pi c\Delta t}(E_x^{n+1}-E_x^n) \tag{4.76}$$

对输出边界上所有这样的单元小块执行式 (4.75) 和式 (4.76)，便完成了式 (4.66) 的计算，也就获得了远区散射场分量 $U_z(t)$。注意，整型数组 u_z 的维界 M 要必须大于运行步数 N，因为输出边界上的不同部分到达散射观察点前后不一。具体而言，如果输出边界上两点的最大距离为 $L\varDelta\,(\Delta=c\Delta t)$，那么取 $M=N+L$ 就足以保证整型数组 u_z 能存储所有 U_z。用同样方式计算 U_x, U_y, W_x, W_y, W_z 后，再将 $\boldsymbol{U}$ 和 $\boldsymbol{W}$ 从直角坐标系变换到球坐标系，便可利用式 (4.61) 和式 (4.62) 得到时域中的远区散射场随时间变化序列。如欲得到频域中的散射特征，只需将计算得到的远区散射场随时间变化序列和入射波的时间序列都作快速离散傅里叶变换，并将对应频率点的值相除，便可得到物体随频域变化的散射特征。

4.1.10 计算机程序的运行结果

为了让读者对时域有限差分法的计算精度有更具体的了解，下面展示几例数值结果。由于本小节展示的计算结果是在本书整理之前所得，所用吸收边界不是上述的完全匹配吸收层，而是二阶 Mur 吸收边界。图 4-8 给出的是垂直于立方体某一面入射的后向散射截面。计算中取单元大小和步长分别为 $\Delta x=\Delta y=\Delta z=\varDelta=0.01\mathrm{m}$, $\Delta t=0.5\varDelta/c$。入射时域平面波中的时间函数取的是形如式 (4.52) 的高

斯脉冲，$t_0 = 80\Delta t, \tau = 3t_0$。二阶 Mur 吸收边界放置在离金属体表面 0.1m 远处，而输出边界是在离金属体表面 0.05m 远处。由图可见，时域有限差分计算值与实验值吻合得很好。第二个例子是金属球，其直径为 1.0m。图 4-9 呈现的是金属球后向散射截面计算值与解析解 (Mie 级数) 的比较。图中虚线和实线分别表示未作和已作曲面边界处理的计算值。由图可见，经过曲面处理后的计算精度有明显提高，尤其是在高频。第三个例子是涂层金属球，其直径仍为 1.0m，涂层厚度为 0.08m，涂层介质的相对介电常数为 5.6 。图 4-10 呈现的是涂层金属球双站散射截面计算值与解析解的比较。和图 4-9 一样，图中虚线和实线分别表示未作和已作曲面边界处理的计算值。再一次证实，经过曲面处理后的计算精度有明显提高。

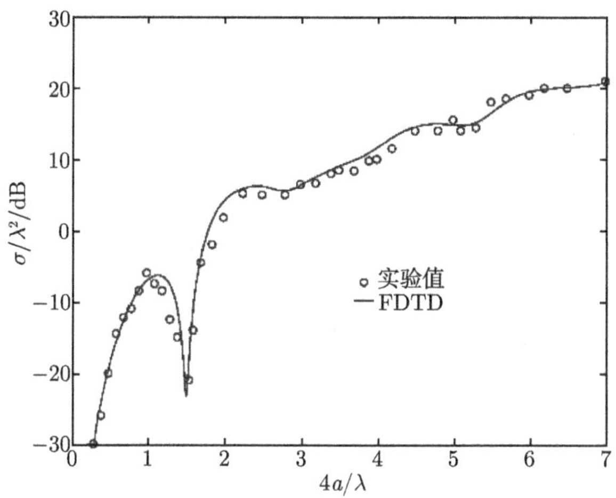

图 4-8 金属立方体后向散射截面

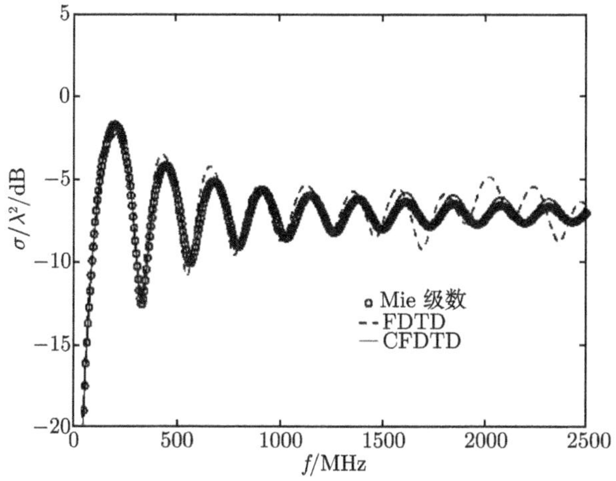

图 4-9 金属球后向散射截面

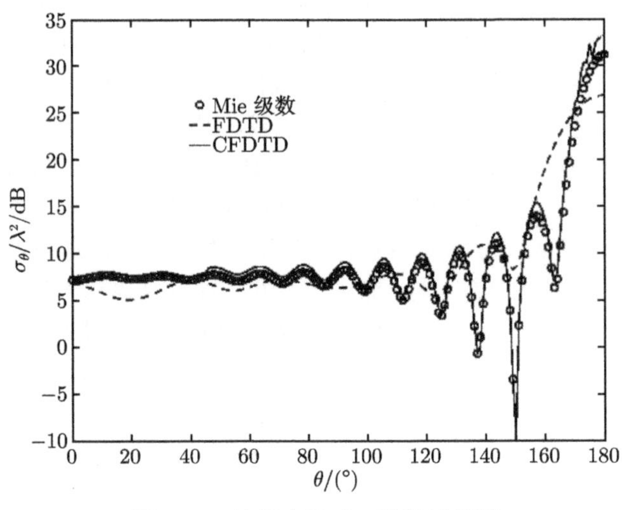

图 4-10　涂层金属球双站散射截面

4.2　若干特殊问题的处理

通过 4.1 节对三维散射问题时域有限差分求解过程的讲述，读者可以清楚看到，时域有限差分法原理简单、适用面广，除建模之外实施起来也不复杂。然对于具体问题，要用好时域有限差分法，又常需要一些特殊技巧。这些技巧大多已被文献 [1] 收集，这里只对三类问题所需的特殊处理稍加提及。

4.2.1　细导线处理

这里所指的细导线就是其半径小于时域有限差分网格大小的线型结构。这种细导线在微波工程中很常见，像线天线就是典型的细导线。对于细导线，如果其半径非常小，以致可以忽略，那么可以用通常的 Yee 离散时间推进公式计算，只要将导线上的切向电场始终设置为 0 即可；如果细导线并非很细，要计算细导线粗细的影响，则需作些处理。一种方法就是用处理曲面边界的方法。这里再介绍一种精度更高的处理方法。根据散射近场的物理特性，细导线附近的环向磁场和径向电场均按 $1/r$ 规律变化，这里 r 为距导线中心的垂直距离。譬如，导线如图 4-11 沿 z 方向放置，其周围场就可表示成

$$E_z(i\Delta x, j\Delta y, z) = 0 \tag{4.77}$$

$$E_y(i\Delta x, y, k\Delta z) = E_y(i\Delta x, (j+1/2)\Delta y, k\Delta z)\frac{\Delta y/2}{y} \tag{4.78}$$

$$H_x(i\Delta x, y, (k+1/2)\Delta z) = H_x(i\Delta x, (j+1/2)\Delta y, (k+1/2)\Delta z)\frac{\Delta y/2}{y} \tag{4.79}$$

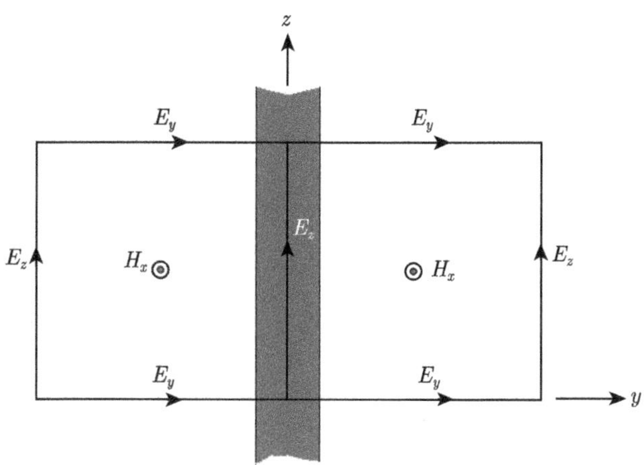

图 4-11 细导线处理示意图

将上述场表达式代入回路积分形式法拉第定律可得

$$\begin{aligned}
&-\mu_0\frac{H_x^{n+1/2}(i,j+1/2,k+1/2)-H_x^{n-1/2}(i,j+1/2,k+1/2)}{\Delta t}\Delta z\frac{\Delta y}{2}\int_{r_0}^{\Delta y}\frac{1}{y}\mathrm{d}y\\
=&-[E_y^n(i,j+1/2,k+1)-E_y^n(i,j+1/2,k)]\frac{\Delta y}{2}\int_{r_0}^{\Delta y}\frac{1}{y}\mathrm{d}y\\
&+E_z^n(i+1,j,k+1/2)\Delta z
\end{aligned} \tag{4.80}$$

式中，r_0 为导线的半径。整理上式得

$$\begin{aligned}
H_x^{n+1/2}(i,j+1/2,k+1/2)=&H_x^{n-1/2}(i,j+1/2,k+1/2)\\
&+\frac{\Delta t}{\mu_0\Delta z}[E_y^n(i,j+1/2,k+1)-E_y^n(i,j+1/2,k)]\\
&-\frac{\Delta t}{\mu_0\Delta y}\frac{2}{\ln(\Delta y/r_0)}E_z^n(i+1,j,k+1/2)
\end{aligned} \tag{4.81}$$

这就是单元含有细导线时 H_x 的时间推进公式。磁场其他分量的时间推进公式可照此推得。和曲面边界处理一样，由于细导线特征已蕴于磁场的时间推进公式中，电场无须修正，直接用原来的公式推进。

4.2.2 色散介质处理

在第 1 章就已讲过，所谓色散介质就是其本构参数随频率而变化的介质，如实际存在的等离子体，4.1.2 小节中构想的完全匹配吸收层等。为方便起见，这里只以介电常数随频率而变化，磁导率与频率无关的色散介质为例来说明时域有限差分对色散介质的处理方法。不同于非色散介质的是，在这种色散介质中麦克斯韦方程中的电位移矢量 $\boldsymbol{D}$ 的偏导数不能简单地转化成电场强度的偏导数，因为这种介质的相对介电常数是频率的函数，换言之，相对介电常数对时间的偏导数不为零。也就是只有方程：

$$\nabla \times \boldsymbol{H} = \frac{\partial \boldsymbol{D}}{\partial t} \tag{4.82}$$

没有方程：

$$\nabla \times \boldsymbol{H} = \varepsilon \frac{\partial \boldsymbol{E}}{\partial t} \tag{4.83}$$

这样用 Yee 格式离散方程 (4.82)，得到的只是由 $\boldsymbol{D}$ 和 $\boldsymbol{H}$ 如何推进下一步 $\boldsymbol{D}$ 的公式，不是由 $\boldsymbol{E}$ 和 $\boldsymbol{H}$ 构成的推进公式。为此还需利用本构关系建立 $\boldsymbol{D}$ 和 $\boldsymbol{E}$ 在时域中的关系。这种关系的建立随相对介电常数的频率函数形式的变化而变化，即便对于一个确定的频率函数形式，也有多种建立方式。4.1.2 小节中的完全匹配吸收层便是一例。下面欲再举一例来阐述这种关系的建立过程。若介质的介电常数满足下面德拜 (Debye) 方程形式：

$$\varepsilon(\omega) = \varepsilon_0 \left[\varepsilon_\infty + \chi(\omega)\right] = \varepsilon_0 \left[\varepsilon_\infty + \frac{\varepsilon_\mathrm{s} - \varepsilon_\infty}{1 + \mathrm{j}\omega\tau_0}\right] \tag{4.84}$$

其中，ε_s 和 ε_∞ 分别为静态和无限频率的相对介电常数，τ_0 为弛豫时间常数。换言之，也就是 $\boldsymbol{D}$ 和 $\boldsymbol{E}$ 在频域中有下面关系：

$$\boldsymbol{D}(\omega) = \varepsilon_0[\varepsilon_\infty + \chi(\omega)]\boldsymbol{E}(\omega) = \varepsilon_0 \left[\varepsilon_\infty + \frac{\varepsilon_\mathrm{s} - \varepsilon_\infty}{1 + \mathrm{j}\omega\tau_0}\right] \boldsymbol{E}(\omega) \tag{4.85}$$

即

$$\boldsymbol{D}(\omega) + \mathrm{j}\omega\tau_0 \boldsymbol{D}(\omega) = \varepsilon_0\varepsilon_\mathrm{s}\boldsymbol{E}(\omega) + \mathrm{j}\omega\tau_0\varepsilon_0\varepsilon_\infty\boldsymbol{E}(\omega) \tag{4.86}$$

对式 (4.86) 做逆傅里叶变换得

$$\boldsymbol{D} + \tau_0 \frac{\partial \boldsymbol{D}}{\partial t} = \varepsilon_0\varepsilon_\mathrm{s}\boldsymbol{E}(\omega) + \tau_0\varepsilon_0\varepsilon_\infty \frac{\partial \boldsymbol{E}}{\partial t} \tag{4.87}$$

将此式在 $t = (n + 1/2)\Delta t$ 时刻离散得到

$$\frac{\boldsymbol{D}^{n+1} + \boldsymbol{D}^n}{2} + \tau_0 \frac{\boldsymbol{D}^{n+1} - \boldsymbol{D}^n}{\Delta t} = \varepsilon_0\varepsilon_\mathrm{s} \frac{\boldsymbol{E}^{n+1} + \boldsymbol{E}^n}{2} + \tau_0\varepsilon_0\varepsilon_\mathrm{s} \frac{\boldsymbol{E}^{n+1} - \boldsymbol{E}^n}{\Delta t} \tag{4.88}$$

由此可得时域中由 $\boldsymbol{D}$ 到 $\boldsymbol{E}$ 的关系：

$$\boldsymbol{E}^{n+1} = a\boldsymbol{E}^n + b\boldsymbol{D}^{n+1} - c\boldsymbol{D}^n \tag{4.89}$$

其中，

$$a = \frac{\dfrac{\tau_0\varepsilon_0\varepsilon_\infty}{\Delta t} - \dfrac{\varepsilon_0\varepsilon_\mathrm{s}}{2}}{\dfrac{\tau_0\varepsilon_0\varepsilon_\infty}{\Delta t} + \dfrac{\varepsilon_0\varepsilon_\mathrm{s}}{2}} \tag{4.90}$$

$$b = \frac{\dfrac{\tau_0}{\Delta t} + \dfrac{1}{2}}{\dfrac{\tau_0 \varepsilon_0 \varepsilon_\infty}{\Delta t} + \dfrac{\varepsilon_0 \varepsilon_\mathrm{s}}{2}} \tag{4.91}$$

$$c = \frac{\dfrac{\tau_0}{\Delta t} - \dfrac{1}{2}}{\dfrac{\tau_0 \varepsilon_0 \varepsilon_\infty}{\Delta t} + \dfrac{\varepsilon_0 \varepsilon_\mathrm{s}}{2}} \tag{4.92}$$

4.2.3 集中元件处理

所谓集中元件指的是其尺寸远小于电波长，其特征一般由电压与电流的关系而定的元件，如电阻、电容、电感、二极管、三极管等。本节要考虑的就是如何修正 Yee 格式以便可以分析集中元件的影响。假设集中元件尺寸小于一个时域有限差分法单元。按 Sui 等[7] 的方法，将集中元件的作用等效成集中电流 $\boldsymbol{J}_L$ 的作用，即

$$\nabla \times \boldsymbol{H} = \frac{\partial \boldsymbol{D}}{\partial t} + \boldsymbol{J}_L \tag{4.93}$$

不失一般性，如图 4-12 所示，设 $\boldsymbol{J}_L$ 沿 z 方向，$\boldsymbol{J}_L$ 与元件总电流 I_L 的关系为

$$\boldsymbol{J}_L = \frac{I_L}{\Delta x \Delta y} \hat{\boldsymbol{z}} \tag{4.94}$$

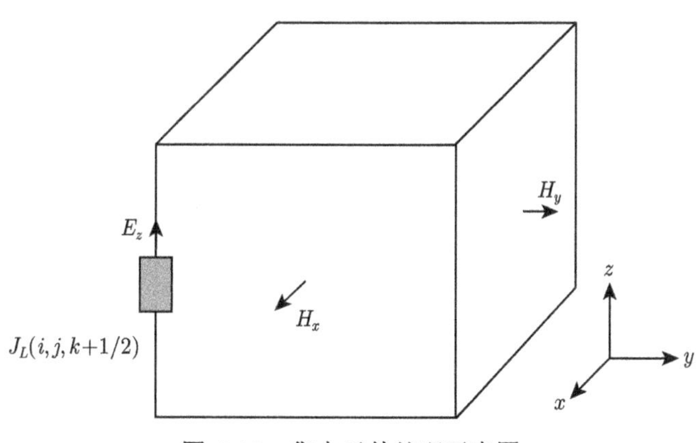

图 4-12 集中元件处理示意图

这样方程 (4.93) 的 z 分量便可离散成

$$\begin{aligned} E_z\big|_{i,j,k+1/2}^{n+1} = & E_z\big|_{i,j,k+1/2}^{n} + \frac{\Delta t}{\varepsilon} (\nabla \times \boldsymbol{H})_z\big|_{i,j,k+1/2}^{n+1/2} \\ & - \frac{\Delta t}{\varepsilon \Delta x \Delta y} \boldsymbol{I}_L\big|_{i,j,k+1/2}^{n+1/2} \end{aligned} \tag{4.95}$$

再由集中元件具体的电压、电流的关系以及电压与电场之间的关系，便可推出修正的随时间推进的离散公式。以位于 E_z 节点的电阻 R 为例，流过电阻 R 的电流为

$$I_L\Big|_{i,j,k+1/2}^{n+1/2} = \frac{U_L\Big|_{i,j,k+1/2}^{n+1/2}}{R} \tag{4.96}$$

其中，U_L 为集中元件的端电压，它与电场的关系为

$$U_L\Big|_{i,j,k+1/2}^{n+1/2} = \Delta z\ E_z\Big|_{i,j,k+1/2}^{n+1/2} = \frac{\Delta z}{2}\left(E_z\Big|_{i,j,k+1/2}^{n+1} + E_z\Big|_{i,j,k+1/2}^{n}\right) \tag{4.97}$$

将式 (4.96) 和式 (4.97) 代入式 (4.95)，整理可得

$$E_z\Big|_{i,j,k+1/2}^{n+1} = aE_z\Big|_{i,j,k+1/2}^{n} + b\left(\boldsymbol{\nabla}\times\boldsymbol{H}\right)_z\Big|_{i,j,k+1/2}^{n+1/2} \tag{4.98}$$

其中，

$$a = \frac{1-\dfrac{\Delta t\Delta z}{2R\varepsilon\Delta x\Delta y}}{1+\dfrac{\Delta t\Delta z}{2R\varepsilon\Delta x\Delta y}} \tag{4.99}$$

$$b = \frac{\dfrac{\Delta t}{\varepsilon}}{1+\dfrac{\Delta t\Delta z}{2R\varepsilon\Delta x\Delta y}} \tag{4.100}$$

式 (4.98) 便是集中元件电阻 R 处的电场随时间推进公式。其他类型的集中元件可类似推出。

4.3　矩量法、有限元法、时域有限差分法之比较

前述几章已清楚表明三种数值方法不同之本在于它们离散的数学表述形式不同：即矩量法是离散积分方程，有限元法是离散泛函变分，时域有限差分是直接离散时域偏微分方程。本节欲进一步讨论、整理这种根源之别所带来的种种具体数值特征的差异。

先来看三种数值方法是如何描述求解域中任意两个离散未知量 x, y 的相互作用的。矩量法是通过格林函数直接表述这种作用，这种表述是严格的。而有限元和时域有限差分是通过一系列中间未知量，也就是 x 先作用于其相邻未知量 d_1，再由 d_1 传递到 d_1 的相邻未知量 d_2，依次通过一系列中间未知量，最后才作用到 y。这种表述是近似的，通过的中间变量越多，其误差就越大。此误差就是 4.1.6 小节中提及的数值色散误差。有限元和时域有限差分都有这种数值色散误差，而矩量法不存在。然由于矩量法任意两未知量都直接相互作用，因而其离散矩阵是满阵。而

有限元和时域有限差分只有相邻未知量才发生直接相互作用，因而有限元的离散矩阵是稀疏阵，时域有限差分随时间推进公式所等效的矩阵也是稀疏阵。由此可见，有限元法和时域有限差分法性相近，而与矩量法相差较远。这是因为有限元虽是离散泛函变分，然泛函变分的实质仍属偏微分方程。

再来看看三种数值方法所得离散方程的性态及求解。时域有限差分无须求解方程组，只是模拟电磁波的传播，随时间不断往前推进。只要观察点处的电磁场变化稳定，便可终止推进，结束计算。其推进所需步数主要取决于电磁波的传播过程，既不能增加，也不能减少。故就离散方程的性态及求解这一点而论，时域有限差分没有更多可说。下面要比较的是矩量法和有限元法。由格林函数表达式不难看出，两点作用距离越近，其作用就越强，表现在离散矩阵中是离对角线越近的元素，其绝对值一般越大。这种特征使得矩量法矩阵的条件数一般要大大好于有限元的离散矩阵。若用迭代法求解方程组，矩量法离散方程的求解收敛速度要远快于有限元的收敛速度。快速离散傅里叶变换技术或多层快速多极子技术能大大减小矩量法矩阵与矢量相乘的运算复杂度，迭代法是目前求解矩量法离散方程的主要方法。虽然有限元离散方程是稀疏阵，但是由于条件数太差，若内存足够，则一般选直接法，譬如多波前求解方法。

上面对三种数值方法的数值性能作了一番讨论，下面再对三种数值方法的实施难易做些比较。不难看到，实施矩量法既要面对繁难的积分方程，又要注意基函数的恰当选取；既要耐心处理奇异点，又要巧妙构思快速求解技术。相对而言，实施有限元要容易些，只要注意基函数选取及稀疏矩阵存储方式即可。至于时域有限差分就更容易了。因此一般说来矩量法实施最难，有限元次之，时域有限差分最易。

就通用性而论，有限元与时域有限差分相近，都很通用，矩量法则稍差。别的不说，就以散射问题来说，对于矩量法而言，金属体散射、均匀介质体散射、非均匀介质体散射的求解是不同的，且差别很大。而对于有限元和时域有限差分，这三种散射可很容易在一个程序中实现。矩量法通用性的不足，从某种程度上换来了高精度、高效率。虽然原则上，三种方法精度相当，然实际计算表明，矩量法精度最高，有限元次之，时域有限差分最差。其原因是矩量法没有数值色散误差，其他两种都有。时域有限差分不仅有数值色散误差，且模拟复杂几何形状的误差一般也要大于其他两种数值方法。

问　　题

1. 用 PML 作为吸收边界条件，编写一个三维时域有限差分程序计算一个金属立方体的散射，并与图 4-8 结果比较。

2. 用时域有限差分法编写一个程序，计算一个金属长方体腔的前 5 个谐振模式的谐振频率，并与解析解比较。该腔的尺寸为 $a \times b \times l = 0.4\text{m} \times 0.2\text{m} \times 0.3\text{m}$。

3. 如果一种介质的色散关系是如下洛伦茨色散关系：

$$\varepsilon(\omega) = \varepsilon_0 \left[\varepsilon_\infty + \chi_p(\omega)\right] = \varepsilon_0 \left[\varepsilon_\infty + \frac{(\varepsilon_{s,p} - \varepsilon_{\infty,p})\,\omega_p^2}{\omega_p^2 + 2\mathrm{j}\omega\delta_p - \omega^2}\right]$$

这里，$\varepsilon_{s,p}, \varepsilon_{\infty,p}$ 分别对应零频率和无限大频率下的相对介电常数，δ_p 是阻尼系数。利用中心差分推导这种介质下电磁波的差分递进公式。

参 考 文 献

[1] Taflove A. Computational Electrodynamics: The Finite Difference Time Domain Approach[M]. Norwood, MA: Artech House, 1995.

[2] Berenger J. A perfectly matched layer for the absorption of electromagnetic waves[J]. J. Comput. Phys., 1994, 114(10): 185~200.

[3] Chew W C, Weedon W. A 3D perfectly matched medium from modified Maxwell's equations with stretched coordinates[J]. Microwave Opt. Tech. Lett., 1994, 7(13): 599~604.

[4] Abarbanel S, Gottlieb D. A mathematic analysis of the PML method[J]. J. Comput. Phys., 1997, 134: 357~363.

[5] Gedney S D. An anisotropic perfectly matched layer-absorbing medium for the truncation of FDTD lattices [J]. IEEE Trans. Antennas Propag, 1996, 44(12): 1630~1639.

[6] 葛德彪，闫玉波. 电磁波时域有限差分方法 [M]. 西安：西安电子科技大学出版社，2002.

[7] Sui W, Christensen D A, Durney C H. Extending the two dimensional FDTD method to hybrid electromagnetic systems with active and passive lumped elements[J]. IEEE Trans. Microwave Theory Tech., 1992, 40(4): 724~730.

第5章 混 合 法

电磁散射的计算方法很多，大致可分为两类：高频渐近计算和全波数值计算。高频渐近计算中有：物理光学法、几何光学法、物理绕射理论、几何绕射理论以及融合这些方法而成的弹射法 (shooting and bouncing ray, SBR) 等；全波数值计算主要有三种：矩量法、有限元法、时域有限差分法。这些方法都能独立解决广泛的电磁问题。然这些方法数值性能绝异、优点缺点很不一样。对实际具体问题，若用单一方法求解，往往虽能解，然绝非最佳，不是精度不高，就是效率较低。若能针对问题特征，集各法所长，往往能构思出精效兼备的求解方案，这便是混合法。准确说来，混合法非一具体之方法，一特殊之技巧，而是一种寻求最佳解决问题方案的思路。很明显，此思路放之于其他学科也能用，非独适于计算电磁学。然如何实现这一思路，不同学科差异很大。大致说来，计算电磁学混合法的构思大致可分为两类：一类是将求解域分成不同的区域，对不同的区域用不同的方法，像混合有限元和矩量法便属此类，这类混合法的依据是等效原理；另一类就是将求解问题维数分离，对不同维用不同方法，像直线法便可列入此类，这类混合法的依据是模式理论或分离变量理论。本章在第 1 节讲述高频渐近方法和全波数值方法的混合；接着在第 2 节讲述全波数值方法之间的混合。第 3 节将区域分解方法用于混合有限元、边界元、多层快速多极子 (合元极方法)，以进一步提高合元极方法的计算性能。

5.1 混合高频渐近方法和全波数值方法

我们知道，高频渐近方法计算效率高，对计算机内存和计算速度要求较低，但一般只适用于电大金属体；而全波数值方法计算效率低，虽原则上可用于一切物体，但由于计算机内存和计算速度的限制，实际上目前只能有效地计算电小复杂目标。尽管随着各种快速算法的出现 (譬如快速多极子技术、稀疏矩阵的快速求解技术、快速离散傅里叶变换的应用技术) 以及计算机技术的快速发展 (譬如 Beowulf 并行计算系统)，全波数值方法所能解决的目标的电尺寸是越来越大，但就现在而言，还是有许多实际目标，全波数值方法无法独立有效解决。因此，对于某些实际目标，还需设计、构思出混合高频渐近方法和全波数值方法的算法，才能真正有效解决。将高频渐近方法和全波数值方法混合的计算思路起于 20 世纪 70 年代中期，代表性的是 G. A.Thiele 等的工作[1]，其后一直在不断发展，近年比较有代表性的是 J.M.Jin 等的工作[2−4]，以及 U.Jakobus 等的工作[5]。尽管对于不同结构，高频渐近方法和全波数值方法的混合算法在具体技巧上会略有不同，然而基本思路都是一致的。本节就是通过两个问题的混合法求解来具体阐述这一思路及其实现。

5.1.1　混合高频渐近方法与有限元法

实际中常常有一种带缝或腔的电大目标。这种缝或腔往往对整个目标的后向散射具有重要影响。本节就是讲述如何用混合高频渐近与有限元的方法来有效计算这种目标的散射。

1. *求解思路*

图 5-1(a) 所示为一个带有介质填充腔的电大金属体。这里的电大金属体尺寸是几十，甚至是几百个电波长，而腔只有几个电波长。对于这类目标的电磁散射，单独应用高频渐近法或全波数值法都难以准确有效地计算。为此我们需要设计混合高频渐近方法和全波数值方法的高效准确算法。我们的求解思路是用等效原理将原问题的求解区域分解为两块：一个是腔外，一个是腔内，如图 5-1(b) 所示。腔外用 1.3.1 小节中等效原理的第二形式，即等效为用金属封住腔口后的无腔电大金属体在入射波以及等效磁流 $\boldsymbol{M}$ 下的散射，这样便可用高频渐近法高效准确求解；腔内用 1.3.1 小节中等效原理的第一形式，即惠更斯原理，这样便可用有限元高效准确求解。

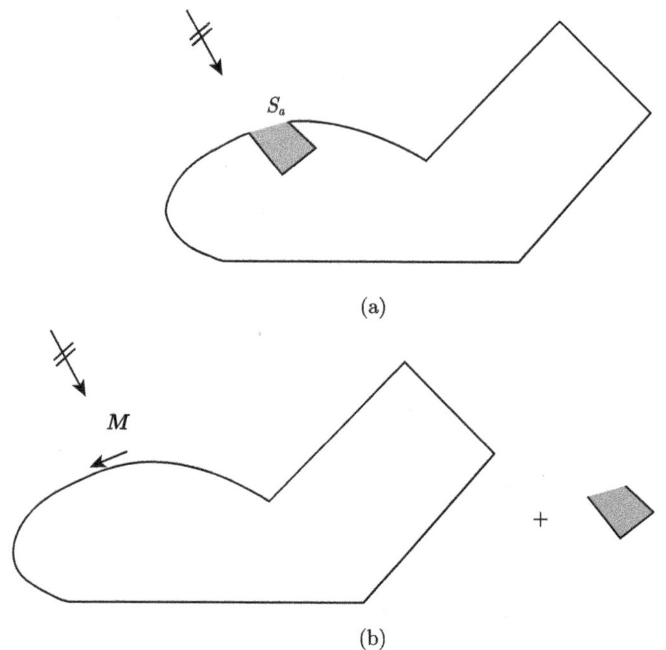

图 5-1　带腔电大目标的混合法计算示意图

2. 腔外区域的高频渐近法求解

由上面分析可知，腔外区域的散射场由两部分组成：一是入射场引起的散射场，一是等效磁流 $\boldsymbol{M}$ 引起的散射场。由于此处要计算的入射场所引起的散射场是无腔电大金属体的散射，故可用高频渐近法求解。这里以物理光学法为例来求解入射场所引起的散射磁场为

$$\boldsymbol{H}^{\mathrm{po}}=-\int_S \boldsymbol{J}_{\mathrm{po}}\times\boldsymbol{\nabla}G_0\mathrm{d}S' \tag{5.1}$$

这里，G_0 是自由空间的格林函数，且

$$\boldsymbol{J}_{\mathrm{po}}=\begin{cases}2\boldsymbol{n}\times\boldsymbol{H}^{\mathrm{i}}(\boldsymbol{r}), & \boldsymbol{r}\in S_{\text{光照区}}\\ 0, & \boldsymbol{r}\in S_{\text{阴影区}}\end{cases} \tag{5.2}$$

等效磁流 $\boldsymbol{M}$ 引起的散射磁场可表示为

$$\boldsymbol{H}^m=-\mathrm{j}k_0Y_0\int_{S_a}\overleftrightarrow{\boldsymbol{G}}\cdot\boldsymbol{M}\mathrm{d}S' \tag{5.3}$$

这里，$\overleftrightarrow{\boldsymbol{G}}$ 是无腔金属体的并矢格林函数，一般无解析表达式。然由于等效磁流通常处在光滑且曲半径较大处，故 $\overleftrightarrow{\boldsymbol{G}}$ 可用**半空间并矢格林函数**$\overleftrightarrow{\boldsymbol{G}}_h$ 近似，即

$$\overleftrightarrow{\boldsymbol{G}}_h(\boldsymbol{r},\boldsymbol{r}')=\overleftrightarrow{\boldsymbol{G}}_0(\boldsymbol{r},\boldsymbol{r}')-\overleftrightarrow{\boldsymbol{G}}_0(\boldsymbol{r},\boldsymbol{r}_i')+2\boldsymbol{n}_a\boldsymbol{n}_aG_0(\boldsymbol{r},\boldsymbol{r}_i') \tag{5.4}$$

其中，$\boldsymbol{r}_i'$ 为 $\boldsymbol{r}'$ 的镜像点，$\boldsymbol{n}_a$ 是腔开口面 S_a 的单位外法向矢量，$\overleftrightarrow{\boldsymbol{G}}_0$ 是自由空间并矢格林函数，可表示为

$$\overleftrightarrow{\boldsymbol{G}}_0(\boldsymbol{r},\boldsymbol{r}')=\left(\overleftrightarrow{\boldsymbol{I}}-\frac{1}{k_0^2}\boldsymbol{\nabla}\boldsymbol{\nabla}'\right)G_0(\boldsymbol{r},\boldsymbol{r}') \tag{5.5}$$

于是腔外散射总磁场为

$$\boldsymbol{H}=\boldsymbol{H}^{\mathrm{po}}+\boldsymbol{H}^m=\boldsymbol{H}^{\mathrm{po}}-\mathrm{j}k_0Y_0\int_{S_a}\overleftrightarrow{\boldsymbol{G}}\cdot\boldsymbol{M}\mathrm{d}S' \tag{5.6}$$

3. 腔内区域的有限元法求解

我们知道，腔内的场可等效为下列泛函的变分：

$$F(\boldsymbol{E})=\frac{1}{2}\int_V\left[\frac{1}{\mu_r}(\boldsymbol{\nabla}\times\boldsymbol{E})\cdot(\boldsymbol{\nabla}\times\boldsymbol{E})-k_0^2\varepsilon_r\boldsymbol{E}\cdot\boldsymbol{E}\right]\mathrm{d}V+\mathrm{j}k_0Z_0\int_{S_a}\boldsymbol{n}\times\boldsymbol{E}\cdot\boldsymbol{H}\mathrm{d}S \tag{5.7}$$

这里，V 表示腔内空间，S 表示腔的开口面。将式 (5.6) 代入式 (5.7) 得

$$F(\boldsymbol{E})=\frac{1}{2}\int_V\left[\frac{1}{\mu_r}(\boldsymbol{\nabla}\times\boldsymbol{E})\cdot(\boldsymbol{\nabla}\times\boldsymbol{E})-k_0^2\varepsilon_r\boldsymbol{E}\cdot\boldsymbol{E}\right]\mathrm{d}V$$

$$-k_0^2\int_{S_a}\boldsymbol{n}\times\boldsymbol{E}\cdot\left[\int_{S_a}\overleftrightarrow{\boldsymbol{G}}\cdot\boldsymbol{n}\times\boldsymbol{E}\mathrm{d}S'\right]\mathrm{d}S$$
$$+\mathrm{j}k_0Z_0\int_{S_a}\boldsymbol{n}\times\boldsymbol{E}\cdot\boldsymbol{H}^{\mathrm{po}}\mathrm{d}S \tag{5.8}$$

将腔体 V 分成许多小四面体单元，每个单元中的场用第 4 章中的矢量基函数表示，这样腔体内的场便可表示成

$$\boldsymbol{E}=\sum_{j=1}^{N}\boldsymbol{N}_jE_j \tag{5.9}$$

式中，N 表示总未知数，在此为离散后的四面体边总数，E_j 是插值未知量，在此为每条边的电场切向分量，$\boldsymbol{N}_j$ 是矢量基函数。将式 (5.9) 代入式 (5.8)，利用变分原理可得

$$[K]\{E\}=\{b\} \tag{5.10}$$

其中，

$$K_{ij}=\frac{1}{2}\int_V\left[\frac{1}{\mu_r}(\boldsymbol{\nabla}\times\boldsymbol{N}_i)\cdot(\boldsymbol{\nabla}\times\boldsymbol{N}_j)-k_0^2\varepsilon_r\boldsymbol{N}_i\cdot\boldsymbol{N}_j\right]\mathrm{d}V$$
$$-k_0^2\int_{S_a}\boldsymbol{n}\times\boldsymbol{N}_i\cdot\left[\int_{S_a}\overleftrightarrow{\boldsymbol{G}}\cdot\boldsymbol{n}\times\boldsymbol{N}_j\mathrm{d}S'\right]\mathrm{d}S \tag{5.11}$$

$$b_j=-\mathrm{j}k_0Z_0\int_{S_a}\boldsymbol{n}\times\boldsymbol{N}_j\cdot\boldsymbol{H}^{\mathrm{po}}\mathrm{d}S \tag{5.12}$$

求解方程 (5.10)，便知腔内的场分布，从而也就求出等效磁流 $\boldsymbol{M}$，进而便可计算出远区散射场。

4. 远区散射场的计算

同样，远区散射场也由两部分组成：一部分由入射场引起的散射场，其计算完全可按“腔外区域的高频渐近法求解”一节讲述的方式进行；另一部分由等效磁流 $\boldsymbol{M}$ 引起的散射场，原则上按公式 (5.3) 计算得到。然公式 (5.3) 中并矢格林函数 $\overleftrightarrow{\boldsymbol{G}}$ 不可求解。若按上述方式，用半空间并矢格林函数 $\overleftrightarrow{\boldsymbol{G}}_h$ 近似，势必会给远区散射场的计算带来很大误差。因为 $\overleftrightarrow{\boldsymbol{G}}_h$ 忽略了电大物体对电磁波的反射以及各种绕射，这种反射和绕射对腔体开口处的场影响可能不大，但对远区散射场会有较大影响。为此，我们用互易原理来克服这个困难。根据互易原理，等效磁流 $\boldsymbol{M}$ 产生的场 $\boldsymbol{H}^{\mathrm{s}}$ 有下列关系：

$$\int\boldsymbol{H}^{\mathrm{s}}\cdot\boldsymbol{M}_a\mathrm{d}V=\int\boldsymbol{H}_a\cdot\boldsymbol{M}\mathrm{d}V \tag{5.13}$$

式中，$\boldsymbol{M}_a$ 表示任意磁流源，$\boldsymbol{H}_a$ 是 $\boldsymbol{M}_a$ 在电大物体存在时产生的场。选择 $\boldsymbol{M}_a$ 为单位脉冲，且放置在远区观察点处，我们知道它在腔体开口处产生的场为

$$\boldsymbol{H}_a=\mathrm{j}k_0\frac{\mathrm{e}^{-\mathrm{j}k_0r}}{4\pi r}\boldsymbol{H}^{\mathrm{po}} \tag{5.14}$$

将式 (5.14) 代入式 (5.13) 得

$$E_{\theta,\phi}^{\mathrm{sc}} = \frac{\mathrm{j}k_0 Z_0 \mathrm{e}^{-\mathrm{j}k_0 r}}{4\pi r} \int_{S_a} \boldsymbol{M} \cdot \boldsymbol{H}_{\mathrm{v,h}}^{\mathrm{po}} \mathrm{d}S \tag{5.15}$$

式中，$\boldsymbol{H}_{\mathrm{v}}^{\mathrm{po}}$ 表示无腔电大物体在垂直极化入射时产生的散射磁场，$\boldsymbol{H}_{\mathrm{h}}^{\mathrm{po}}$ 表示无腔电大物体在水平极化入射时产生的散射磁场。

5. 计算实例

为了显示上述混合法的计算精度，这里计算带缝金属体的散射，它是一个尺寸为 $5\lambda \times 5\lambda \times 5\lambda$ 的金属立方体，在其上表面有一裂缝，缝长 5λ，宽 0.2λ，深 0.25λ，如图 5-2(a) 所示。图 5-2(b) 和 (c) 给出了混合法与矩量法的计算结果。由图可见上述混合法有着很好的计算精度。

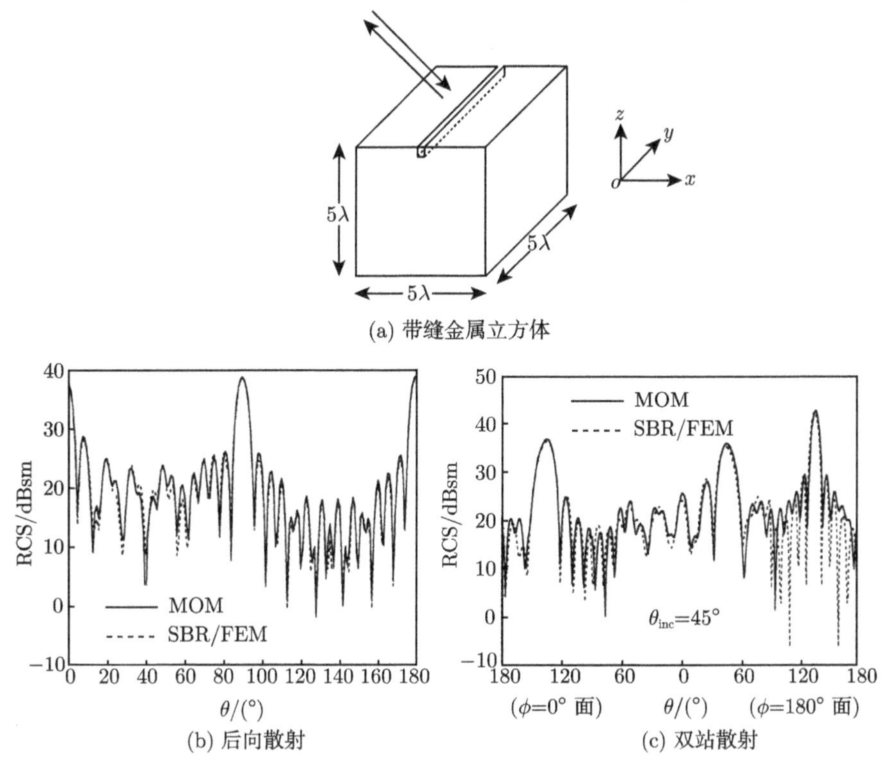

图 5-2 带缝金属立方体散射混合法与矩量法计算值比较

5.1.2 混合高频渐近方法与矩量法

实际中常常还有另一种带突起部分的电大目标。这种突起部分往往也对整个目标的后向散射具有重要影响。本节将讲述如何用混合高频渐近方法与矩量法来有效计算这种目标的散射。

图 5-3(a) 为一个带有金属突起的电大金属体。这里的电大金属体的尺寸是几十，甚至是几百个电波长，而突起部分只有几个电波长。对于这类目标的电磁散射，同样需要设计混合高频渐近方法和全波数值方法的算法，才能高效准确计算。我们的混合求解思路是将原问题的求解区域分成两块：一块是无突起电大金属体，另一块是突起部分，如图 5-3(b) 所示。如果能求出满足无突起电大金属体边界条件的并矢格林函数 $\overleftrightarrow{\boldsymbol{G}}$，那么就可只需在突起部分边界引入等效电流 $\boldsymbol{J}$，建立下列积分方程进行求解：

$$\left(\boldsymbol{E}^{\mathrm{s}} - \mathrm{j}k_0 \int_{S_p} \overleftrightarrow{\boldsymbol{G}} \cdot \boldsymbol{J} \mathrm{d}S\right)\bigg|_t = 0 \tag{5.16}$$

式中，$\boldsymbol{E}^{\mathrm{s}}$ 是入射波照射在无突起电大金属体后，在突起部分边界引起的散射场。它可用高频渐近法计算得到。若用物理光学法，可完全仿照 5.1.1 小节介绍进行。并矢格林函数 $\overleftrightarrow{\boldsymbol{G}}$ 一般难以求出，这里同 5.1.1 小节一样，用半空间并矢格林函数 $\overleftrightarrow{\boldsymbol{G}}_h$ 近似。用矩量法离散 (5.16) 后便可求出突起部分的等效电流 $\boldsymbol{J}$，进而便可计算出我们需要的远区散射场。

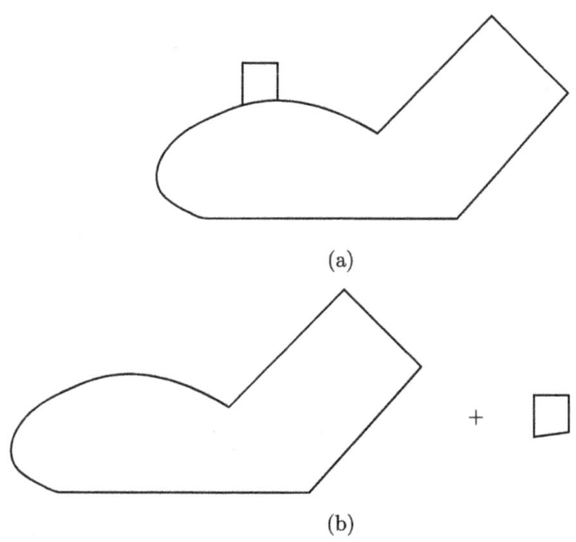

(a)

(b)

图 5-3　带突起电大目标的混合法计算示意图

同 5.1.1 小节一样，为了较为准确地计算出突起部分等效电流 $\boldsymbol{J}$ 在远区的散射场，我们可用互易原理得到下列公式进行计算：

$$\boldsymbol{E}_{\theta,\phi}^{\mathrm{sc}} = -\frac{\mathrm{j}k_0 \mathrm{e}^{-\mathrm{j}k_0 r}}{4\pi r} \int_{S_p} \boldsymbol{J} \cdot \boldsymbol{E}_{\mathrm{v,h}}^{\mathrm{po}} \mathrm{d}S \tag{5.17}$$

式中，$\boldsymbol{E}_{\mathrm{v}}^{\mathrm{po}}$ 表示无突起电大金属体在垂直极化入射时产生的散射电场，$\boldsymbol{E}_{\mathrm{h}}^{\mathrm{po}}$ 表示无突起电大金属体在水平极化入射时产生的散射电场。

为了显示上述混合法的计算精度，这里计算带突起金属体的散射，它是一个尺寸为 $8\lambda\times8\lambda\times1\lambda$ 的金属立方体，在其上表面放置两块金属板，一块为 $2\lambda\times2\lambda$，一块为 $1\lambda\times1\lambda$，如图 5-4(a) 所示。图 5-4(b) 和 (c) 给出了混合法与矩量法的计算结果。由图可见上述混合法有着很好的计算精度。

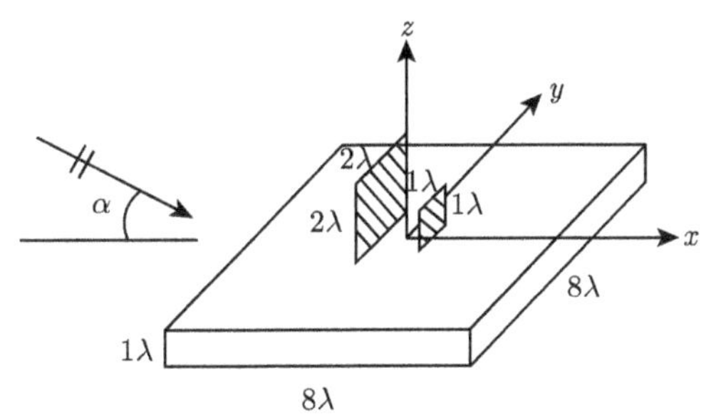

(a) 带金属板立方体

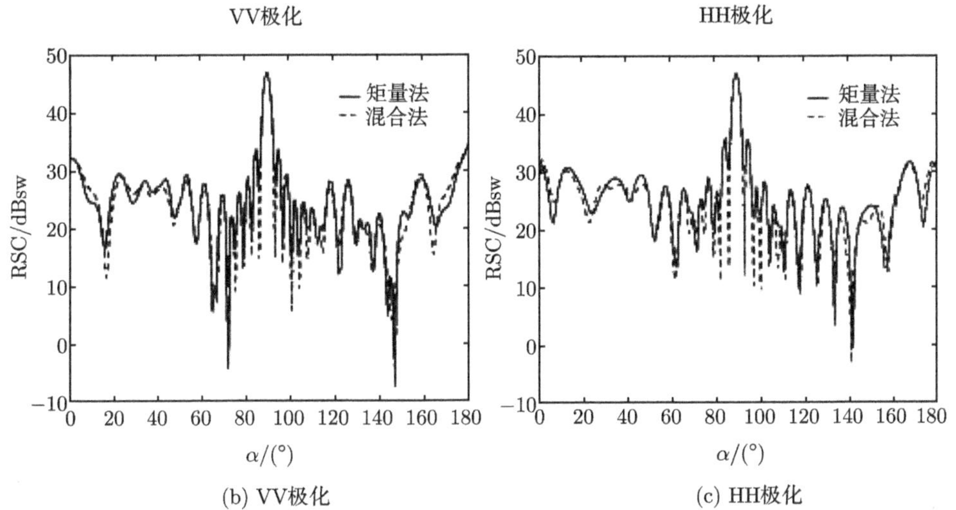

(b) VV极化 (c) HH极化

图 5-4 带金属板立方体散射混合法与矩量法计算值比较

5.2 全波数值方法之间的混合

不同全波数值方法的数值性能很不相同，所擅长解决的问题也不一样，譬如，矩量法较为擅长解决开域问题，有限元法较为擅长解决复杂形状介质问题，时域有限差分法解决宽带时域问题比较有优势，模匹配法解决传输问题比较适合。即便同一方法，不同的算法适用范围、优势劣势也不一样，譬如，基于磁场积分方程的矩量法算法虽迭代速度快，然而只适用于闭合物体；而基于电场积分方程的矩量法算法虽能计算包括像线天线、无限薄金属板等不闭合物体，然而迭代速度慢。为此，对于复杂实际问题，需要混合这些方法，才能设计出高效精确的算法。本节欲通过几个典型例子，来讲述如何构思设计混合不同全波数值法的算法。

5.2.1　混合有限元、边界元、多层快速多极子——合元极方法

在金属体上涂一层吸收材料是减少飞行器散射截面，以达到隐身的一种常用方法。要实现这种隐身方式，就需能定量计算这类涂层体的散射截面。若用体积分矩量法求解此问题，计算效率明显不高。因为涂层体中大部分都是金属，其内电磁场为零，无须作为求解域，而体积分矩量法在用快速傅里叶变换加速时，很难将金属从求解域中分离出去。若用有限元或时域有限差分，则需将无限求解域截断。截断边界要保持与涂层体相当距离，以保证吸收边界的精度。这就扩大了求解域，增加了离散未知数，降低了计算效率。不仅如此，更为不利的是，吸收边界是近似的，其近似程度随涂层体形状、材料等的变化而变化，无法准确估计。作为估算，此法尚可，若要作为精确计算的标准，则不妥。本节下面要讲述的是一种混合有限元、矩量法、快速多极子的方法，能精确高效地解决此问题。

1. *求解思路*

图 5-5 所示为一个涂层体。以涂层体最外层边界 S_e 为界将求解域分成内外两部分，其内为非均匀介质层，其外为无限大自由空间。对于内部区域中的场，即 S_e 以内、金属边界 S_i 以外区域中的场，用有限元方法去建立方程；对于外部自由空间区域中的场，用矩量法建立方程。根据等效原理，将此内外两部分连于一整体，最终求解问题。这便是混合有限元和矩量法的基本思路。这是从区域划分、描述物理现象角度，对此种混合法的一种叙述。若从求解方程角度来阐述此法，或许更具体、更明确。假设 S_e 上边界条件未知，将有限元应用于内部区域场，其结果是离散方程个数必少于离散未知数个数，因为 S_e 边界上的离散未知量中既有电场，又有磁场。只有 S_e 边界上的电场和磁场关系确立，方程方可求解。这种关系的建立可通过局域边界条件。此种建立方式之长在于保证了有限元离散矩阵的稀疏性，其短在于其近似，求解域扩大，因为为保证局域边界条件的精度，内外分界不能取 S_e，必须离 S_e 相当距离。在混合有限元和矩量法中，S_e 边界上电场和磁场的关系是由矩量法建立的。只要运用第 1 章等效原理中的惠更斯原理，便可在 S_e 边界建立关于电场和磁场的积分方程。此积分方程经离散后与有限元离散方程联立便可求解出未知场。这种建立方式之长在于精确，其短在于破坏了有限元离散矩阵的稀疏性。为了弥补这一不足，可将快速多极子应用于求解混合有限元和矩量法的离散方

程中，也就是用快速多极子加快离散矩阵中矩量法满阵与矢量的相乘。这便是混合有限元、矩量法、快速多极子求解涂层体散射的整个思路。下面一节将给出这一思路的具体数学表达。

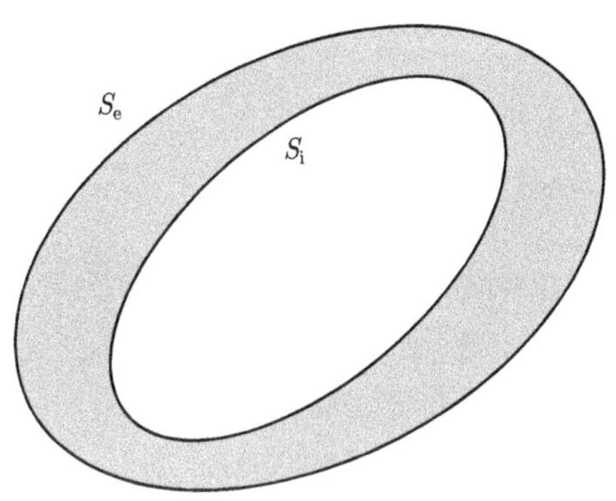

图 5-5 涂层体示意图

2. 求解方程的建立

我们知道，区域内电场满足下面泛函的变分：

$$F(\boldsymbol{E}) = \frac{1}{2}\int_V \left[\frac{1}{\mu_r}(\nabla\times\boldsymbol{E})\cdot(\nabla\times\boldsymbol{E}) - k_0^2\varepsilon_r\boldsymbol{E}\cdot\boldsymbol{E}\right]\mathrm{d}V + \mathrm{j}k_0\int_{S_0}\left(\boldsymbol{E}\times\overline{\boldsymbol{H}}\right)\cdot\boldsymbol{n}\mathrm{d}S \tag{5.18}$$

这里，V 表示 S_{i} 和 S_{e} 所包围的区域，$\boldsymbol{n}$ 表示 S_{e} 边界的向外法向单位矢量，k_0 是自由空间的波数，$\overline{\boldsymbol{H}} = Z_0\boldsymbol{H}$，其中 Z_0 是自由空间中的波阻抗。泛函 (5.18) 的面积分项不仅含有未知电场，同时还有未知磁场。这是边界上的电场和磁场关系未知造成的。用四面体剖分区域 V，并用四面体边缘元基函数离散上述泛函，取变分得

$$\begin{bmatrix} \boldsymbol{K}_{II} & \boldsymbol{K}_{IS} & 0 \\ \boldsymbol{K}_{SI} & \boldsymbol{K}_{SS} & \boldsymbol{B} \end{bmatrix} \begin{Bmatrix} E_I \\ E_S \\ \overline{H}_S \end{Bmatrix} = \begin{Bmatrix} 0 \\ 0 \end{Bmatrix} \tag{5.19}$$

这里，$\{E_I\}$ 是区域 V 内的未知离散电场参量，$\{E_S\}$ 和 $\{\overline{H}_S\}$ 分别是区域边界 S_{e} 上的未知离散电场和磁场参量。矩阵 $\boldsymbol{K}_{II}, \boldsymbol{K}_{IS}, \boldsymbol{K}_{SI}, \boldsymbol{K}_{SS}, \boldsymbol{B}$ 都是稀疏矩阵，而且 $\boldsymbol{K}_{II}, \boldsymbol{K}_{SS}$ 是对称的，$\boldsymbol{B}$ 是反对称的。且 $\boldsymbol{K}_{IS} = \boldsymbol{K}_{SI}^{\mathrm{T}}$(上标 T 表示转置)。显然，方程组 (5.19) 中的未知数个数多于方程个数，且多的恰恰是边界上的未知磁场 $\{\overline{H}_S\}$ 的个数。只有找到确定边界上未知电场和磁场的方程，方可弥补方程组 (5.19) 中方程个数的不足。在边界建立如下电场积分方程：

$$\boldsymbol{M} + \boldsymbol{n}\times\left[\boldsymbol{L}\left(\overline{\boldsymbol{J}}\right) - \boldsymbol{K}(\boldsymbol{M})\right] = -\boldsymbol{n}\times\boldsymbol{E}^{\mathrm{i}} \tag{5.20}$$

或磁场积分方程：

$$\overline{\boldsymbol{J}} - \boldsymbol{n} \times \left[\boldsymbol{L}(\boldsymbol{M}) + \boldsymbol{K}\left(\overline{\boldsymbol{J}}\right)\right] = \boldsymbol{n} \times \boldsymbol{H}^{\mathrm{i}} \tag{5.21}$$

方程中的等效电流和磁流与边界上的电磁场有下面简单关系：

$$\overline{\boldsymbol{J}} = \boldsymbol{n} \times \overline{\boldsymbol{H}} \tag{5.22}$$

$$\overline{\boldsymbol{M}} = -\boldsymbol{n} \times \boldsymbol{E} \tag{5.23}$$

为了保证矩量法和有限元未知量离散的一致性，这里等效电磁流 $\overline{\boldsymbol{J}}$ 和 $\boldsymbol{M}$ 的离散表达式将由有限元中电磁场 $\boldsymbol{E}$ 和 $\overline{\boldsymbol{H}}$ 的离散表达式代入上述公式 (5.22) 和式 (5.23) 得到。上述有限元单元用的是四面体边缘元。不难看出，此单元在边界退化为三角形边缘元，单元中电磁场表示成

$$\boldsymbol{E} = \sum_{i=1}^{3} \boldsymbol{N}_i E_i \tag{5.24}$$

$$\overline{\boldsymbol{H}} = \sum_{i=1}^{3} \boldsymbol{N}_i \overline{H}_i \tag{5.25}$$

式中，$\boldsymbol{N}_i$ 为基函数。如此一来，三角形单元中的等效电磁流 $\boldsymbol{M}$ 和 $\overline{\boldsymbol{J}}$ 就可表示成

$$\boldsymbol{M} = -\sum_{i=1}^{3} \boldsymbol{n} \times \boldsymbol{N}_i E_i \tag{5.26}$$

$$\overline{\boldsymbol{J}} = -\sum_{i=1}^{3} \boldsymbol{n} \times \boldsymbol{N}_i \overline{H}_i \tag{5.27}$$

有趣的是，$\boldsymbol{n} \times \boldsymbol{N}_i$ 恰恰就是 RWG 基函数 $\boldsymbol{g}_i$，正可谓殊途同归。不论是电场积分方程还是磁场积分方程的离散方程都可写成下面形式：

$$[P]\{E_S\} + [Q]\left\{\overline{H}_S\right\} = \{b\} \tag{5.28}$$

联立方程 (5.19) 和方程 (5.28) 得

$$\begin{bmatrix} \boldsymbol{K}_{II} & \boldsymbol{K}_{IS} & 0 \\ \boldsymbol{K}_{SI} & \boldsymbol{K}_{SS} & \boldsymbol{B} \\ 0 & \boldsymbol{P} & \boldsymbol{Q} \end{bmatrix} \begin{Bmatrix} E_I \\ E_S \\ \overline{H}_S \end{Bmatrix} = \begin{Bmatrix} 0 \\ 0 \\ b \end{Bmatrix} \tag{5.29}$$

此便是最终可求方程组系统，其方程个数恰好等于未知数个数。

3. 离散方程性态分析

我们知道，方程 (5.29) 系数矩阵中的有限元部分比较简单，不涉及更多内容。然矩量法部分却有多种选择，且不同的选择会导致不同的精度和效率。一般说来，积分方程有四种离散方程形式：TE、NE、TH、NH。TE 是用 RWG 作试函数离散 EFIE 得到，NE 是用 $\boldsymbol{n}\times$RWG 作试函数离散 EFIE 得到，TH 是用 RWG 作试函数离散 MFIE 得到，NH 是用 $\boldsymbol{n}\times$RWG 作试函数离散 MFIE 得到。这四种都有内谐振问题，即在谐振频率点，方程奇异。显然，方程 (5.29) 中矩量法部分的奇异必导致整个方程的奇异。因而要消除离散方程 (5.29) 的谐振问题，就不能直接选取 TE、NE、TH 或 NH 作为方程 (5.29) 中的方程。我们知道用电场离散方程和磁场离散方程组合方式可消除内谐振问题。此类组合有四种：TETH、TENH、NETH、NENH。分析可知，TETH 和 NENH 组合方式表示的仍是无耗边界，因而仍有谐振问题；只有 TENH 和 NETH 才是恰当组合，消除了谐振问题。此结论也被文献[6]中的数值实验证实。为方便起见，这里引用文献[6]中的一张图，即图 5-6。此图展示的是用共轭梯度法求解方程 (5.29) 所需迭代次数与涂层球外半径的曲线。涂层球内半径，即金属球半径为 0.3367λ，涂层材料的相对介电常数 $\varepsilon_r=4.0$，相对磁导率 $\mu_r=1.0$。我们知道，用共轭梯度法求解方程 (5.29) 所需迭代次数与方程 (5.29) 系数矩阵的条件数有直接关系，即方程 (5.29) 系数矩阵的条件数越大，所需迭代次数就越多，反之，就越少。由图 5-6 可见，TETH 和 NENH 都有一个谐振峰，而 TENH 和 TENENH (TENENH 为 TE、NE、NH 的组合) 则没有。这就表明，涂层球外半径在某个电尺寸下，TETH 和 NENH 离散方程 (5.29) 系数矩阵的条件数很大，也即 TETH 和 NENH 仍有谐振问题；TENH 和 TENENH 没有。此图未给出 NETH 收敛所需迭代次数，因为这种方程几乎不收敛。下面就从分析方程结构出发来阐释此中的原因及其四种组合方式的效率。分析可知 $[Q^{\mathrm{TE}}]$ 和 $[P^{\mathrm{TH}}]$ 为似对角占优阵，$[P^{\mathrm{NE}}]$ 和 $[Q^{\mathrm{NH}}]$ 为次似对角占优阵，$[P^{\mathrm{TE}}]$, $[Q^{\mathrm{TH}}]$, $[Q^{\mathrm{NE}}]$, $[P^{\mathrm{NH}}]$ 是弱对角阵，可分别形象地写成

$$
[Q^{\mathrm{TE}}]=[P^{\mathrm{TH}}]\sim\begin{bmatrix}\ddots & & \\ & 2 & \\ & & \ddots\end{bmatrix},\quad [P^{\mathrm{NE}}]=-[Q^{\mathrm{NH}}]\sim\begin{bmatrix}\ddots & & \\ & 1 & \\ & & \ddots\end{bmatrix},
$$

$$
[P^{\mathrm{TE}}]=-[Q^{\mathrm{TH}}]\sim\begin{bmatrix}\ddots & & \\ & 0 & \\ & & \ddots\end{bmatrix},\quad [Q^{\mathrm{NE}}]=[P^{\mathrm{NH}}]\sim\begin{bmatrix}\ddots & & \\ & 0 & \\ & & \ddots\end{bmatrix}
\tag{5.30}
$$

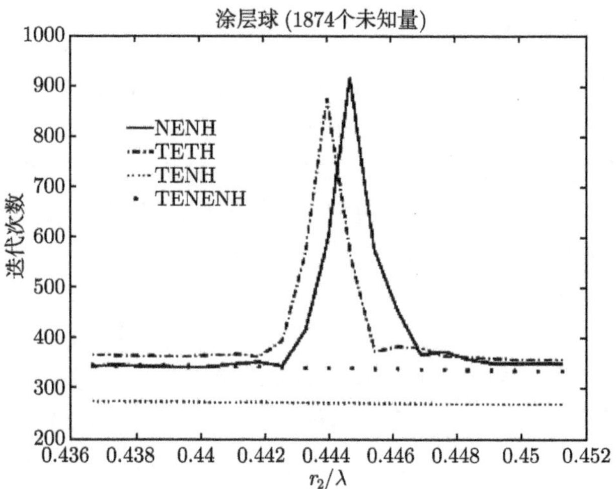

图 5-6　共轭梯度法求解方程 (5.29) 收敛所需迭代次数与涂层球外半径的关系

由此可得 TETH 的方程结构为

$$[P\,|Q] \sim \begin{bmatrix} \ddots & & & \ddots & \\ & 2 & & & 2 \\ & & \ddots & & & \ddots \end{bmatrix} \tag{5.31}$$

TENH 系数矩阵的结构为

$$[P\,|Q] \sim \begin{bmatrix} \ddots & & & \ddots & \\ & 0 & & & 3 \\ & & \ddots & & & \ddots \end{bmatrix} \tag{5.32}$$

NETH 系数矩阵的结构为

$$[P\,|Q] \sim \begin{bmatrix} \ddots & & & \ddots & \\ & 3 & & & 0 \\ & & \ddots & & & \ddots \end{bmatrix} \tag{5.33}$$

NENH 系数矩阵的结构为

$$[P\,|Q] \sim \begin{bmatrix} \ddots & & & \ddots & \\ & 1 & & & 1 \\ & & \ddots & & & \ddots \end{bmatrix} \tag{5.34}$$

结合有限元矩阵结构，不难看出 TENH 应条件数最好，TETH 和 NENH 次之，NETH 最差。此结论也被文献[6]中的数值实验证实。这里引文献[6]的结果如图 5-7。由图可见，TENH 收敛最快，TETH 和 NENH 次之，NETH 最慢，完全证实了我们的分析。

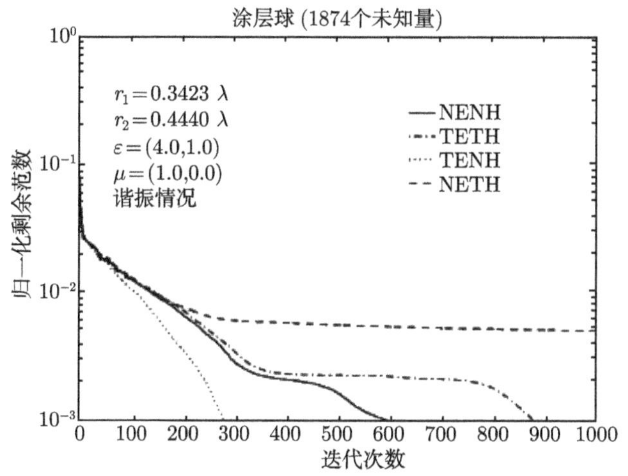

图 5-7 共轭梯度法求解方程 (5.29) 的迭代过程

4. 离散方程的求解及其数值结果

若用直接法求解方程 (5.29)，效率明显不高，因为方程 (5.29) 中的子矩阵[P]、[Q] 是满阵。若用迭代法求解方程 (5.29)，不仅方程中有限元矩阵的稀疏特征可被完全利用，而且这样一来，快速多极子就可用来加快子矩阵[P]、[Q]与矢量的相乘。而且不难知道，这种将迭代法 (譬如 CG) 直接用于求解方程 (5.29)，并将多层快速多极子用于其中的子矩阵[P]、[Q]与矢量相乘的算法，所需内存和计算量应该是 $O\left(N_v+N_s\log_2 N_s\right)$ (N_v 是有限元离散未知数个数，N_s 是矩量法离散未知数个数)。下面数值结果也证实了此点。表 5-2 列出了用此算法计算不同大小涂层球所需内存及所需 CPU 时间 (表中算法 A 和 B 将在下面介绍)。由表可见，此算法所需内存和每次迭代所需 CPU 时间几乎随未知数增加而线性增加。图 5-8 给出了不同大小的一层涂层球双站散射截面计算值与 Mie 级数解析解的比较。图 5-9 给出了两层涂层球双站散射截面计算值与 Mie 级数解析解的比较 [7−9]。由此两图可见，上述混合有限元、矩量法、快速多极子技术具有相当高的精度。

为了后面叙述方便，这里称上述算法为算法 A。虽然矩量法矩阵的条件数一般较小，然由于有限元矩阵条件数较大，方程 (5.29) 的系数矩阵的条件数也就往往较大，因而算法 A 常收敛很慢。为此，改用下面思路求解方程 (5.29)。先将方程 (5.29) 中的有限元稀疏矩阵进行 LU 分解：

$$[K] = \begin{bmatrix} K_{II} & K_{IS} \\ K_{SI} & K_{SS} \end{bmatrix} = [L][U] \tag{5.35}$$

这里，$[L]$ 是下三角矩阵，$[U]$ 是上三角矩阵。这样边界电场 $\{E_S\}$ 就可用 $\{H_S\}$ 通过下式求出

$$\begin{Bmatrix} E_I \\ E_S \end{Bmatrix} = -[U]^{-1}[L]^{-1}\begin{bmatrix} 0 \\ B \end{bmatrix}\{H_S\} \tag{5.36}$$

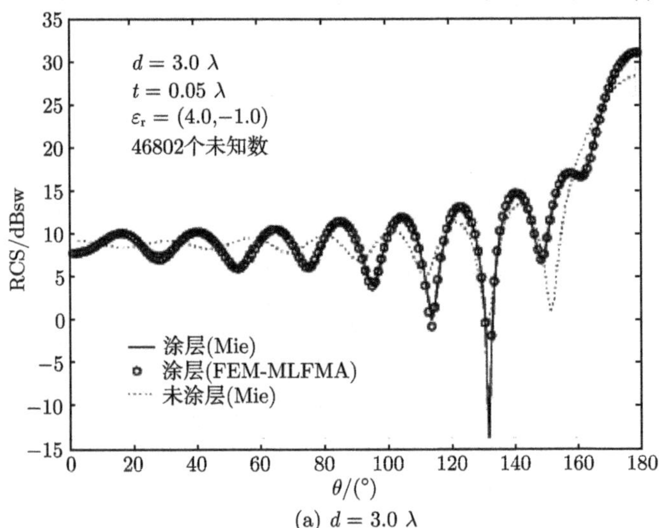

(a) $d = 3.0\ \lambda$

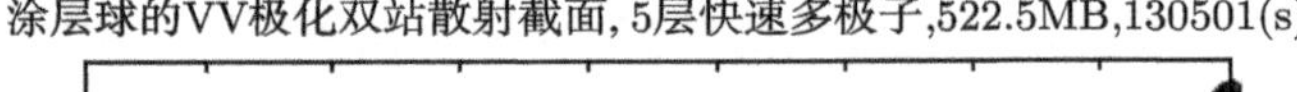

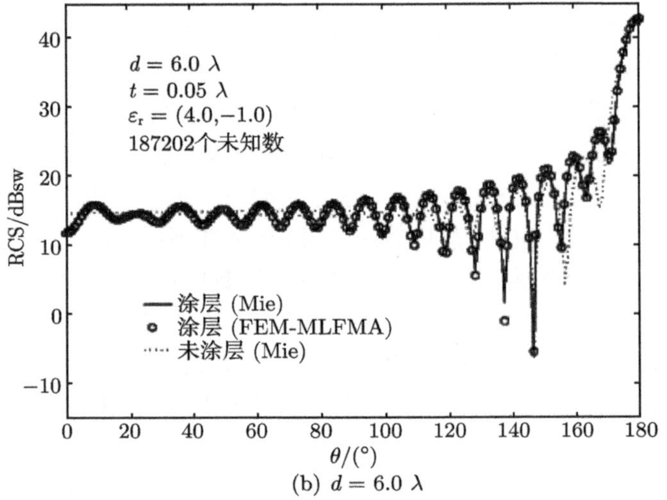

(b) $d = 6.0\ \lambda$

图 5-8　涂层球的双站散射截面

金属球直径为 d，涂层厚度为 $0.05\lambda_0$，相对介电常数为 $\varepsilon_r = 4.0 - j1.0$

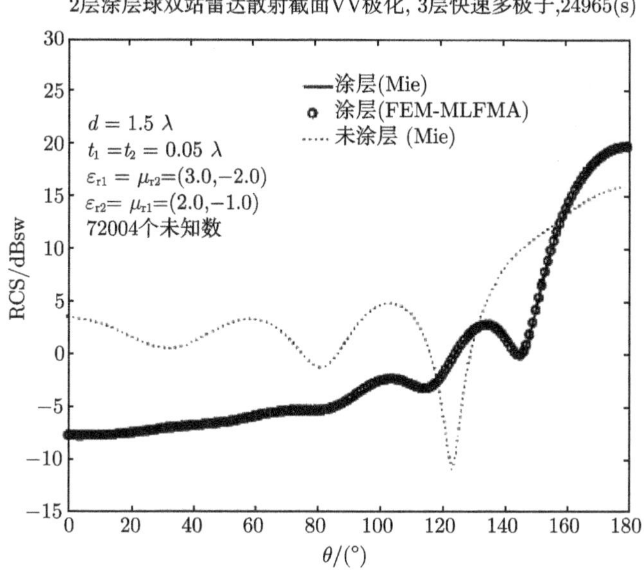

图 5-9 两层涂层球的双站散射截面

金属球直径为 $1.5\lambda_0$，每层的涂层厚度都为 $0.05\lambda_0$，内层介质参数为 $\varepsilon_{\mathrm{r}1}=3.0-\mathrm{j}2.0,\mu_{\mathrm{r}1}=2.0-\mathrm{j}1.0$，外层介质参数为 $\varepsilon_{\mathrm{r}2}=2.0-\mathrm{j}1.0,\mu_{\mathrm{r}2}=3.0-\mathrm{j}2.0$

为书写方便，将 $\{E_S\}$ 与 $\{H_S\}$ 写成

$$\{E_S\}=[M]\{H_S\} \tag{5.37}$$

读者在后面讲述的算法中可以看到矩阵 $[M]$ 无须显式求出。将式 (5.37) 代入式 (5.29) 得

$$([P][M]+[Q])\{H_S\}=\{b\} \tag{5.38}$$

后面数值实验表明，若用迭代法求解此方程 (5.38)，收敛速度极快。为此设计了下面算法 B：

(1) 运用多层快速多极子计算 $\{G\}\leftarrow[Q]\{H_S\}$。

(2) 按下面方式计算 $[M]\{H_S\}$。

  i. 计算 $\{H_S\}\leftarrow[B]\{H_S\}$；

  ii. 计算前向回代 $\{H_S\}\leftarrow[L]^{-1}\{H_S\}$；

  iii. 计算后向回代 $\{H_S\}\leftarrow[U]^{-1}\{H_S\}$。

(3) 运用多层快速多极子计算 $\{H_S\}\leftarrow[P]\{H_S\}$。

(4) 计算 $\{H_S\}\leftarrow\{G\}+\{H_S\}$。

对于算法 B 的各个步骤，大致说来 LU 分解的计算复杂度为 $O\left(N_v^2\right)$，前向和后向回代的计算复杂度都为 $O\left(N_v^{1.5}\right)$。因此，算法 B 的计算复杂度为 $O(N_v^2 + N_{\text{ite}}(N_v^{1.5} + N_s \lg N_s))$ (N_{ite} 是收敛所需迭代次数)。与算法 A 的计算复杂度 $O(N_{\text{ite}}(N + N_s \lg N_s))$ 比较，很难说谁更有效，因为理论上无法估计它们收敛所需的迭代次数。数值实验表明，在 $N_v \ll N_s$(譬如金属体部分涂层) 时，算法 B 的计算效率要高于算法 A。因为算法 B 收敛所需迭代次数远小于算法 A，而此时 LU 分解耗时较少。反之，算法 A 的计算效率就要高于算法 B，尤其是在离散未知数特多时。因为毕竟 LU 分解的计算复杂度要高于算法 A。算法 B 的另外一个明显不足在于: 进行 LU 分解时需大量额外内存。下面以计算两种物体的散射为例，来具体展示这两种算法的数值性能。第一个例子是带有介质填充腔的金属球，如图 5-10 所示。此例中的 N_v 远小于 N_s。表 5-1 列出了计算不同尺寸这种形状物体所需的未知数、内存、迭代次数及其 CPU 时间。由表可见，算法 B 收敛所需迭代次数远小于算法 A。虽然算法 B 内存需求略大于算法 A，然算法 B 效率要高出算法 A 很多。因此对于这类物体，总体而言算法 B 要好于算法 A。第二个例子是涂了一层介质的金属球，此例中的 N_v 大于 N_s。表 5-2 列出了计算不同电尺寸这种形状物体所需的未知数、内存、迭代次数及其 CPU 时间。由表可见，虽然算法 B 收敛所需迭代次数同样远小

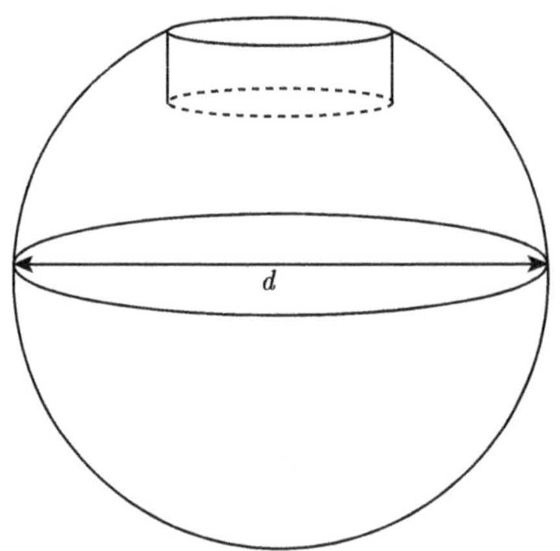

图 5-10　带有介质填充腔的金属球

表 5-1　计算不同电尺寸带有介质填充腔的金属球散射所需计算机资源

d	$0.75\lambda_0(N_v=235, N_s=768)$			$1.5\lambda_0(N_v=495, N_s=2700)$			$3.0\lambda_0(N_v=1851, N_s=10800)$		
	N_{ite}	内存/Mbit	CPU/s	N_{ite}	内存/Mbit	CPU/s	N_{ite}	内存/Mbit	CPU/s
算法 A	260	3.9	63	183	12.3	262	282	48.7	2182
算法 B	34	4.1	8.5	17	13.0	26	62	51.6	491

表 5-2 计算不同电尺寸均匀涂层金属球散射所需计算机资源

d	$0.75\lambda_0(N_v=2526, N_s=768)$			$1.5\lambda_0(N_v=9002, N_s=2700)$			$3.0\lambda_0(N_v=36002, N_s=10800)$		
	N_{ite}	内存/Mbit	CPU/s	N_{ite}	内存/Mbit	CPU/s	N_{ite}	内存/Mbit	CPU/s
算法 A	190	8.8	58	226	29.3	523	296	116.5	3478
算法 B	19	14.7	14	23	59.0	293	36	277.0	9319

于算法 A，但是算法 B 效率随计算尺寸的增加而下降，且所需内存远大于算法 A。因此对于这类物体，如果物体电尺寸很大，算法 A 的效率要高于算法 B。当然算法 B 还可进一步改善，譬如可用不完全 LU 预处理的迭代法代替算法 B 中的 LU 分解。

5. 小结

不难看出，混合有限元、矩量法、快速多极子的求解途径非专适用于本节的涂层体散射问题，它是一个非常通用的求解技术，像带有腔、缝的电大尺寸金属体的散射[3]，都非常适于用此技术求解。既然如此，为方便称呼，不妨将此技术简称为**合元极方法**。“合”，混合之简；“元”，有限元、边界元 (边界元与矩量法实为一法，取名不同而已) 之简；“极”，快速多极子之简。此为 “合元极” 三字之来源。若从字义来解，此名也附此技术之特征。“合”，有和谐之意，在此方法中有限元、边界元、快速多极子和谐而处: “元”，有本源之意，将合元方法术视为求解散射和辐射问题之本也颇为合适，“极”，有到达顶点之意，合元极方法虽非数值求解技术之顶点，然确实是兼精确、高效、通用于一身。

5.2.2 混合电场积分方程与磁场积分方程

很多实际问题，像飞机、卫星上的线天线都可归于如图 5-11 所示的电大尺寸金属体上的线天线问题。对于此问题的分析，若直接利用第 2 章介绍的矩量法，效率一定不高。其原因是: 线天线是线状，只能用电场积分方程表述。因而若要用单一积分方程表述整个问题，只能用电场积分方程。又整个结构是电大尺寸，电场积分方程的矩量法离散方程最好，在某些情况下也许只能用快速多极子加速的迭代法求解。然电场积分方程的矩量法离散矩阵条件数一般较大，若用迭代法求解离散方程，收敛速度必定很慢。为此，文献 [10] 构造出一种混合电场积分方程和磁场积分方程求解途径。其基本思路是: 将整个求解域分成两部分，即线天线表面 S_1 和金属体表面 S_2。在电大尺寸金属体表面建立磁场积分方程，在线天线表面建立电场积分方程，混合迭代求解。具体数学表达如下：在 S_1 上建立电场积分方程

$$\boldsymbol{L}_1\left(\boldsymbol{J}_1\right)+\boldsymbol{L}_2\left(\boldsymbol{J}_2\right)=-\boldsymbol{E}^{\mathrm{i}}, \quad r \in S_1 \tag{5.39}$$

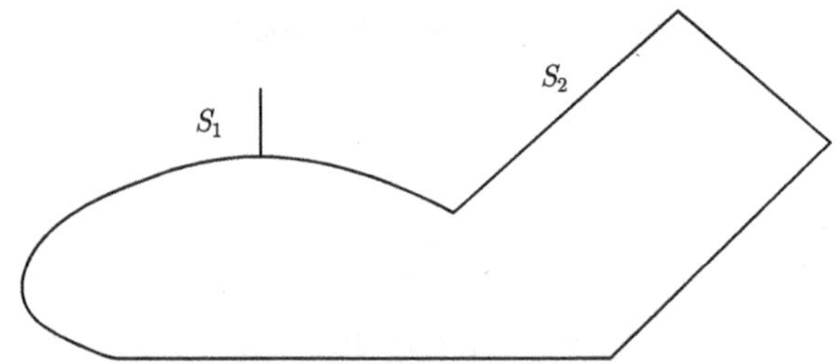

图 5-11　电大尺寸金属体上的线天线示意图

这里，$\boldsymbol{J}_1, \boldsymbol{J}_2$ 分别是 S_1, S_2 上的等效电流。在 S_2 上建立磁场积分方程

$$\boldsymbol{K}_1(\boldsymbol{J}_1) + \boldsymbol{K}_2(\boldsymbol{J}_2) = 0, \quad r \in S_2 \tag{5.40}$$

这里，算子 $\boldsymbol{L}_i, \boldsymbol{K}_i (i = 1, 2)$ 是矢量微分积分算子。需要注意的是 $\boldsymbol{L}_1, \boldsymbol{K}_1$ 的积分区域是 S_1 表面，$\boldsymbol{L}_2, \boldsymbol{K}_2$ 的积分区域是 S_2 表面。按矩量法常规步骤将等效电流 $\boldsymbol{J}_1, \boldsymbol{J}_2$ 表示成

$$\boldsymbol{J}_1 = \sum_{i=1}^{N_{S1}} \boldsymbol{f}_i I_{1i} \tag{5.41}$$

$$\boldsymbol{J}_2 = \sum_{i=1}^{N_{S2}} \boldsymbol{g}_i I_{2i} \tag{5.42}$$

这里，N_{S1} 和 N_{S2} 分别表示 S_1 和 S_2 上的离散未知数个数，$\boldsymbol{f}_i$ 是线天线上的基函数，可取线性插值函数，$\boldsymbol{g}_i$ 为金属体面上的基函数，取 RWG 基函数为佳。将式 (5.41) 和式 (5.42) 代入式 (5.39) 和式 (5.40)，并取各自的试函数点乘方程两边并作积分可得

$$[Z_{11}]_{N_{S1}\times N_{S1}} \{I_1\} + [Z_{12}]_{N_{S1}\times N_{S2}} \{I_2\} = \{V_1\} \tag{5.43}$$

$$[Z_{21}]_{N_{S2}\times N_{S1}} \{I_1\} + [Z_{22}]_{N_{S2}\times N_{S2}} \{I_2\} = \{0\} \tag{5.44}$$

方程组 (5.43) 和方程组 (5.44) 所含方程个数已清楚标在矩阵下标中。以后为书写方便，这些矩阵下标将略去。根据方程 (5.43) 和方程 (5.44) 可设计出一个高效的混合迭代算法求出等效电流 I_1, I_2。首先将方程 (5.43) 和方程 (5.44) 改写成

$$\{I_1\} = [Z_{11}]^{-1} (\{V_1\} - [Z_{12}] \{I_2\}) \tag{5.45}$$

$$\{I_2\} = [Z_{21}] \{I_1\} + [Z_{22} + E] \{I_2\} \tag{5.46}$$

这里，$[E]$ 是单位阵。然后用下面物理光学方法估计金属体表面等效电流 $I_2^{(0)}$，上标 0 表示迭代的起始值

$$\boldsymbol{J}_{\text{po}} = \begin{cases} 2\hat{\boldsymbol{n}} \times \boldsymbol{H}^{\text{i}}(r), & r \in S_{\text{lit}} \\ 0, & r \in S_{\text{dark}} \end{cases} \tag{5.47}$$

这里，$S_{\rm lit}$ 和 $S_{\rm dark}$ 分别表示物理光学方法中的光线可照射和不可照射区域。由 $I_2^{(0)}$，通过公式 (5.45) 便可算出 $I_1^{(1)}$，再由 $I_1^{(1)}$，通过公式 (5.46) 算出 $I_2^{(1)}$，如此迭代下去，直至满足

$$\frac{\left\|I_1^{(j+1)}-I_1^{(j)}\right\|}{\left\|I_1^{(j)}\right\|}<\varepsilon_1 \tag{5.48}$$

$$\frac{\left\|I_2^{(k+1)}-I_2^{(k)}\right\|}{\left\|I_2^{(j)}\right\|}<\varepsilon_2 \tag{5.49}$$

这里，ε_1、ε_2 是使用者根据精度需要设置的收敛参数，$\|\cdot\|$ 表示矢量范数。由于单极子上的离散未知数个数很少，故公式 (5.45) 的计算耗时不多。最耗时的是公式 (5.46) 中 $[Z_{22}]\{I_2\}$ 的计算，可用快速多极子加速。分析上述算法，不难发现：由 I_2 更新 I_1 为严格求解，而 I_1 更新 I_2 为迭代求解。因此实际计算中常是运用公式 (5.46) 更新多次 I_2 后，才用公式 (5.45) 更新一次 I_1。进一步分析此算法还可看到，此算法收敛快慢取决于两个过程：一是由 I_1 求解 I_2 的迭代过程，二是反映 I_1 和 I_2 相互作用的迭代过程。前一过程是由描述金属面的磁场积分方程而定的。因磁场积分方程离散方程的条件数一般较好，因而此迭代收敛应该不慢。后一过程由单极子和金属体相互作用强弱而定。若相互作用较弱，则此迭代收敛就较快；反之，若较强，则就较慢。在相互作用较强时，可将公式 (5.46) 代入公式 (5.45) 中，变 I_2 更新 I_1 的公式为

$$\{I_1\}=\left([Z_{11}]+[Z_{12}]\,[Z_{21}]\right)^{-1}\left(\{V_1\}-[Z_{12}]\,[Z_{22}+E]\,\{I_2\}\right) \tag{5.50}$$

此公式已进一步将单极子和金属体相互作用融于其中，所得算法的收敛速度应快于基于公式 (5.45) 的算法。

上述算法的高精高效已被文献[10]中的数值结果证实。这里只引个别结果，让读者对算法的实效有一大致了解。更多其他结果可参阅文献[10]。下面所引的是计算金属圆柱上一根线天线 (图 5-12) 的数值结果。圆柱的半径和高分别为 0.2778λ, 0.6111λ，线天线的长度是 0.3333λ。图 5-13 展示的是用三种方法 (物理光学法 (POHM)，电场积分方程矩量法 (MM)，混合电场和磁场积分方程矩量法 (HEMI)) 计算 x-y 平面上的天线辐射方向图及其方向系数。由图可见，本节设计的 HEMI 算法和 MM 精度相当，然 POHM 要差得多。三种方法 POHM、HEMI、MM 所用计算时间分别是 16.8s, 55.5s, 655s。由此可见，针对计算电大尺寸金属体上线天线而设计的 HEMI 算法，不仅精度很高，而且效率也很高。

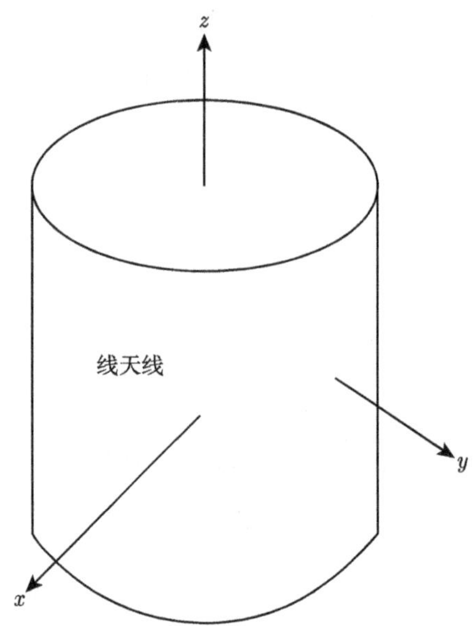

图 5-12　电大尺寸金属体上的线天线示意图

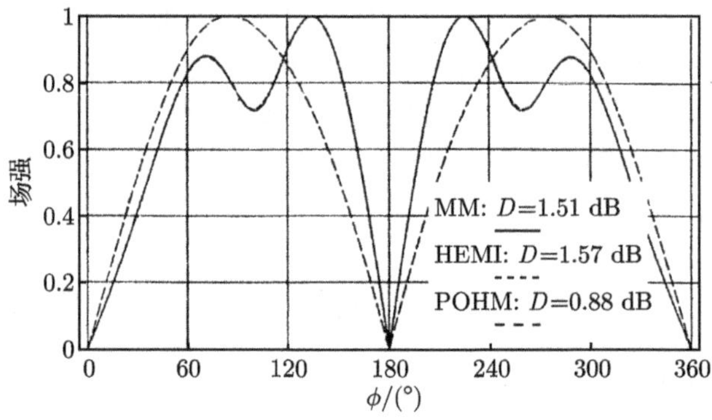

图 5-13　金属圆柱上线天线在 x-y 平面上的辐射方向图及其方向系数

5.2.3　混合有限元法与模匹配法

本章开篇就提及了两个构造混合法求解途径的思路：一个是将求解域分成不同的区域，用不同方法或技巧处理不同区域，此思路已为前两节所用；另一个是通过分离变量来构思混合法求解途径，此思路将为本节所用。图 5-14 所示的波导中多级不连续问题就是本节要分析的问题。对于此问题我们的求解思路是，先用有限元方法求出每段波导的本征模，再在不同波导段的连接处，即不连续面，利用模式匹配求出不连续面的阻抗变换公式，最后用多模传输理论求出整个不连续问题的散射参数。显然，此求解途径已将三维数值问题转化成二维数值问题，极大地提高了求解效率。下面具体展示这一求解途径的数学表达。设波导本征模已用有限元方法求出[11]，这样波导的第 k 个模的横向电场和纵向电场分别可表示成

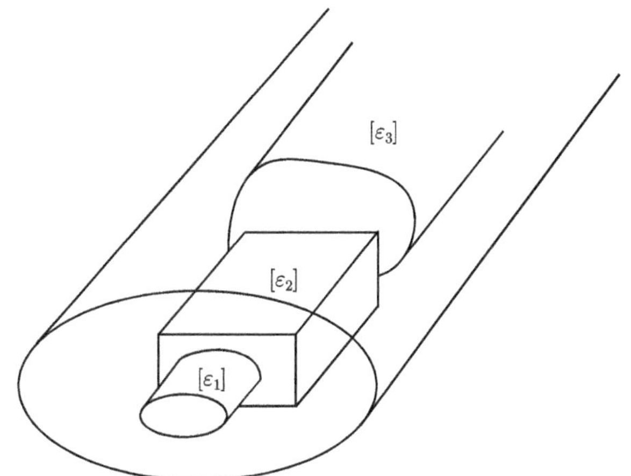

图 5-14 波导中多级不连续问题示意图

$$\boldsymbol{E}_t^{(k)} = \frac{A^{(k)}}{\beta^{(k)}} \sum_{p=1}^{M} \sum_{i=1}^{3} \boldsymbol{N}_i e_{tpi}^{(k)} \tag{5.51}$$

$$E_z^{(k)} = -\frac{A^{(k)}}{j} \sum_{p=1}^{M} \sum_{i=1}^{3} L_i e_{zpi}^{(k)} \tag{5.52}$$

这里，上标 (k) 表示第 k 个模，$A^{(k)}$ 为待定系数。利用麦克斯韦方程可求出第 k 个模的横向磁场：

$$\begin{aligned} \boldsymbol{H}_t &= -\frac{1}{\mathrm{j}\omega\mu} \boldsymbol{\nabla} \times \boldsymbol{E}|_t \\ &= \frac{A^{(k)}}{\omega\mu} \hat{\boldsymbol{i}}_z \times \sum_{p=1}^{M} \sum_{i=1}^{3} (\boldsymbol{N}_i e_{tpi}^{(k)} + \boldsymbol{\nabla}_t L_i e_{zpi}^{(k)}) \end{aligned} \tag{5.53}$$

取第 k 个本征模式的横向电磁场为下列形式：

$$\boldsymbol{e}_t^{(k)} = A^{(k)} \sum_{p=1}^{M} \sum_{i=1}^{3} \boldsymbol{N}_i e_{tpi}^{(k)} \tag{5.54}$$

$$\boldsymbol{h}_t^{(k)} = A^{(k)} \hat{\boldsymbol{i}}_z \times \sum_{p=1}^{M} \sum_{i=1}^{3} (\boldsymbol{N}_i e_{tpi}^{(k)} + \boldsymbol{\nabla}_t L_i e_{zpi}^{(k)}) \tag{5.55}$$

如此一来，第 k 个模的特性阻抗便为

$$Z_k = \frac{\omega\mu_0}{\beta_k} \tag{5.56}$$

式 (5.56) 中的 β_k 就是式 (5.51) 中的 $\beta^{(k)}$。表达式 (5.54) 和式 (5.55) 中的待定系数 A_k 可由下面**波导模式正交关系**确定：

$$\iint_{\Omega} \boldsymbol{e}_{ti} \times \boldsymbol{h}_{tj} \cdot \hat{\boldsymbol{n}} \mathrm{d}S = \delta_{ij} \tag{5.57}$$

每段波导的本征模都求出后，不连续面左右两层的场便可由模式线性组合表达出来，记左侧场表示成

$$\boldsymbol{E}_t = \sum_i \boldsymbol{e}_{ti} U_i \tag{5.58}$$

$$\boldsymbol{H}_i = \sum_i \boldsymbol{h}_{ti} I_i \tag{5.59}$$

右侧场表示成

$$\overline{\boldsymbol{E}}_t = \sum_i \overline{\boldsymbol{e}}_{ti} \overline{U}_i \tag{5.60}$$

$$\overline{\boldsymbol{H}}_i = \sum_i \overline{\boldsymbol{h}}_{ti} \overline{I}_i \tag{5.61}$$

根据不连续面左右两侧场切向连续得

$$\sum_i e_{ti} U_i = \sum_i \overline{e}_{ti} \overline{U}_i \tag{5.62}$$

$$\sum_i h_{ti} I_i = \sum_i \overline{h}_{ti} \overline{I}_i \tag{5.63}$$

从右侧用 h_{ti} 叉乘式 (5.62)，从左侧用 $\overline{e}_{ti}$ 叉乘式 (5.63)，并在整个不连续面作积分，利用正交关系式 (5.57) 得

$$U_i = \sum_j Q_{ij} \overline{U}_j \tag{5.64}$$

$$\sum_j Q_{ji} I_j = \overline{I}_i \tag{5.65}$$

其中，

$$Q_{ij} = \int\int_{\Omega} \overline{e}_{ti} \times h_{tj} \cdot \hat{\boldsymbol{n}} \mathrm{d}S \tag{5.66}$$

将方程 (5.64) 和方程 (5.65) 写成下列矩阵形式：

$$\{U\} = [Q]\{\overline{U}\} \tag{5.67}$$

$$[Q]^{\mathrm{T}}\{I\} = \{\overline{I}\} \tag{5.68}$$

根据多模网络阻抗定义:

$$\{U\} = [Z]\,[I] \tag{5.69}$$

$$\{\overline{U}\} = \left[\overline{Z}\right]\left[\overline{I}\right] \tag{5.70}$$

利用式 (5.67) 和式 (5.68) 可得下列不连续面处阻抗变换公式:

$$[Z] = [Q]\left[\overline{Z}\right][Q]^{\mathrm{T}} \tag{5.71}$$

有此不连续面阻抗变换公式后，便可根据多模网络传输理论求出整个不连续问题的散射参数。图 5-15 是波导中多级不连续问题的纵向截面示意图。在 $z = z_i^-$ 面处，向右看去的反射系数矩阵为

$$[\gamma(z_i^-)] = ([Z(z_i^-)] + [Z_{oi}])^{-1}([Z(z_i^-)] - [Z_{oi}]) \tag{5.72}$$

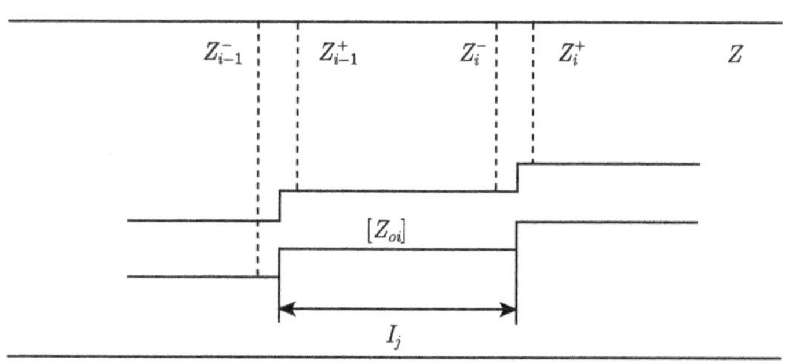

图 5-15 波导中多级不连续问题的纵向截面示意图

这里，$[Z(z_i^-)]$ 是 $z = z_i^-$ 面处的阻抗, 它由公式 (5.71) 而定，$[Z_{oi}]$ 是第 i 波导段的特性阻抗矩阵。那么在 $z = z_{i-1}^-$ 面处，向右看去的输入阻抗为

$$[Z\left(z_{i-1}^+\right)] = [Z_{oi}]\left([I] + [H_i]\left[\Upsilon(z_i^-)\right][H_i]\right)\left([I] - [H_i]\left[\Upsilon\left(Z_i^-\right)\right][H_i]\right)^{-1} \tag{5.73}$$

这里，$[H_i]$ 是第 i 段的相移矩阵，$[Z_{oi}]$ 是特性阻抗矩阵。它们都是对角阵，其元素由下式而定:

$$[Z_{oi}]_{mn} = \delta_{mn}\frac{\omega\mu}{\beta_{in}} \tag{5.74}$$

$$[H_i]_{mn} = \delta_{mn}\exp\left(-\beta_{in}l_i\right) \tag{5.75}$$

这里，β_{in} 是第 i 个波导段的第 n 个模式的传播常数。反复利用式 (5.71)～式 (5.73)，便可求出整个多级不连续的反射系数。

上述混合有限元和模匹配方法的高精高效已为文献[11] 和 [12]的数值结果证实。这里只引其中一例稍加说明。图 5-17 展示的是图 5-16 不连续结构的反射系数

幅值。由图可见，上述混合法的计算结果与三维有限元方法的计算结果吻合得很好。在混合法计算中，空波导用了 40 个本征模，介质填充波导用了 5 个本征模。在当时计算机很慢的条件下，对每个频率点，只需要 3 分钟。若用三维有限元方法，要接近半个小时。由此可见，对于此类结构，本节构造的混合求解途径是十分合适的。

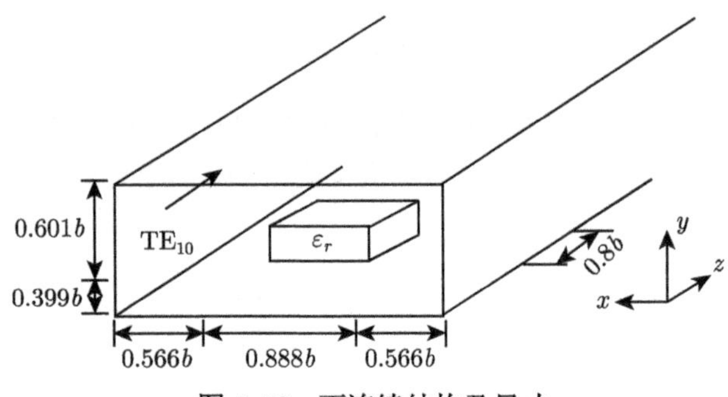

图 5-16　不连续结构及尺寸

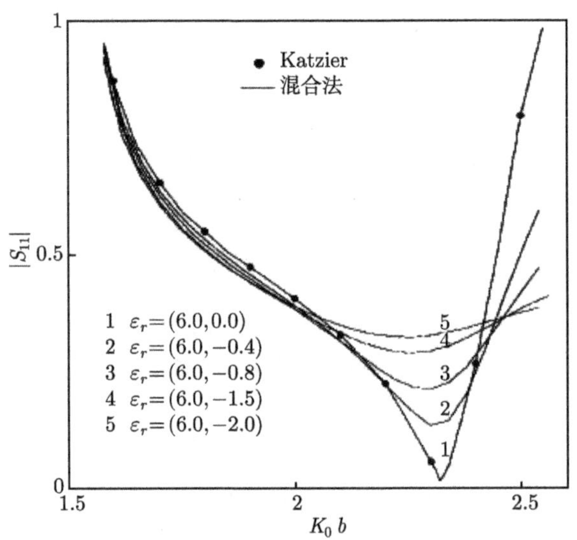

图 5-17　图 5-16 不连续结构的主模反射系数幅值

5.3　区域分解合元极方法

合元极方法是求解复杂电磁开域 (辐射和散射) 问题的一个强有力工具。但是，由 5.2 节可知，这个方法在解决复杂问题时，一般都需要预处理，而且预处理所需计算资源还不小。为了解决这个问题，我们需要将区域分解思想引入合元极方法中。

另外，跟其他方法一样，区域分解思想也会极大地提高合元极方法的灵活性和方便性。

将区域分解思想引入合元极方法有多种策略。大致分两类：一类是只将区域分解用于合元极方法的有限元部分，称为**不完全区域分解合元极**。这类策略主要是提高合元极方法的效率。因为合元极方法离散矩阵性态不好，主要是离散矩阵的有限元部分性态差导致的。因此合元极预处理需要对有限元矩阵求逆，此操作计算复杂度大致为 $O(N^2)$。将区域分解用于合元极有限元部分，实际上等效于合元极预处理，而此操作计算复杂度只为 $O(N)$。另一类是将区域分解同时用于合元极方法中的有限元和边界元，称为**完全区域分解合元极**。这种策略不仅能提高计算效率，而且每块子区域完全独立，极大地提高了合元极方法的灵活性和方便性。下面主要介绍完全区域分解合元极方法[13]。不完全区域分解合元极方法可参见文献[14]和 [15]。

5.3.1 电磁散射问题的区域分解合元极表述

考虑自由空间中一个三维非均匀介质目标的散射，如图 5-18 所示。$\partial\Omega$ 表示目标的外表面，其向外单位法向量为 $\hat{\boldsymbol{n}}$，Ω 表示内部非均匀介质区域。根据合元极方法原理，Ω 内的电磁场采用泛函变分表述，使用有限元方法离散，记为内部有限元区域；Ω 上的电磁场采用边界积分方程表述，使用矩量法离散，记为外部边界面。

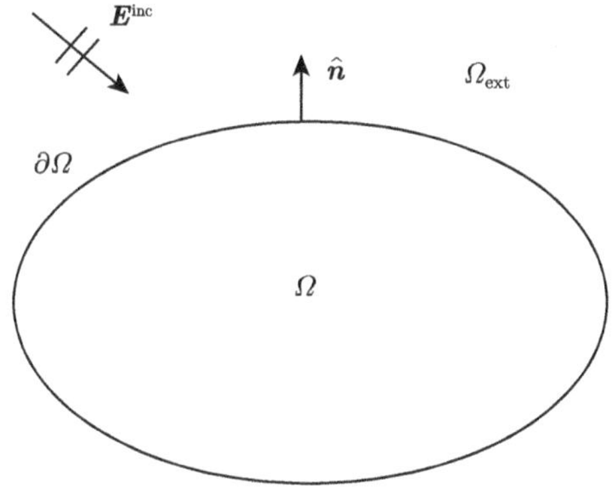

图 5-18 电磁场散射问题示意图

在完全区域分解合元极方法中，为了叙述方便，将原始的计算区域分解为两个子区域，如图 5-19 所示。外边界 $\partial\Omega$ 分为 $\partial\Omega^+$ 和 $\partial\Omega^-$，它们的面单位法向分别为 $\hat{\boldsymbol{n}}^+$ 和 $\hat{\boldsymbol{n}}^-$。需要特别注意的是，$\hat{\boldsymbol{n}}^-$ 的方向是由外向内。这样，我们不仅将内部有限元区域 Ω 分解为 Ω_1 和 Ω_2，而且将外边界面 $\partial\Omega^+$ 随之分解为 $\partial\Omega_1^+$ 和 $\partial\Omega_2^+$。经过区域分解后每个子区域由一个有限元体部分和一个面部分组成，称为有限元–边界元联合 (FE-BI) 子区域。进一步定义两个子区域中有限元部分的交界面为 $\Gamma_{1,2}$

和 $\Gamma_{2,1}$，它们分别属于 Ω_1 和 Ω_2。交界面 $\Gamma_{m,n}$ 的单位法向指向子区域 Ω_m 内，并且定义为 $\hat{\boldsymbol{n}}_{m,n}^{\Gamma}$。另外，两个子区域中边界面的交界线表示为 $\mathcal{C}_{1,2}$ 和 $\mathcal{C}_{2,1}$，分别属于 $\partial\Omega_m^+$ 和 $\partial\Omega_n^+$。对于每个子区域交界线 $\mathcal{C}_{m,n}$，定义它们的单位法向量为 $\hat{\boldsymbol{t}}_{m,n}$，方向由 $\partial\Omega_m^+$ 指向 $\partial\Omega_n^+$。

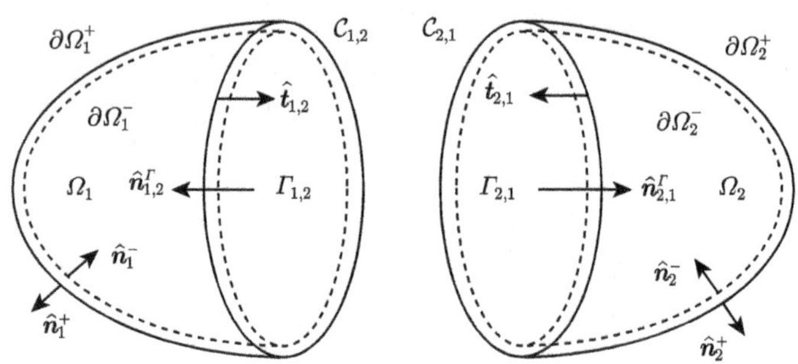

图 5-19　完全区域分解合元极方法的区域分解策略

1. 子区域 FE-BI 的数学表述

在任意一个 FE-BI 子区域中的有限元体区域 Ω_m 内，电磁场可以用下面泛函变分表述：

$$F(\boldsymbol{E}_m) =\frac{1}{2}\int_{\Omega_m}\left[(\boldsymbol{\nabla}\times\boldsymbol{E}_m)\cdot\left(\frac{1}{\mu_{m,r}}\boldsymbol{\nabla}\times\boldsymbol{E}_m\right)-k_0^2\varepsilon_{m,r}\boldsymbol{E}_m\cdot\boldsymbol{E}_m\right]\mathrm{d}V$$
$$+\mathrm{j}k_0\int_{\Gamma_m}\boldsymbol{E}_m\cdot(\hat{\boldsymbol{n}}_m^{\Gamma}\times\overline{\boldsymbol{H}}_m^{\Gamma})\mathrm{d}S+\mathrm{j}k_0\int_{\partial\Omega_m^-}\boldsymbol{E}_m\cdot(\hat{\boldsymbol{n}}_m^-\times\overline{\boldsymbol{H}}_m^-)\mathrm{d}S \quad (5.76)$$

其中，$\overline{\boldsymbol{H}}_m=Z_0\boldsymbol{H}_m$，$\boldsymbol{E}_m$ 表示 Ω_m 中的电场，$\boldsymbol{H}_m^{\Gamma}$ 和 $\boldsymbol{H}_m^-$ 分别表示 Γ_m 和 $\partial\Omega_m^-$ 面上的磁场。$\varepsilon_{m,r}$ 和 $\mu_{m,r}$ 分别表示 Ω_m 中的相对介电常数和磁导率。此外，$\mathrm{j}\equiv\sqrt{-1}$ 为虚数单位，$k_0=\omega\sqrt{\mu_0\varepsilon_0}$ 为自由空间的波数，其中 $\omega=2\pi f$ 表示角频率。

在任意一个 FE-BI 子区域中的外边界积分面区域 $\partial\Omega_m^+$ 上，电磁场满足的混合场积分方程可表示为

$$\begin{aligned}&\pi_t\left(-\frac{1}{2}\boldsymbol{E}_m^+ +\sum_{n=1}^{2}\left[\boldsymbol{L}(\hat{\boldsymbol{n}}_n^+\times\overline{\boldsymbol{H}}_n^+)-\boldsymbol{K}(\boldsymbol{E}_n^+\times\overline{\boldsymbol{n}}_n^+)\right]\right)+\\&\pi_\times\left(\left[-\frac{1}{2}\overline{\boldsymbol{H}}_m^+ +\sum_{n=1}^{2}\left[\boldsymbol{L}(\boldsymbol{E}_n^+\times\hat{\boldsymbol{n}}_n^+)+\boldsymbol{K}(\hat{\boldsymbol{n}}_n^+\times\overline{\boldsymbol{H}}_n^+)\right]\right]\right)\\=&-\pi_t\left(\boldsymbol{E}_m^{\mathrm{inc}}\right)-\pi_\times\left(\overline{\boldsymbol{H}}_m^{\mathrm{inc}}\right)\end{aligned} \quad (5.77)$$

其中，$\overline{\boldsymbol{H}}_m^+=Z_0\boldsymbol{H}_m^+$，$\boldsymbol{E}_m^+$ 和 $\boldsymbol{H}_m^+$ 分别为 $\partial\Omega_m^-$ 上的电场和磁场。另外，$\pi_t(\ )=\hat{\boldsymbol{n}}\times(\ )\times\hat{\boldsymbol{n}}$ 和 $\pi_\times(\ )=\hat{\boldsymbol{n}}\times$ 都是取被作用量表面切向分量的算子，但方向不一样。

前者是被作用量在表面投影的方向，后者的方向与被作用量投影方向垂直。$\boldsymbol{L}$ 和 $\boldsymbol{K}$ 为积分微分算子，式 (5.77) 中 $\boldsymbol{K}$ 算子奇异点残留项已被移除。

2. 子区域内有限元与边界元的联结

按图 5-19 所设，一个 FE-BI 子区域中内部有限元部分和外部边界积分部分是相互独立的，我们需要在其交界面 $\partial\Omega_m^+$ 和 $\partial\Omega_m^-$ 上，利用传输条件来建立它们的联系。一般采用下列一阶 Robin 传输条件：

$$\begin{aligned}&-\mathrm{j}k_0\hat{\boldsymbol{n}}_m^-\times\overline{\boldsymbol{H}}_m^-+\mathrm{j}k_0\hat{\boldsymbol{n}}_m^-\times\boldsymbol{E}_m^-\times\hat{\boldsymbol{n}}_m^-\\&=\mathrm{j}k_0\hat{\boldsymbol{n}}_m^+\times\overline{\boldsymbol{H}}_m^++\mathrm{j}k_0\hat{\boldsymbol{n}}_m^+\times\boldsymbol{E}_m^+\times\hat{\boldsymbol{n}}_m^+,\quad 在\partial\Omega_m^-上\end{aligned}\tag{5.78}$$

$$\begin{aligned}&-\mathrm{j}k_0\hat{\boldsymbol{n}}_m^+\times\overline{\boldsymbol{H}}_m^++\mathrm{j}k_0\hat{\boldsymbol{n}}_m^+\times\boldsymbol{E}_m^+\times\hat{\boldsymbol{n}}_m^+\\&=\mathrm{j}k_0\hat{\boldsymbol{n}}_m^-\times\overline{\boldsymbol{H}}_m^-+\mathrm{j}k_0\hat{\boldsymbol{n}}_m^-\times\boldsymbol{E}_m^-\times\hat{\boldsymbol{n}}_m^-,\quad 在\partial\Omega_m^+上\end{aligned}\tag{5.79}$$

为了能更清楚地表述后面方程的离散过程，这里进一步引入辅助面矢量 $\overline{\boldsymbol{j}}_m^-$、$\boldsymbol{e}_m^-$、$\overline{\boldsymbol{j}}_m^+$ 和 $\boldsymbol{e}_m^+$，具体为

$$\overline{\boldsymbol{j}}_m^-=\hat{\boldsymbol{n}}_m^-\times\overline{\boldsymbol{H}}_m^-,\quad 在\partial\Omega_m^-上\tag{5.80}$$

$$\boldsymbol{e}_m^-=\hat{\boldsymbol{n}}_m^-\times\boldsymbol{E}_m^-\times\hat{\boldsymbol{n}}_m^-,\quad 在\partial\Omega_m^-上\tag{5.81}$$

$$\overline{\boldsymbol{j}}_m^+=\hat{\boldsymbol{n}}_m^+\times\overline{\boldsymbol{H}}_m^+,\quad 在\partial\Omega_m^-上\tag{5.82}$$

$$\boldsymbol{e}_m^+=\hat{\boldsymbol{n}}_m^+\times\boldsymbol{E}_m^+\times\hat{\boldsymbol{n}}_m^+,\quad 在\partial\Omega_m^-上\tag{5.83}$$

3. 子区域间有限元交界面的联结

对于子区域间有限元交界面，同样需要利用传输条件建立联结。不过，理论和实践都表明最好利用下面完全二阶 Robin 型传输条件。这是因为它不仅可以加速有限元交界面上传输模式波的收敛，而且可以加速交界面上消逝模式波的收敛，因此可以最有效地提高最终区域分解合元极方程的迭代收敛性。

为了方便起见，我们首先在任意子区域的 FE 交界面 Γ_m 上引入辅助面矢量 $\overline{\boldsymbol{j}}_m^\Gamma$ 和 $\boldsymbol{e}_m^\Gamma$，定义方式为

$$\overline{\boldsymbol{j}}_m^\Gamma=\hat{\boldsymbol{n}}_m^\Gamma\times\overline{\boldsymbol{H}}_m^\Gamma,\quad 在\Gamma_m上\tag{5.84}$$

$$\boldsymbol{e}_m^\Gamma=\hat{\boldsymbol{n}}_m^\Gamma\times\boldsymbol{E}_m^\Gamma\times\hat{\boldsymbol{n}}_m^\Gamma,\quad 在\Gamma_m上\tag{5.85}$$

借助式 (5.84) 和式 (5.85)，交界面上完全二阶 Robin 型传输条件表示为

$$\begin{cases} -\mathrm{j}k_0\bar{\boldsymbol{j}}_m^{\Gamma} + \mathrm{j}k_0\boldsymbol{e}_m^{\Gamma} - \beta\boldsymbol{\nabla}_\tau \times \boldsymbol{\nabla}_\tau \times \boldsymbol{e}_m^{\Gamma} - \mathrm{j}k_0\gamma\boldsymbol{\nabla}_\tau\boldsymbol{\nabla}_\tau \cdot \bar{\boldsymbol{j}}_m^{\Gamma} \\ = \mathrm{j}k_0\bar{\boldsymbol{j}}_n^{\Gamma} + \mathrm{j}k_0\boldsymbol{e}_n^{\Gamma} - \beta\boldsymbol{\nabla}_\tau \times \boldsymbol{\nabla}_\tau \times \boldsymbol{e}_n^{\Gamma} + \mathrm{j}k_0\gamma\boldsymbol{\nabla}_\tau\boldsymbol{\nabla}_\tau \cdot \bar{\boldsymbol{j}}_n^{\Gamma}, \quad 在\Gamma_{m,n}上 \\ -\mathrm{j}k_0\bar{\boldsymbol{j}}_n^{\Gamma} + \mathrm{j}k_0\boldsymbol{e}_n^{\Gamma} - \beta\boldsymbol{\nabla}_\tau \times \boldsymbol{\nabla}_\tau \times \boldsymbol{e}_n^{\Gamma} - \mathrm{j}k_0\gamma\boldsymbol{\nabla}_\tau\boldsymbol{\nabla}_\tau \cdot \bar{\boldsymbol{j}}_n\Gamma \\ = \mathrm{j}k_0\bar{\boldsymbol{j}}_m^{\Gamma} + \mathrm{j}k_0\boldsymbol{e}_m^{\Gamma} - \beta\boldsymbol{\nabla}_\tau \times \boldsymbol{\nabla}_\tau \times \boldsymbol{e}_m^{\Gamma} + \mathrm{j}k_0\gamma\boldsymbol{\nabla}_\tau\boldsymbol{\nabla}_\tau \cdot \bar{\boldsymbol{j}}_m^{\Gamma}, \quad 在\Gamma_{n,m}上 \end{cases} \tag{5.86}$$

在式 (5.85) 中，β 和 γ 是两个可变参数，它们影响区域分解方法的收敛性。数值实验表明一般可采用如下规则：

$$\beta = \mathrm{j} \Bigg/ \left(k_0 - \mathrm{j}\sqrt{\left(\frac{\pi}{h_{\min}^{\Gamma}}\right)^2 - k_0^2}\right) \tag{5.87}$$

$$\gamma = 1 \Bigg/ \left(k_0^2 - \mathrm{j}k_0\sqrt{\left(\frac{10\pi}{h_{\min}^{\Gamma}}\right)^2 - k_0^2}\right) \tag{5.88}$$

其中，$h_{\min}^{\Gamma}$ 表示有限元交界面上最小的网格边尺寸。在式 (5.86) 中存在两个二阶导数项，分别关于 $\boldsymbol{e}_m^{\Gamma}$ 和 $\bar{\boldsymbol{j}}_m^{\Gamma}$。实现 $\boldsymbol{\nabla}_\tau \times \boldsymbol{\nabla}_\tau \times \boldsymbol{e}_m^{\Gamma}$ 比较简单，只需将其中的一个旋度算子作用于试函数，但若要实现二阶导数项 $\boldsymbol{\nabla}_\tau\boldsymbol{\nabla}_\tau \cdot \bar{\boldsymbol{j}}_m^{\Gamma}$，则需要进一步引入一个辅助标量 ρ_m^{Γ}，其定义为

$$\rho_m^{\Gamma} = \boldsymbol{\nabla}_\tau \cdot \bar{\boldsymbol{j}}_m^{\Gamma} \tag{5.89}$$

4. 子区域间积分面交界线的联结

由区域分解矩量法可以知道，子区域间积分面交界线两侧插值参量的连续性已内蕴在积分方程之中，原则上无须强加连续性条件。不过，我们可以利用以下连续性条件改善离散方程的条件数：

$$\hat{\boldsymbol{t}}_{m,n} \cdot \boldsymbol{j}_m - \hat{\boldsymbol{t}}_{m,n} \cdot \boldsymbol{j}_n = 0, \quad 在\mathcal{C}_{m,n}上 \tag{5.90}$$

5.3.2　区域分解合元极离散方程

对于每一个 FE-BI 子区域，将 FE 部分 Ω_m 内的四面体网格用 $\mathcal{K}_m^h$ 表示，将 BI 部分 $\partial\Omega_m^+$ 上的三角形网格用 $\mathcal{S}_m^h$ 表示，将 FE 交界面处的网格用 $\mathcal{T}_m^h$ 表示。每个 FE-BI 子区域的 BI 部分涉及两个变量 $\bar{\boldsymbol{j}}_m^+$ 和 $\boldsymbol{e}_m^+$，分别采用 RWG 面基函数 $\boldsymbol{g}_m^+$ 和边缘元面基函数 $\boldsymbol{N}_m^+$。每个 FE-BI 子区域的 FE 部分涉及的变量分别是 $\boldsymbol{E}_m, \bar{\boldsymbol{j}}_m^-, \boldsymbol{e}_m^-, \bar{\boldsymbol{j}}_m^{\Gamma}, \boldsymbol{e}_m^{\Gamma}$ 和 ρ_m^{Γ}。$\boldsymbol{E}_m$ 用边缘元体基函数 $\boldsymbol{N}_m$ 表示，与 $\bar{\boldsymbol{j}}_m^+$ 和 $\boldsymbol{e}_m^+$ 一样，$\bar{\boldsymbol{j}}_m^-$ 和 $\boldsymbol{e}_m^-$ 分别用 $\boldsymbol{g}_m^-$ 和 $\boldsymbol{N}_m^-$ 表示。为了获得好的收敛性，$\bar{\boldsymbol{j}}_m^{\Gamma}$ 的展开基函数与

$\bar{j}_m^+$ 的不同，采用边缘元面基函数 $\widetilde{\boldsymbol{N}}_m^{\Gamma}$。$\boldsymbol{e}_m^{\Gamma}$ 的展开基函数与 $\boldsymbol{e}_m^+$ 相同，记为 $\boldsymbol{N}_m^{\Gamma}$。最后，$\rho_m^{\Gamma}$ 的展开基函数用一阶插值型拉格朗日标量基函数 ϕ_m^{Γ}。为了更加直观，我们在图 5-20 中展现出待求未知变量的具体分布位置。

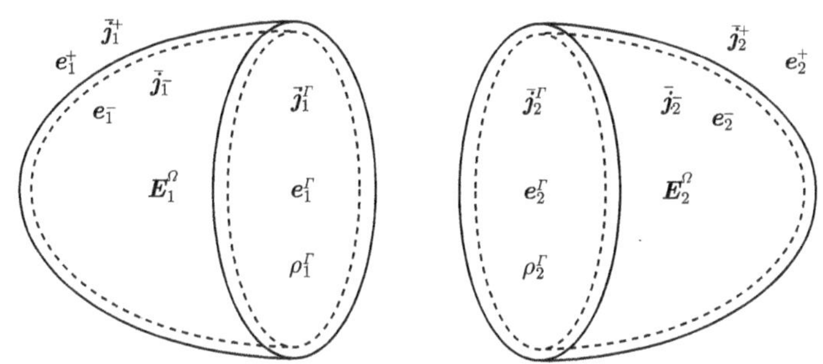

图 5-20 非共形完全型区域分解合元极方法中的子区域变量分布位置

借助于上面介绍的各个变量的展开基函数，每个 FE-BI 子区域的未知系数矢量由 8 个元素组成，即 $x_m = \left(x_m^{\text{FEM}}|x_m^{\text{BI}}\right)^{\text{T}} = \left(E_m^I E_m^{\Gamma}\bar{j}_m^{\Gamma}\rho_m^{\Gamma}E_m^-\bar{j}_m^-|e_m^+\bar{j}_m^+\right)^{\text{T}}$。这里，为了清晰起见，我们将 $\boldsymbol{E}_m$ 的未知数 E_m 分解为位于 Γ_m 上的 E_m^{Γ}、$\partial\Omega_m^-$ 上的 E_m^- 和完全位于内部的 E_m^I。

1. 子区域有限元离散方程

首先，离散泛函变分 (5.76)。将基函数表示的场函数代入式 (5.76) 可得到

$$[\boldsymbol{K}_m]\left\{E_m^{\Omega}\right\} + \left[\boldsymbol{B}_m^{\boldsymbol{e}^{\Gamma}\boldsymbol{j}^{\Gamma}}\right]\left\{\bar{j}_m^{\Gamma}\right\} + \left[\boldsymbol{B}_m^{\boldsymbol{e}^-\boldsymbol{j}^-}\right]\left\{\bar{j}_m^-\right\} = 0 \tag{5.91}$$

其中，

$$[\boldsymbol{K}_m] = \iiint_{\Omega_m}\left[(\boldsymbol{\nabla}\times\boldsymbol{N}_m)\cdot\left(\frac{1}{\mu_{m,r}}\boldsymbol{\nabla}\times\boldsymbol{N}_m\right)^{\text{T}} - k_0^2\varepsilon_{m,r}\boldsymbol{N}_m\cdot(\boldsymbol{N}_m)^{\text{T}}\right]\text{d}V \tag{5.92}$$

$$\left[\boldsymbol{B}_m^{\boldsymbol{e}^{\Gamma}\boldsymbol{j}^{\Gamma}}\right] = \text{j}k_0\int_{\Gamma_m}\boldsymbol{N}_m^{\Gamma}\cdot\left(\boldsymbol{N}_m^{\Gamma}\right)^{\text{T}}\text{d}S \tag{5.93}$$

$$\left[\boldsymbol{B}_m^{\boldsymbol{e}^-\boldsymbol{j}^-}\right] = \text{j}k_0\int_{\partial\Omega_m^-}\boldsymbol{N}_m^-\cdot(\boldsymbol{g}_m^-)^{\text{T}}\text{d}S \tag{5.94}$$

其次，离散外表面 $\partial\Omega_m^-$ 上的传输条件 (5.78)。用 $\boldsymbol{g}_m^-$ 作为试函数，通过 Galerkin 匹配方法对式 (5.78) 离散得到

$$\left[\boldsymbol{B}_m^{\boldsymbol{j}^-\boldsymbol{e}^-}\right]\left\{E_m^-\right\} + \left[\boldsymbol{D}_m^{\boldsymbol{j}^-\boldsymbol{j}^-}\right]\left\{\bar{j}_m^-\right\} = \left[\boldsymbol{B}_m^{\boldsymbol{j}^-\boldsymbol{e}^+}\right]\left\{E_m^+\right\} + \left[\boldsymbol{D}_m^{\boldsymbol{j}^-\boldsymbol{j}^+}\right]\left\{\bar{j}_m^+\right\} \tag{5.95}$$

其中，

$$\left[\boldsymbol{B}_m^{\boldsymbol{j}^-\boldsymbol{e}^-}\right] = \text{j}k_0\int_{\partial\Omega_m^-}\boldsymbol{g}_m^-\cdot\left(\boldsymbol{N}_m^-\right)^{\text{T}}\text{d}S \tag{5.96}$$

$$\left[\boldsymbol{D}_m^{\boldsymbol{j}^-\boldsymbol{j}^-}\right] = -\mathrm{j}k_0 \int_{\partial\Omega_m^-} \boldsymbol{g}_m^- \cdot \left(\boldsymbol{g}_m^-\right)^{\mathrm{T}} \mathrm{d}S \tag{5.97}$$

$$\left[\boldsymbol{B}_m^{\boldsymbol{j}^-\boldsymbol{e}^+}\right] = \mathrm{j}k_0 \int_{\partial\Omega_m^-} \boldsymbol{g}_m^- \cdot \left(\boldsymbol{N}_m^+\right)^{\mathrm{T}} \mathrm{d}S \tag{5.98}$$

$$\left[\boldsymbol{D}_m^{\boldsymbol{j}^-\boldsymbol{j}^+}\right] = \mathrm{j}k_0 \int_{\partial\Omega_m^-} \boldsymbol{g}_m^- \cdot \left(\boldsymbol{g}_m^+\right)^{\mathrm{T}} \mathrm{d}S \tag{5.99}$$

再用 $\boldsymbol{N}_m^-$ 作为试函数，通过 Galerkin 匹配方法对式 (5.78) 再一次离散得到

$$\left[\boldsymbol{D}_m^{\boldsymbol{e}^-\boldsymbol{e}^-}\right]\left\{E_m^-\right\} + \left[\boldsymbol{B}_m^{\boldsymbol{e}^-\boldsymbol{j}^-}\right]\left\{\bar{j}_m^-\right\} = \left[\boldsymbol{D}_m^{\boldsymbol{e}^-\boldsymbol{e}^+}\right]\left\{E_m^+\right\} + \left[\boldsymbol{B}_m^{\boldsymbol{e}^-\boldsymbol{j}^+}\right]\left\{\bar{j}_m^+\right\} \tag{5.100}$$

其中，

$$\left[\boldsymbol{D}_m^{\boldsymbol{e}^-\boldsymbol{e}^-}\right] = \mathrm{j}k_0 \int_{\partial\Omega_m^-} \boldsymbol{N}_m^- \cdot \left(\boldsymbol{N}_m^-\right)^{\mathrm{T}} \mathrm{d}S \tag{5.101}$$

$$\left[\boldsymbol{B}_m^{\boldsymbol{e}^-\boldsymbol{j}^-}\right] = -\mathrm{j}k_0 \int_{\partial\Omega_m^-} \boldsymbol{N}_m^- \cdot \left(\boldsymbol{g}_m^-\right)^{\mathrm{T}} \mathrm{d}S \tag{5.102}$$

$$\left[\boldsymbol{D}_m^{\boldsymbol{e}^-\boldsymbol{e}^+}\right] = \mathrm{j}k_0 \int_{\partial\Omega_m^-} \boldsymbol{N}_m^- \cdot \left(\boldsymbol{N}_m^-\right)^{\mathrm{T}} \mathrm{d}S \tag{5.103}$$

$$\left[\boldsymbol{B}_m^{\boldsymbol{e}^-\boldsymbol{j}^+}\right] = \mathrm{j}k_0 \int_{\partial\Omega_m^-} \boldsymbol{N}_m^- \cdot \left(\boldsymbol{g}_m^-\right)^{\mathrm{T}} \mathrm{d}S \tag{5.104}$$

再次，对交界面 Γ_m 上的传输条件 (5.86) 进行离散。与 $\partial\Omega_m^-$ 不同，这里只进行一次离散。用试函数 $\widetilde{\boldsymbol{N}}_m^{\Gamma}$，通过 Galerkin 匹配方法对式 (5.86) 离散得到

$$\begin{aligned}&\left[\boldsymbol{B}_m^{\boldsymbol{j}^\Gamma\boldsymbol{e}^\Gamma}\right]\left\{E_m^\Gamma\right\} + \left[\boldsymbol{D}_m^{\boldsymbol{j}^\Gamma\boldsymbol{j}^\Gamma}\right]\left\{\bar{j}_m^\Gamma\right\} + \left[\boldsymbol{F}_m^{\boldsymbol{j}^\Gamma\rho^\Gamma}\right]\left\{\rho_m^\Gamma\right\}\\&= \sum_{n\in\text{相邻}(m)}\left(\boldsymbol{B}_{m,n}^{\boldsymbol{j}^\Gamma\boldsymbol{e}^\Gamma}\left\{E_n^\Gamma\right\} + \left[\boldsymbol{D}_{m,n}^{\boldsymbol{j}^\Gamma\boldsymbol{j}^\Gamma}\right]\left\{\bar{j}_n^\Gamma\right\} + \left[\boldsymbol{F}_{m,n}^{\boldsymbol{j}^\Gamma\rho^\Gamma}\right]\left\{\rho_n^\Gamma\right\}\right)\end{aligned} \tag{5.105}$$

其中，

$$\left[\boldsymbol{B}_m^{\boldsymbol{j}^\Gamma\boldsymbol{e}^\Gamma}\right] = \int_{\Gamma_m}\left[\mathrm{j}k_0\boldsymbol{N}_m^\Gamma \cdot \left(\boldsymbol{N}_m^\Gamma\right)^{\mathrm{T}} + \beta\boldsymbol{\nabla}_\tau \times \boldsymbol{N}_m^\Gamma \cdot \left(\boldsymbol{\nabla}_\tau \times \boldsymbol{N}_m^\Gamma\right)^{\mathrm{T}}\right]\mathrm{d}S \tag{5.106}$$

$$\left[\boldsymbol{D}_m^{\boldsymbol{j}^\Gamma\boldsymbol{j}^\Gamma}\right] = -\mathrm{j}k_0 \int_{\Gamma_m} \boldsymbol{N}_m^\Gamma \cdot \left(\boldsymbol{N}_m^\Gamma\right)^{\mathrm{T}} \mathrm{d}S \tag{5.107}$$

$$\left[\boldsymbol{F}_m^{\boldsymbol{j}^\Gamma\rho^\Gamma}\right] = -\mathrm{j}k_0\gamma \int_{\Gamma_m} \boldsymbol{N}_m^\Gamma \cdot \left(\boldsymbol{\nabla}_\tau\phi_m^\Gamma\right)^{\mathrm{T}} \mathrm{d}S \tag{5.108}$$

$$\left[\boldsymbol{B}_{m,n}^{\boldsymbol{j}^\Gamma\boldsymbol{e}^\Gamma}\right] = \int_{\Gamma_{m,n}}\left[\mathrm{j}k_0\widetilde{\boldsymbol{N}}_m^\Gamma \cdot \left(\boldsymbol{N}_n^\Gamma\right)^{\mathrm{T}} - \beta\boldsymbol{\nabla}_\tau \times \widetilde{\boldsymbol{N}}_m^\Gamma \cdot \left(\boldsymbol{\nabla}_\tau \times \boldsymbol{N}_n^\Gamma\right)^{\mathrm{T}}\right]\mathrm{d}S \tag{5.109}$$

$$\left[\boldsymbol{D}_{m,n}^{\boldsymbol{j}^\Gamma\boldsymbol{j}^\Gamma}\right] = \mathrm{j}k_0 \int_{\Gamma_{m,n}} \boldsymbol{N}_m^\Gamma \cdot \left(\boldsymbol{N}_n^\Gamma\right)^{\mathrm{T}} \mathrm{d}S \tag{5.110}$$

$$\left[\boldsymbol{F}_{m,n}^{\boldsymbol{j}^{\Gamma}\rho^{\Gamma}}\right]=\mathrm{j}k_0\gamma\int_{\Gamma_{m,n}}\boldsymbol{N}_m^{\Gamma}\cdot\left(\boldsymbol{\nabla}_{\tau}\phi_n^{\Gamma}\right)^{\mathrm{T}}\mathrm{d}S \tag{5.111}$$

最后，需要对 ρ_m^{Γ} 的定义式 (5.89) 进行离散。为了与式 (5.107) 一致，式 (5.89) 两边需乘以 $-\mathrm{j}k_0\gamma$，采用 ϕ_m^{Γ} 作为试函数，通过 Galerkin 匹配方法可离散得到

$$\left[\boldsymbol{F}_m^{\rho^{\Gamma}\boldsymbol{j}^{\Gamma}}\right]\left\{\bar{j}_m^{\Gamma}\right\}+\left[\boldsymbol{G}_m^{\rho^{\Gamma}\rho^{\Gamma}}\right]\left\{\rho_m^{\Gamma}\right\}=0 \tag{5.112}$$

其中，

$$\left[\boldsymbol{F}_m^{\rho^{\Gamma}\boldsymbol{j}^{\Gamma}}\right]=-\mathrm{j}k_0\gamma\int_{\Gamma_m}\boldsymbol{\nabla}_{\tau}\phi_m^{\Gamma}\cdot\left(\widetilde{\boldsymbol{N}}_m^{\Gamma}\right)^{\mathrm{T}}\mathrm{d}S \tag{5.113}$$

$$\left[\boldsymbol{G}_m^{\rho^{\Gamma}\rho^{\Gamma}}\right]=\mathrm{j}k_0\gamma\int_{\Gamma_m}\phi_m^{\Gamma}\cdot\left(\phi_m^{\Gamma}\right)^{\mathrm{T}}\mathrm{d}S \tag{5.114}$$

由式 (5.91)、式 (5.95)、式 (5.100)、式 (5.105) 和式 (5.112)可组合得到 FE-BI 子区域中的如下对称有限元离散矩阵方程：

$$\begin{bmatrix}
\boldsymbol{K}_m^{II} & \boldsymbol{K}_m^{I\Gamma} & 0 & 0 & \boldsymbol{K}_m^{I-} & 0 & 0 & 0\\
\boldsymbol{K}_m^{\Gamma I} & \boldsymbol{K}_m^{\Gamma\Gamma} & \boldsymbol{B}_m^{\boldsymbol{e}^{\Gamma}\boldsymbol{j}^{\Gamma}} & 0 & \boldsymbol{K}_m^{\Gamma-} & 0 & 0 & 0\\
0 & \boldsymbol{B}_m^{\boldsymbol{j}^{\Gamma}\boldsymbol{e}^{\Gamma}} & \boldsymbol{D}_m^{\boldsymbol{j}^{\Gamma}\boldsymbol{j}^{\Gamma}} & \boldsymbol{F}_m^{\boldsymbol{j}^{\Gamma}\rho^{\Gamma}} & 0 & 0 & 0 & 0\\
0 & 0 & \boldsymbol{F}_m^{\rho^{\Gamma}\boldsymbol{j}^{\Gamma}} & \boldsymbol{G}_m^{\rho^{\Gamma}\rho^{\Gamma}} & 0 & 0 & 0 & 0\\
\boldsymbol{K}_m^{-I} & \boldsymbol{K}_m^{-\Gamma} & 0 & 0 & \boldsymbol{K}_m^{--}-\dfrac{1}{2}\boldsymbol{D}_m^{\boldsymbol{e}^-\boldsymbol{e}^-} & \dfrac{1}{2}\boldsymbol{B}_m^{\boldsymbol{e}^-\boldsymbol{j}^-} & \dfrac{1}{2}\boldsymbol{D}_m^{\boldsymbol{e}^-\boldsymbol{e}^+} & \dfrac{1}{2}\boldsymbol{B}_m^{\boldsymbol{e}^-\boldsymbol{j}^+}\\
0 & 0 & 0 & 0 & -\dfrac{1}{2}\boldsymbol{B}_m^{\boldsymbol{j}^-\boldsymbol{e}^-} & -\dfrac{1}{2}\boldsymbol{D}_m^{\boldsymbol{j}^-\boldsymbol{j}^-} & \dfrac{1}{2}\boldsymbol{B}_m^{\boldsymbol{j}^-\boldsymbol{e}^+} & \dfrac{1}{2}\boldsymbol{D}_m^{\boldsymbol{j}^-\boldsymbol{j}^+}
\end{bmatrix}$$

$$\cdot\begin{Bmatrix} E_m^I\\ E_m^{\Gamma}\\ \bar{j}_m^{\Gamma}\\ \rho_m^{\Gamma}\\ E_m^-\\ \bar{j}_m^-\\ e_m^+\\ \bar{j}_m^+ \end{Bmatrix}=\sum_{n\in\text{相邻}(m)}\begin{bmatrix}
0 & 0 & 0 & 0 & 0 & 0 & 0 & 0\\
0 & 0 & 0 & 0 & 0 & 0 & 0 & 0\\
0 & \boldsymbol{B}_{m,n}^{\boldsymbol{j}^{\Gamma}\boldsymbol{e}^{\Gamma}} & \boldsymbol{D}_{m,n}^{\boldsymbol{j}^{\Gamma}\boldsymbol{j}^{\Gamma}} & \boldsymbol{F}_{m,n}^{\boldsymbol{j}^{\Gamma}\rho^{\Gamma}} & 0 & 0 & 0 & 0\\
0 & 0 & 0 & 0 & 0 & 0 & 0 & 0\\
0 & 0 & 0 & 0 & 0 & 0 & 0 & 0\\
0 & 0 & 0 & 0 & 0 & 0 & 0 & 0
\end{bmatrix}\begin{Bmatrix} E_n^I\\ E_n^{\Gamma}\\ \bar{j}_n^{\Gamma}\\ \rho_n^{\Gamma}\\ E_n^-\\ \bar{j}_n^-\\ e_n^+\\ \bar{j}_n^+ \end{Bmatrix} \tag{5.115}$$

这里需要强调的是，在方程 (5.115) 获得过程中，我们首先在方程 (5.95) 和方程 (5.100) 的等号两边分别乘以 $-1/2$，目的是和后面 BI 部分的离散矩阵呼应，使组合而成的完整矩阵具有较好的对称性，有利于提高最终方程的性态。此外，式 (5.91) 中的 $\boldsymbol{B}_m^{\boldsymbol{e}^-\boldsymbol{j}^-}$ 矩阵由于式 (5.100) 的加入已剩下一半，体现在式 (5.115) 中的第 5 行，而且 $\boldsymbol{K}_m$ 根据电场 E_m 的位置分类而分解为

$$[\boldsymbol{K}_m]=\begin{bmatrix}
\boldsymbol{K}_m^{II} & \boldsymbol{K}_m^{I\Gamma} & \boldsymbol{K}_m^{I-}\\
\boldsymbol{K}_m^{\Gamma I} & \boldsymbol{K}_m^{\Gamma\Gamma} & \boldsymbol{K}_m^{\Gamma-}\\
\boldsymbol{K}_m^{-I} & \boldsymbol{K}_m^{-\Gamma} & \boldsymbol{K}_m^{--}
\end{bmatrix} \tag{5.116}$$

2. 子区域边界元离散方程

下面对 FE-BI 子区域中边界元方程进行离散。首先采用 RWG 基函数 $\boldsymbol{g}_m^+$ 作为试函数，通过 Galerkin 匹配方法离散式 (5.77)。和区域分解矩量法一样，利用奇异点降阶技巧，以及连续性条件 (5.90) 可得

$$\left[\boldsymbol{P}_m^{\boldsymbol{j}^+\boldsymbol{e}^+}\right]\left\{e_m^+\right\}+\left[\boldsymbol{Q}_m^{\boldsymbol{j}^+\boldsymbol{j}^+}\right]\left\{\bar{j}_m^+\right\}+\sum_{n\neq m}\left(\left[\boldsymbol{P}_{m,n}^{\boldsymbol{j}^+\boldsymbol{e}^+}\right]\left\{e_n^+\right\}+\left[\boldsymbol{Q}_{m,n}^{\boldsymbol{j}^+\boldsymbol{j}^+}\right]\left\{\bar{j}_n^+\right\}\right)=\left\{b_m^{\boldsymbol{j}^+}\right\} \tag{5.117}$$

其中，

$$\begin{aligned}\left[\boldsymbol{P}_m^{\boldsymbol{j}^+\boldsymbol{e}^+}\right]=&\mathrm{j}k\int_{S_m}\int_{S'_m}\boldsymbol{g}_m^+\cdot\left(\boldsymbol{N}_m^+\right)^{\mathrm{T}}G\mathrm{d}S'\mathrm{d}S+\frac{\mathrm{j}}{k}\int_{C_m}N_m^+\cdot\hat{\boldsymbol{t}}_m\int_{S'_m}G\left(\boldsymbol{\nabla}'\cdot\boldsymbol{g}_m^{+'}\right)^{\mathrm{T}}\mathrm{d}S'\mathrm{d}C\\&+\int_S\boldsymbol{g}_m^+\cdot\left[-\frac{1}{2}\left(\boldsymbol{N}_m^+\right)^{\mathrm{T}}-\boldsymbol{K}\left(\boldsymbol{g}_m^{+'}\right)^{\mathrm{T}}\right]\mathrm{d}S\end{aligned} \tag{5.118}$$

$$\begin{aligned}&\left[\boldsymbol{Q}_m^{\boldsymbol{j}^+\boldsymbol{j}^+}\right]\\=&-\mathrm{j}k\int_{S_m}\int_{S'_m}\boldsymbol{g}_m^+\cdot\left(\boldsymbol{g}_m^{+'}\right)^{\mathrm{T}}G\mathrm{d}S'\mathrm{d}S+\frac{\mathrm{j}}{k}\int_{S_m}\left(\boldsymbol{\nabla}\cdot\boldsymbol{g}_m^+\right)\int_{S'_m}G\boldsymbol{\nabla}'\cdot\left(\boldsymbol{g}_m^{+'}\right)^{\mathrm{T}}\mathrm{d}S'\mathrm{d}S\\&-\frac{\mathrm{j}}{k}\int_{C_m}\boldsymbol{g}_m^+\cdot\hat{\boldsymbol{t}}_m\int_{S'_m}G\boldsymbol{\nabla}'\cdot\left(\boldsymbol{g}_m^{+'}\right)^{\mathrm{T}}\mathrm{d}S'\mathrm{d}C-\frac{\mathrm{j}}{k}\int_{S_m}\left(\boldsymbol{\nabla}\cdot\boldsymbol{g}_m^+\right)\int_{C'_m}\hat{\boldsymbol{t}}_m\cdot\left(\boldsymbol{g}_m^{+'}\right)^{\mathrm{T}}G\mathrm{d}C'\mathrm{d}S\\&+\int_S\boldsymbol{g}_m^+\cdot\left[-\frac{1}{2}\left(\boldsymbol{g}_m^+\right)^{\mathrm{T}}+\hat{\boldsymbol{n}}_m^+\times\boldsymbol{K}\left(\boldsymbol{g}_m^{+'}\right)^{\mathrm{T}}\right]\mathrm{d}S\\&+\beta'\frac{\mathrm{j}}{k}\int_{C_i}\left(\hat{\boldsymbol{t}}_m\cdot\boldsymbol{g}_m^+\right)\left(\hat{\boldsymbol{t}}'_m\cdot\boldsymbol{g}_m^{+'}\right)^{\mathrm{T}}\mathrm{d}C\end{aligned} \tag{5.119}$$

$$\begin{aligned}&\left[\boldsymbol{P}_{m,n}^{\boldsymbol{j}^+\boldsymbol{e}^+}\right]\\=&\sum_{n\neq m}\left(-\mathrm{j}k\int_{S_m}\int_{S_n}\boldsymbol{g}_m^+\cdot\left(\boldsymbol{N}_n^+\right)^{\mathrm{T}}G\mathrm{d}S'\mathrm{d}S-\frac{\mathrm{j}}{k}\int_{C_m}\boldsymbol{N}_m^+\cdot\hat{\boldsymbol{t}}_m\int_{S_n}G\left(\boldsymbol{\nabla}'\cdot\boldsymbol{g}_n^{+'}\right)^{\mathrm{T}}\mathrm{d}S'\mathrm{d}C\right.\\&\left.+\int_S\boldsymbol{g}_m^+\cdot\left[\boldsymbol{K}\left(\boldsymbol{g}_n^{+'}\right)^{\mathrm{T}}\right]\mathrm{d}S\right)\end{aligned} \tag{5.120}$$

$$\begin{aligned}&\left[\boldsymbol{Q}_{m,n}^{\boldsymbol{j}^+\boldsymbol{j}^+}\right]\\=&\sum_{n\neq m}\left(-\mathrm{j}k\int_{S_m}\int_{S'_n}\boldsymbol{g}_m^+\cdot\left(\boldsymbol{g}_n^{+'}\right)^{\mathrm{T}}G\mathrm{d}S'\mathrm{d}S+\frac{\mathrm{j}}{k}\int_{S_m}\left(\boldsymbol{\nabla}\cdot\boldsymbol{g}_m^+\right)\int_{S'_n}G\boldsymbol{\nabla}'\cdot\left(\boldsymbol{g}_n^{+'}\right)^{\mathrm{T}}\mathrm{d}S'\mathrm{d}S\right.\\&-\frac{\mathrm{j}}{k}\int_{C_m}\boldsymbol{g}_m^+\cdot\hat{\boldsymbol{t}}_m\int_{S'_n}G\boldsymbol{\nabla}'\cdot\left(\mathrm{g}_n^{+'}\right)^{\mathrm{T}}\mathrm{d}S'\mathrm{d}C-\frac{\mathrm{j}}{k}\int_{S_m}\left(\boldsymbol{\nabla}\cdot\boldsymbol{g}_m^+\right)\int_{C'_n}\hat{\boldsymbol{t}}_n\cdot\left(\boldsymbol{g}_n^{+'}\right)^{\mathrm{T}}G\mathrm{d}C'\mathrm{d}S\end{aligned}$$

$$+\int_S \boldsymbol{g}_m^+ \cdot \left[\hat{\boldsymbol{n}}_m^+ \times \boldsymbol{K}\left(\boldsymbol{g}_n^{+'}\right)^{\mathrm{T}}\right] \mathrm{d}S + \beta' \frac{\mathrm{j}}{k} \int_{C_i} \left(\hat{\boldsymbol{t}}_m \cdot \boldsymbol{g}_m^+\right)\left(\hat{\boldsymbol{t}}_n' \cdot \boldsymbol{g}_n^{+'}\right)^{\mathrm{T}} \mathrm{d}C\Big) \tag{5.121}$$

$$\left\{b_m^{\boldsymbol{j}^+}\right\} = \int_S \boldsymbol{g}_m^+ \cdot \left(-\boldsymbol{E}_m^{\mathrm{inc}} - \hat{\boldsymbol{n}}_m^+ \times \overline{\boldsymbol{H}}_m^{\mathrm{inc}}\right) \mathrm{d}S \tag{5.122}$$

再用 $\boldsymbol{N}_m^+$ 作为试函数，通过 Galerkin 匹配方法对边界积分方程 (5.77) 离散可得

$$\left[\boldsymbol{Q}_m^{\boldsymbol{e}^+\boldsymbol{e}^+}\right]\left\{e_m^+\right\} + \left[\boldsymbol{P}_m^{\boldsymbol{e}^+\boldsymbol{j}^+}\right]\left\{\bar{j}_m^+\right\} + \sum_{n\neq m}\left(\left[\boldsymbol{Q}_{m,n}^{\boldsymbol{e}^+\boldsymbol{e}^+}\right]\left\{e_n^+\right\} + \left[\boldsymbol{P}_{m,n}^{\boldsymbol{e}^+\boldsymbol{j}^+}\right]\left\{\bar{j}_n^+\right\}\right) = \left\{b_m^{\boldsymbol{e}^+}\right\} \tag{5.123}$$

其中，

$$\begin{aligned}
&\left[\boldsymbol{Q}_m^{\boldsymbol{e}^+\boldsymbol{e}^+}\right] \\
&= -\mathrm{j}k \int_{S_m} \int_{S_m'} \boldsymbol{g}_m^+ \cdot \left(\boldsymbol{g}_m^{+'}\right)^{\mathrm{T}} G \mathrm{d}S' \mathrm{d}S + \frac{\mathrm{j}}{k} \int_{S_m} \left(\boldsymbol{\nabla} \cdot \boldsymbol{g}_m^+\right) \int_{S_m'} G \boldsymbol{\nabla}' \cdot \left(\boldsymbol{g}_m^{+'}\right)^{\mathrm{T}} \mathrm{d}S' \mathrm{d}S \\
&\quad - \frac{\mathrm{j}}{k} \int_{C_m} \boldsymbol{g}_m^+ \cdot \hat{\boldsymbol{t}}_m \int_{S_m'} G \boldsymbol{\nabla}' \cdot \left(\boldsymbol{g}_m^{+'}\right)^{\mathrm{T}} \mathrm{d}S' \mathrm{d}C - \frac{\mathrm{j}}{k} \int_{S_m} \left(\boldsymbol{\nabla} \cdot \boldsymbol{g}_m^+\right) \int_{C_m'} \hat{\boldsymbol{t}}_m \cdot \left(\boldsymbol{g}_m^{+'}\right)^{\mathrm{T}} G \mathrm{d}C' \mathrm{d}S \\
&\quad + \int_{S_m} \boldsymbol{N}_m^+ \cdot \left[-\frac{1}{2}\left(\boldsymbol{N}_m^+\right)^{\mathrm{T}} - \boldsymbol{K}\left(\boldsymbol{g}_m^{+'}\right)^{\mathrm{T}}\right] \mathrm{d}S + \beta' \frac{\mathrm{j}}{k} \int_{C_m} \left(\hat{\boldsymbol{t}}_m \cdot \boldsymbol{g}_m^+\right)\left(\hat{\boldsymbol{t}}_m' \cdot \boldsymbol{g}_m^{+'}\right)^{\mathrm{T}} \mathrm{d}C
\end{aligned} \tag{5.124}$$

$$\begin{aligned}
&\left[\boldsymbol{P}_m^{\boldsymbol{e}^+\boldsymbol{j}^+}\right] \\
&= -\mathrm{j}k \int_{S_m} \int_{S_n} \boldsymbol{N}_m^+ \cdot \left(\boldsymbol{g}_m^+\right)^{\mathrm{T}} G \mathrm{d}S' \mathrm{d}S - \frac{\mathrm{j}}{k} \int_{C_m} N_m^+ \cdot \hat{\boldsymbol{t}}_m \int_{S_n} G\left(\boldsymbol{\nabla}' \cdot \boldsymbol{g}_m^{+'}\right)^{\mathrm{T}} \mathrm{d}S' \mathrm{d}C \\
&\quad + \int_S \boldsymbol{N}_m^+ \cdot \left[-\frac{1}{2}\left(\boldsymbol{g}_m^+\right)^{\mathrm{T}} + \hat{\boldsymbol{n}}_m^+ \times \boldsymbol{K}\left(\boldsymbol{g}_m^{+'}\right)^{\mathrm{T}}\right] \mathrm{d}S
\end{aligned} \tag{5.125}$$

$$\begin{aligned}
&\left[\boldsymbol{Q}_{m,n}^{\boldsymbol{e}^+\boldsymbol{e}^+}\right] \\
&= \sum_{n\neq m}\Bigg(-\mathrm{j}k \int_{S_m} \int_{S_n'} \boldsymbol{g}_m^+ \cdot \left(\boldsymbol{g}_n^{+'}\right)^{\mathrm{T}} G \mathrm{d}S' \mathrm{d}S + \frac{\mathrm{j}}{k} \int_{S_m} \left(\boldsymbol{\nabla} \cdot \boldsymbol{g}_m^+\right) \int_{S_n'} G \boldsymbol{\nabla}' \cdot \left(\boldsymbol{g}_n^{+'}\right)^{\mathrm{T}} \mathrm{d}S' \mathrm{d}S \\
&\quad - \frac{\mathrm{j}}{k} \int_{C_m} \boldsymbol{g}_m^+ \cdot \hat{\boldsymbol{t}}_m \int_{S_n'} G \boldsymbol{\nabla}' \cdot \left(\boldsymbol{g}_n^{+'}\right)^{\mathrm{T}} \mathrm{d}S' \mathrm{d}C - \frac{\mathrm{j}}{k} \int_{S_m} \left(\boldsymbol{\nabla} \cdot \boldsymbol{g}_m^+\right) \int_{C_n'} \hat{\boldsymbol{t}}_n \cdot \left(\boldsymbol{g}_n^{+'}\right)^{\mathrm{T}} G \mathrm{d}C' \mathrm{d}S \\
&\quad - \int_S \boldsymbol{g}_m^+ \cdot \left[\boldsymbol{K}\left(\boldsymbol{g}_n^{+'}\right)^{\mathrm{T}}\right] \mathrm{d}S + \beta' \frac{\mathrm{j}}{k} \int_{C_i} \left(\hat{\boldsymbol{t}}_m \cdot \boldsymbol{g}_m^+\right)\left(\hat{\boldsymbol{t}}_n' \cdot \boldsymbol{g}_n^{+'}\right)^{\mathrm{T}} \mathrm{d}C\Bigg)
\end{aligned} \tag{5.126}$$

$$\begin{aligned}&\left[\boldsymbol{P}_{m,n}^{\mathrm{e}^+\boldsymbol{j}^+}\right]\\ =&\sum_{n\neq m}\left(\mathrm{j}k\int_{S_m}\int_{S_n}\boldsymbol{g}_m^+\cdot(\boldsymbol{N}_n^+)^{\mathrm{T}}G\mathrm{d}S'\mathrm{d}S+\frac{\mathrm{j}}{k}\int_{C_m}\boldsymbol{N}_m^+\cdot\hat{\boldsymbol{t}}_m\int_{S_n}G\left(\boldsymbol{\nabla}'\cdot\boldsymbol{g}_n^{+'}\right)^{\mathrm{T}}\mathrm{d}S'\mathrm{d}C\right.\\ &\left.+\int_S\boldsymbol{g}_m^+\cdot\left[\hat{\boldsymbol{n}}_m^+\times\boldsymbol{K}\left(\boldsymbol{g}_n^{+'}\right)^{\mathrm{T}}\right]\mathrm{d}S\right)\end{aligned} \tag{5.127}$$

$$\left\{b_m^{\mathrm{e}^+}\right\}=\int_S\boldsymbol{N}_m^+\cdot\left(-\boldsymbol{E}_m^{\mathrm{inc}}-\hat{\boldsymbol{n}}_m^+\times\overline{\boldsymbol{H}}_m^{\mathrm{inc}}\right)\mathrm{d}S \tag{5.128}$$

然后，对任意 FE-BI 子区域中 $\partial\Omega_m^+$ 上的 Robin 型传输条件 (5.79) 进行离散。该方程的离散方法与方程 (5.78) 相同，分别采用 $\boldsymbol{g}_m^+$ 和 $\boldsymbol{N}_m^+$ 进行两次离散，获得

$$\left[\boldsymbol{B}_m^{\boldsymbol{j}^+\mathrm{e}^+}\right]\left\{E_m^+\right\}+\left[\boldsymbol{D}_m^{\boldsymbol{j}^+\boldsymbol{j}^+}\right]\left\{\overline{j}_m^+\right\}=\left[\boldsymbol{B}_m^{\boldsymbol{j}^+\mathrm{e}^-}\right]\left\{E_m^-\right\}+\left[\boldsymbol{D}_m^{\boldsymbol{j}^+\boldsymbol{j}^-}\right]\left\{\overline{j}_m^-\right\} \tag{5.129}$$

其中，

$$\left[\boldsymbol{B}_m^{\boldsymbol{j}^+\mathrm{e}^+}\right]=\mathrm{j}k_0\int_{\partial\Omega_m^+}\boldsymbol{g}_m^+\cdot\left(\boldsymbol{N}_m^+\right)^{\mathrm{T}}\mathrm{d}S \tag{5.130}$$

$$\left[\boldsymbol{D}_m^{\boldsymbol{j}^+\boldsymbol{j}^+}\right]=-\mathrm{j}k_0\int_{\partial\Omega_m^+}\boldsymbol{g}_m^+\cdot\left(\boldsymbol{g}_m^+\right)^{\mathrm{T}}\mathrm{d}S \tag{5.131}$$

$$\left[\boldsymbol{B}_m^{\boldsymbol{j}^+\mathrm{e}^-}\right]=\mathrm{j}k_0\int_{\partial\Omega_m^+}\boldsymbol{g}_m^+\cdot\left(\boldsymbol{N}_m^-\right)^{\mathrm{T}}\mathrm{d}S \tag{5.132}$$

$$\left[\boldsymbol{D}_m^{\boldsymbol{j}^+\boldsymbol{j}^-}\right]=\mathrm{j}k_0\int_{\partial\Omega_m^+}\boldsymbol{g}_m^+\cdot\left(\boldsymbol{g}_m^-\right)^{\mathrm{T}}\mathrm{d}S \tag{5.133}$$

以及

$$\left[\boldsymbol{D}_m^{\mathrm{e}^+\mathrm{e}^+}\right]\left\{E_m^+\right\}+\left[\boldsymbol{B}_m^{\mathrm{e}^+\boldsymbol{j}^+}\right]\left\{\overline{j}_m^+\right\}=\left[\boldsymbol{D}_m^{\mathrm{e}^+\mathrm{e}^-}\right]\left\{E_m^-\right\}+\left[\boldsymbol{B}_m^{\mathrm{e}^+\boldsymbol{j}^-}\right]\left\{\overline{j}_m^-\right\} \tag{5.134}$$

其中，

$$\left[\boldsymbol{D}_m^{\mathrm{e}^+\mathrm{e}^+}\right]=\mathrm{j}k_0\int_{\partial\Omega_m^+}\boldsymbol{N}_m^+\cdot\left(\boldsymbol{N}_m^+\right)^{\mathrm{T}}\mathrm{d}S \tag{5.135}$$

$$\left[\boldsymbol{B}_m^{\mathrm{e}^+\boldsymbol{j}^+}\right]=-\mathrm{j}k_0\int_{\partial\Omega_m^+}\boldsymbol{N}_m^+\cdot\left(\boldsymbol{g}_m^+\right)^{\mathrm{T}}\mathrm{d}S \tag{5.136}$$

$$\left[\boldsymbol{D}_m^{\mathrm{e}^+\mathrm{e}^-}\right]=\mathrm{j}k_0\int_{\partial\Omega_m^+}\boldsymbol{N}_m^+\cdot\left(\boldsymbol{N}_m^-\right)^{\mathrm{T}}\mathrm{d}S \tag{5.137}$$

$$\left[\boldsymbol{B}_m^{\mathrm{e}^+\boldsymbol{j}^-}\right]=\mathrm{j}k_0\int_{\partial\Omega_m^+}\boldsymbol{N}_m^+\cdot\left(\boldsymbol{g}_m^-\right)^{\mathrm{T}}\mathrm{d}S \tag{5.138}$$

最后，利用方程 (5.117)、方程 (5.123)、方程 (5.129) 和方程 (5.134)，组成如下 FE-BI 子区域中 BI 部分的矩阵方程 (5.139)。该方程可与方程 (5.115) 组成完整的 FE-BI 对称方程形式。

$$
\begin{bmatrix} \frac{1}{2}\boldsymbol{D}_m^{\boldsymbol{e}^+\boldsymbol{e}^-} & \frac{1}{2}\boldsymbol{B}_m^{\boldsymbol{e}^+\boldsymbol{j}^-} & -\frac{1}{2}\boldsymbol{D}_m^{\boldsymbol{e}^+\boldsymbol{e}^+}+\boldsymbol{Q}_m^{\boldsymbol{e}^+\boldsymbol{e}^+} & -\frac{1}{2}\boldsymbol{B}_m^{\boldsymbol{e}^+\boldsymbol{j}^+}+\boldsymbol{P}_m^{\boldsymbol{e}^+\boldsymbol{j}} \\ \frac{1}{2}\boldsymbol{B}_m^{\boldsymbol{j}^+\boldsymbol{e}^-} & \frac{1}{2}\boldsymbol{D}_m^{\boldsymbol{j}^+\boldsymbol{j}^-} & -\frac{1}{2}\boldsymbol{B}_m^{\boldsymbol{j}^+\boldsymbol{e}^+}+\boldsymbol{P}_m^{\boldsymbol{j}^+\boldsymbol{e}^+} & -\frac{1}{2}\boldsymbol{D}_m^{\boldsymbol{j}^+\boldsymbol{j}^+}+\boldsymbol{Q}_m^{\boldsymbol{j}^+\boldsymbol{j}^+} \end{bmatrix} \begin{Bmatrix} E_m^- \\ \bar{j}_m^- \\ e_m^+ \\ \bar{j}_m^+ \end{Bmatrix}
+\sum_{n\neq m}\begin{bmatrix} \boldsymbol{Q}_{m,n}^{\boldsymbol{e}^+\boldsymbol{e}^+} & \boldsymbol{P}_{m,n}^{\boldsymbol{e}^+\boldsymbol{j}^+} \\ \boldsymbol{P}_{m,n}^{\boldsymbol{j}^+\boldsymbol{e}^+} & \boldsymbol{Q}_{m,n}^{\boldsymbol{j}^+\boldsymbol{j}^+} \end{bmatrix}\begin{Bmatrix} e_m^+ \\ \bar{j}_m^+ \end{Bmatrix}=\begin{Bmatrix} b_m^{\boldsymbol{e}^+} \\ b_m^{\boldsymbol{j}^+} \end{Bmatrix} \tag{5.139}
$$

5.3.3 区域分解合元极离散方程求解

方程 (5.115) 和方程 (5.139) 联立组成 FE-BI 子区域的完备方程，将所有 FE-BI 子区域完备方程累加便获得最终完全区域分解合元极方法的离散方程。为了清晰起见，写成下面的紧凑形式：

$$
\begin{bmatrix} \boldsymbol{A}_1 & \cdots & \boldsymbol{C}_{1m} & \cdots & \boldsymbol{C}_{1N} \\ \vdots & \ddots & & & \\ \boldsymbol{C}_{m1} & & \boldsymbol{A}_m & & \\ \vdots & & & \ddots & \\ \boldsymbol{C}_{N1} & & & & \boldsymbol{A}_N \end{bmatrix} \begin{Bmatrix} \boldsymbol{x}_1 \\ \vdots \\ \boldsymbol{x}_m \\ \vdots \\ \boldsymbol{x}_N \end{Bmatrix} = \begin{Bmatrix} \boldsymbol{b}_1 \\ \vdots \\ \boldsymbol{b}_m \\ \vdots \\ \boldsymbol{b}_N \end{Bmatrix} \tag{5.140}
$$

式中，$[A_m]$ 表示第 m 个 FE-BI 子区域的矩阵，$[C_{mn}]$ 表示两个不同 FE-BI 子区域的耦合矩阵。数值实验表明，上述矩阵方程 (5.140)，在用子区域块对角预处理之后有着很好的收敛性。

5.3.4 数值算例

下面用数值实验来展示完全型区域分解合元极 (GA-DD-FEBI) 方法的数值性能。首先，计算一个球形介质目标和单极子天线，以验证该方法精度。随后，对该方法的收敛性和可扩展性进行研究。最后，通过计算现实中人们感兴趣的电磁问题来展示它的计算能力。

我们尝试采用广义共轭余量 (generalized conjugate redidual, GCR) 迭代求解器来求解方程 (5.140)，并采用多层快速多极子算法加速边界积分方程所涉及的稠密矩阵和矢量的相乘运算。此外，本书采用灵活且稳定的多波前并行稀疏矩阵直接求解器 (multifrontal massively parallel sparse directly solver, MUMPS) 计算块预处理矩阵的逆。在子区域比较大的情况下，子区域矩阵的逆也可以通过迭代方法获得。所有的数值实验是在一个具有两个 Intel Xeon E5-2660 处理器和 256GB 内存的工作站上实现的。

1. 均匀介质球散射

首先，以一个均匀介质球的散射问题对本章提出的非共形完全型区域分解合元极方法的准确性进行验证。这个介质球的半径为 1.0m，相对介电常数为 2.0。平面波的频率为 0.3GHz。我们首先采用尺寸为 $h = \lambda_0/20$ 的四面体网格对介质球进行离散，然后将产生的四面体网格分别分解为 8、12 和 16 个均匀子区域后，采用本章提出的区域分解合元极方法进行计算。图 5-21 展示了本章所提出方法获得的双站 RCS 与 Mie 级数展开的解析法计算结果的对比情况。显然，在不同区域划分的情况下本章所提方法得到的数值结果与理论解都吻合得非常好，有力地证明了该方法的正确性。

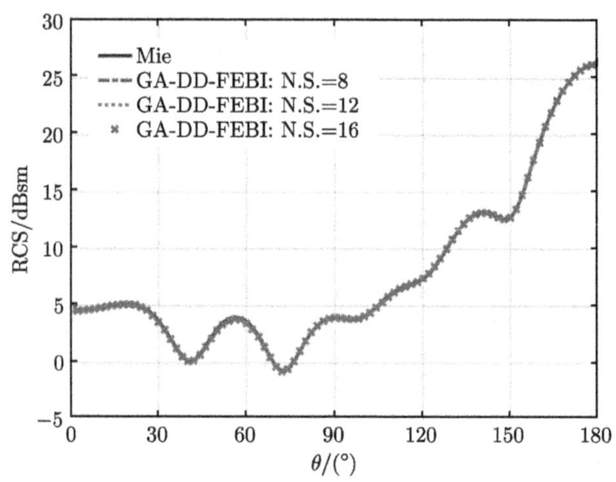

图 5-21　一个均匀介质球的 VV 极化双站 RCS(后附彩图)

N.S. 表示子区域数目

2. 两个单极子天线辐射

接着，以安装于金属板上的两个单极子天线辐射问题为例，进一步验证该非共形完全型区域分解合元极方法的正确性。该目标模型如图 5-22(a) 所示，其中虚线为边界积分截断面，两个单极子的详细结构如图 5-22(b) 所示，具体尺寸见表 5-3。

为了使用本章方法进行计算，将该目标沿金属板长边平均分成两个区域，每个区域包含一个天线。对于任意一个子区域，内部有限元大部分采用平均边长为 5mm 的四面体进行剖分，同轴部分采用自适应的剖分，外部边界积分面采用平均边长为

10mm 的三角形进行剖分，最后四面体和三角形数量分别为 607379 和 19042。图 5-23 展示出了两个子区域和它们边界积分面上的网格。在馈电截面上采用波导边界条件[16,17] 对长单极子进行激励，而短单极子进行接收。工作频率 1~3GHz，等间隔采用 31 个频点进行仿真。经过本章方法计算所得的长单极子的 $S11$ 与短单极子的 $S12$ 随频率的变化曲线如图 5-24 所示，并与文献[18]给出的测量值进行了对比。显然，本章所提方法的计算结果与测量值吻合得很好，再次验证了其正确性。

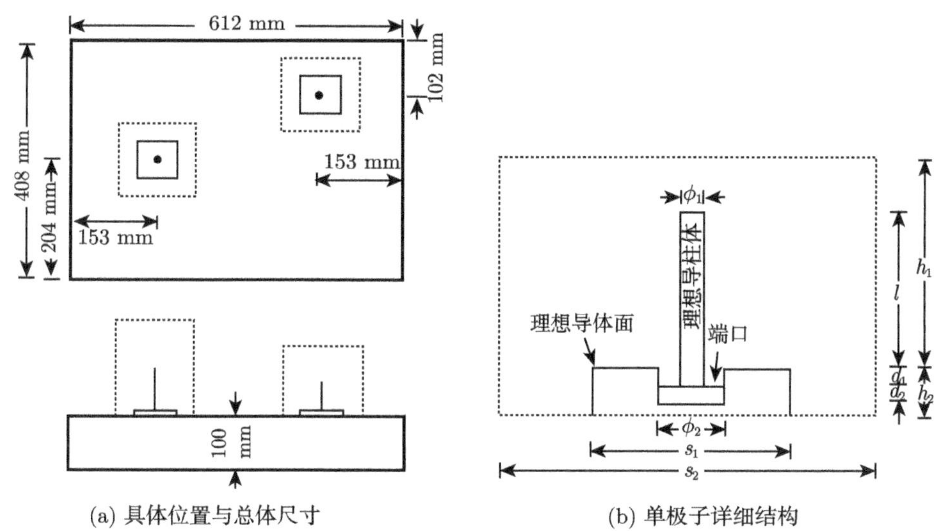

(a) 具体位置与总体尺寸　　(b) 单极子详细结构

图 5-22 安装于金属板上的两个单极子天线

表 5-3 长短两个单极子天线的尺寸表

符号	长单极子	短单极子
ϕ_1	1.5748 mm	1.5748 mm
ϕ_2	3.6270 mm	3.6270 mm
s_1	60.0 mm	60.0 mm
s_2	96.0 mm	96.0 mm
l	127.5 mm	76.5 mm
d_1	1.25 mm	1.25 mm
d_2	1.25 mm	1.25 mm
h_1	153.0 mm	91.8 mm
h_2	3.75 mm	3.75 mm

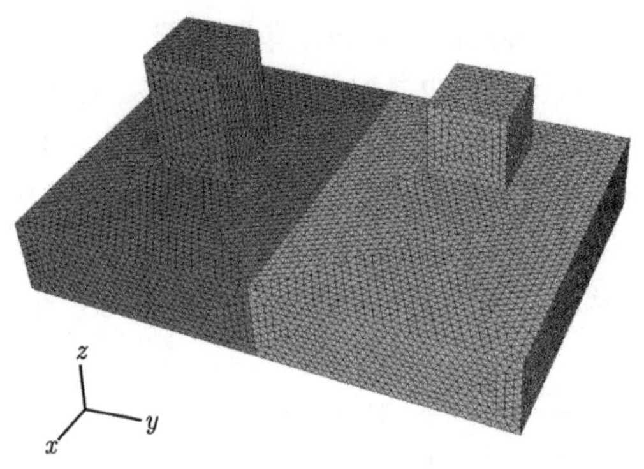

图 5-23　安装于金属板上的两个单极子天线模型分解为两个子区域

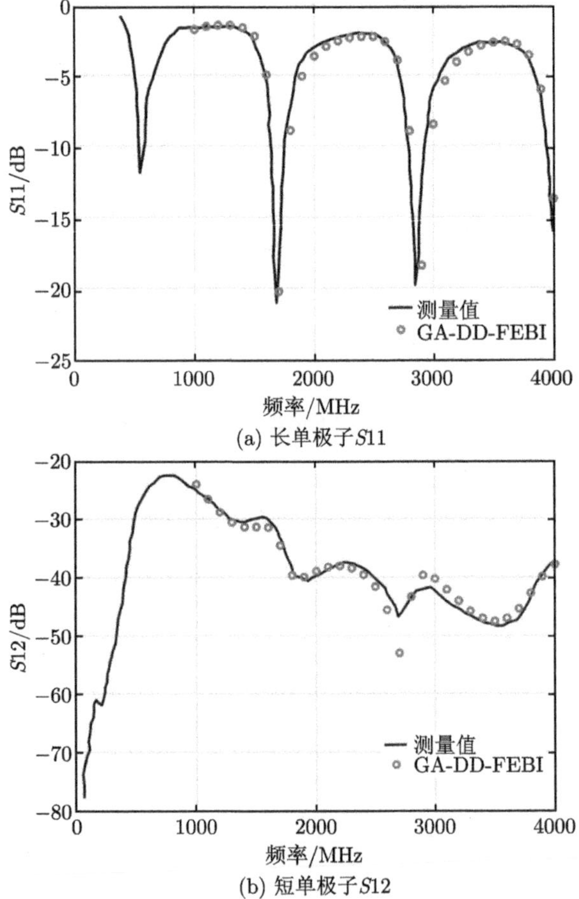

(a) 长单极子 $S11$

(b) 短单极子 $S12$

图 5-24　安装于金属板上的两个单极子天线的 S 参数

3. 均匀介质立方块散射

下面将上述非共形完全型区域分解合元极方法与其他两种方法进行对比，来进一步展示非共形完全型区域分解合元极方法的特点。用来作为参照的两种方法分别是：将有限元和边界元矩阵分别求逆作为 FE-BI 矩阵预处理的方法 (DDB-FEBI) 和文献[14]，[15]提出的非共形 FETI-DP 型区域分解合元极方法 (FETIDP-FEBI)。分别使用这三种方法计算一个边长为 1.0m、介电常数为 2.0 的均匀介质立方块的双站散射。入射平面波的频率为 0.3GHz，入射角度为 $\theta = 0°$、$\phi = 0°$。在所有方法中，网格的平均尺寸为 $h = \lambda_0/20$。

对于 GA-DD-FEBI，将整个目标采用横截面分解为 8 个相同大小的 FE-BI 子区域。对于 FETIDP-FEBI，将整个目标分解为一个外部 BI 区域和 8 个相同大小的内部 FE 区域。对于 DDB-FEBI 方法，只是将整个目标分解为一个外部 BI 区域和一个内部 FE 区域。为了直观起见，不同方法的区域分解策略由图 5-25 展示。

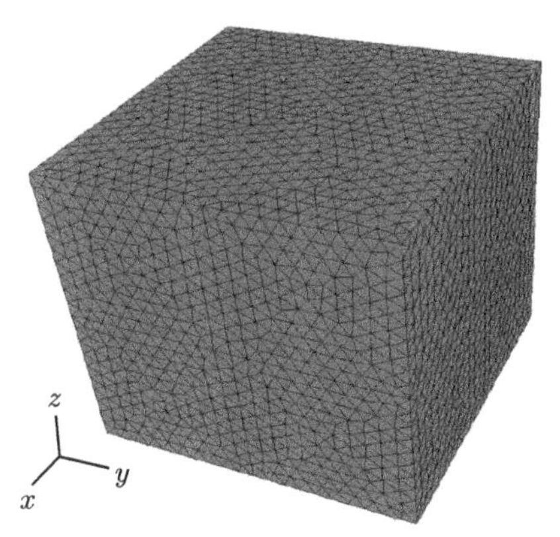

(a) DDB-FEBI, FE 部分

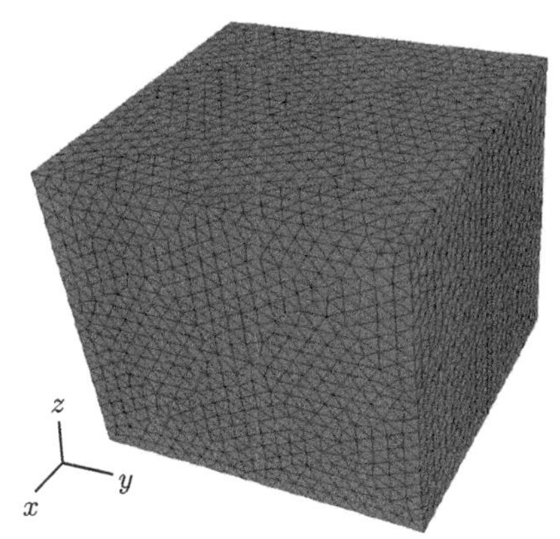

(b) DDB-FEBI, BI 部分

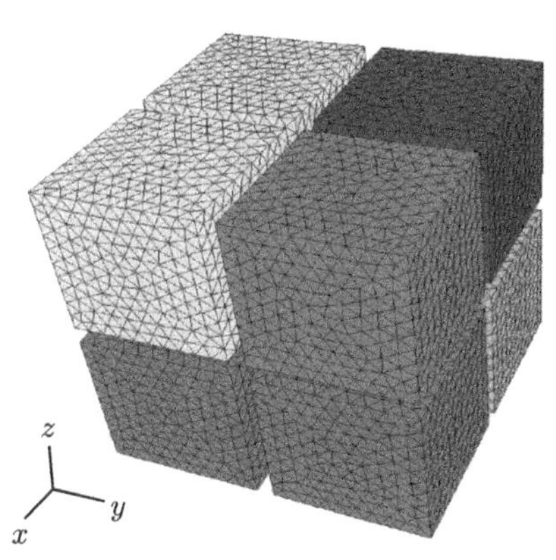

(c) FETIDP-FEBI, FE 部分

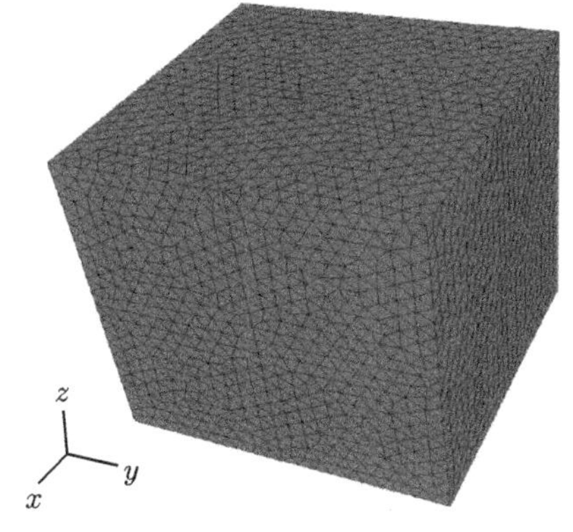

(d) FETIDP-FEBI, BI 部分

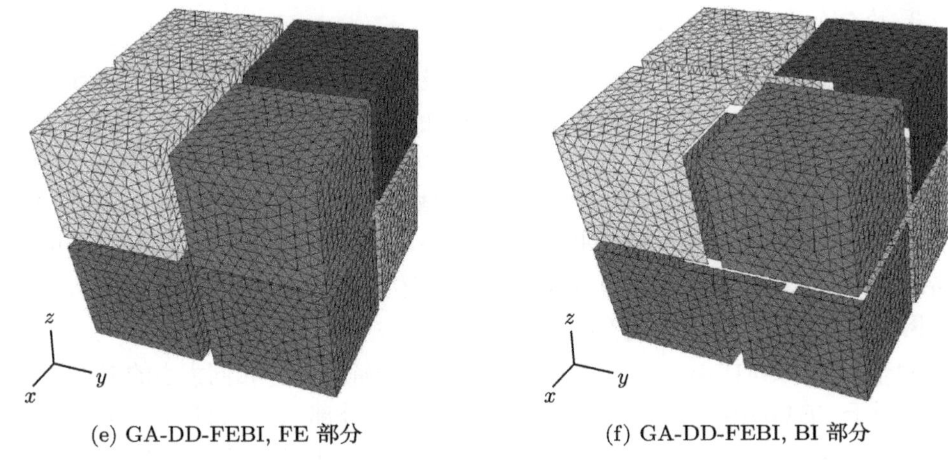

(e) GA-DD-FEBI, FE 部分　　　　(f) GA-DD-FEBI, BI 部分

图 5-25　不同区域分解合元极方法的区域分解策略 (后附彩图)

上述三种方法计算所得的双站 RCS 如图 5-26 所示，它们在计算过程中的收敛曲线如图 5-27 所示。另外，它们在计算过程中的主要资源使用情况列于表 5-4 中。从图 5-26 可以看出，三种不同方法计算所得的结果非常吻合。图 5-27 表明，GA-DD-FEBI 方法的收敛性远好于 FETIDP-FEBI 方法，并且几乎与 DDB-FEBI 方法的收敛相当。此外，表 5-4 表明 GA-DD-FEBI 方法的内存和时间消耗要比 DDB-FEBI 方法少很多。

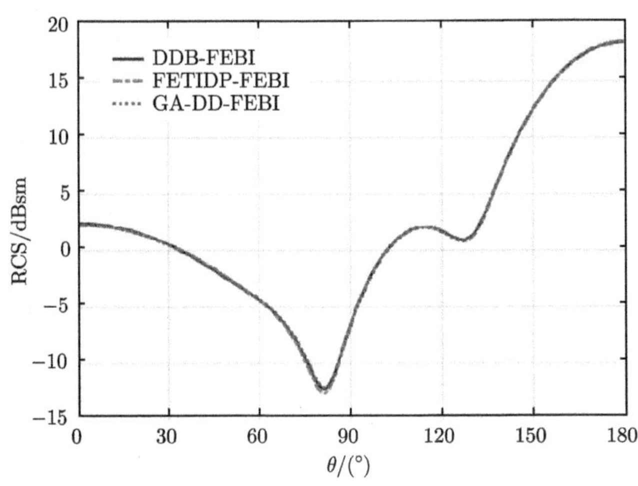

图 5-26　一个介质立方块在 x-z 平面上的 HH 极化双站 RCS

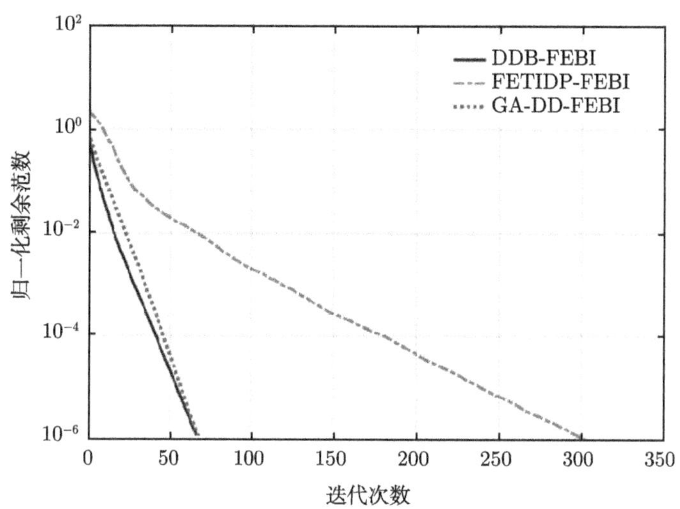

图 5-27 不同区域分解合元极方法计算一个介质立方块时的收敛曲线

表 5-4 不同方法在计算一个介质立方块散射时的资源消耗情况

方法	未知数 (FE/BI)	迭代步数	最大内存消耗/GB	计算总时间/s
DDB-FEBI	95 754/16 656	69	15.95	379
FETIDP-FEBI	100 784/16 560	304	1.09	267
GA-DD-FEBI	113 272/17 040	69	4.34	131

4. 均匀介质涂敷球散射

下面，通过不同尺寸的均匀介质涂覆球的散射问题，进一步研究该非共形完全型区域分解合元极方法相对于问题规模的可扩展性，主要从迭代收敛性、计算时间和内存消耗三方面进行考量。涂覆球的涂覆厚度保持 0.1m，相对介电常数为 2.0。内部金属球的半径从 0.5m、1.0m、2.0m 增加到 3.0m。将介质部分采用平均边长为 $h=\lambda_0/20$ 的四面体网格进行剖分，随后将四个不同尺寸目标的四面体网格分别分解为 2、8、32 和 72 个子区域。平面波的频率为 0.3GHz，从 $\theta=0^\circ$、$\phi=0^\circ$ 入射。

该非共形完全型区域分解合元极方法对于不同涂覆球的迭代收敛曲线绘于图 5-28。图 5-28 表明，该方法随着问题规模的增大，所需迭代步数增加得很少，迭代收敛性没有明显变化。此外，如图 5-29(a) 所示，自动区域分解技术会导致不规则的子区域交界面和交界轮廓，这会给区域分解方法的计算带来不小的难度。但是，通过将该方法计算获得的表面电磁流分别绘于图 5-29(b) 和图 5-29(c) 中，我们可以看到在子区域交界处的电磁流具有正确的法向连续性，有力地证明了该非共形完全型区域分解合元极方法的稳定性和有效性。

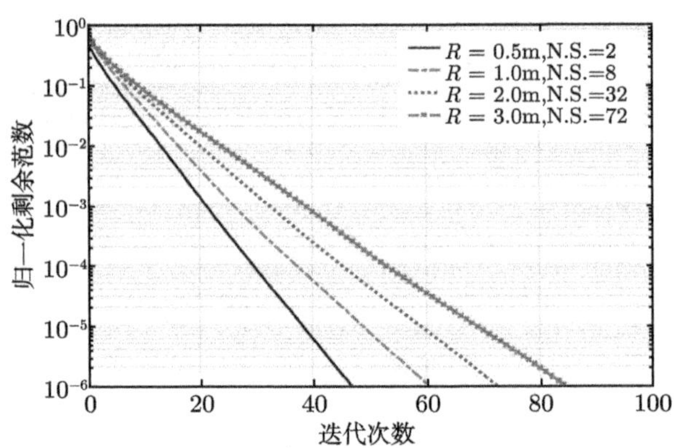

图 5-28　非共形完全型区域分解合元极方法对于不同尺寸涂覆球的收敛曲线

R 为内部金属球的半径；N.S. 为子区域数目

(a) 区域分解　　(b) 表面电流分布　　(c) 表面磁流分布

图 5-29　被分解为 32 个子区域的半径为 $2\lambda_0$ 的涂覆球的电磁散射结果

此外，我们通过迭代步数、内存消耗和计算时间随问题规模增大的增长率，如图 5-30 所示，对该方法的计算复杂度进行测试。在图 5-30 中，当子区域的尺寸一

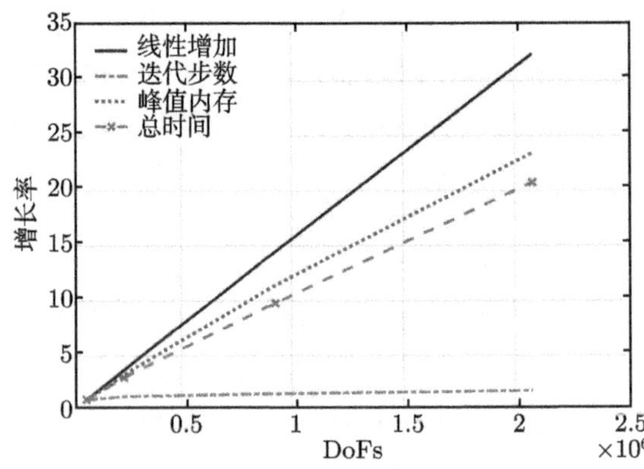

图 5-30　迭代步数、内存消耗和计算时间随问题规模增大的变化曲线

定时，所需内存和计算时间相对于问题规模的增大是呈线性增长的。值得注意的是，第一个点处是半径为 0.5m 的涂覆球，由于目标电尺寸较小，BI 部分的计算消耗主要取决于近场满阵，MLFMA 的作用不那么明显，所以导致内存消耗和计算时间曲线在后面出现稍微转折。这个测试表明，本章提出的非共形完全型区域分解合元极方法具有类似线性的计算复杂度，具有计算电大目标的计算潜力。

5. 狭缝型频率选择表面散射

下面，将使用该非共形完全型区域分解合元极方法计算人们感兴趣的现实电磁问题，来展示其计算能力。首先考虑的目标是经常在电磁工程中被用于反射或吸收某种频率下电磁波的频率选择表面 (frequency selective surface, FSS)。本次实验将考虑一个大规模埋于多层介质中的狭缝型 FSS 阵列在平面波照射下的散射问题。该狭缝型 FSS 单元的几何结构和材料配置如图 5-31(a) 所示，在无限大阵列情

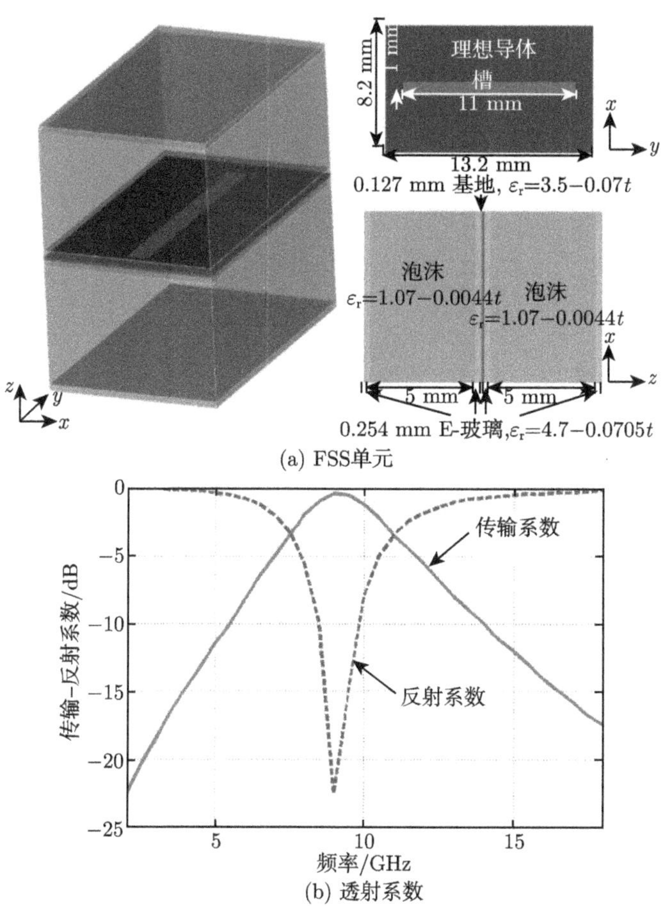

图 5-31　狭缝型 FSS 单元的几何结构、材料配置和透射系数

况下的透射系数如图 5-31(b) 所示。图 5-31(b) 表明该 FSS 的谐振频率为 9.0GHz，可认为是一个带通滤波器。

我们考虑的 FSS 阵列规模为 45×30。得益于该模型的周期性，这 1350 个 FSS 单元可以归类为 9 种不同的 FE-BI 特征子区域，如图 5-32 所示。图中灰色代表内部的 FE 区域，蓝色代表外部的 BI 区域。我们只需将这 9 种特征子区域进行剖分，然后根据周期性将它们聚集获得整个计算区域的网格。特别地，这种利用特征子区域的方式已经在区域分解有限元方法中采用，但这是第一次可以应用于合元极方法中。此外，利用该方法非共形的特点，子区域 FE 部分和 BI 部分进行单独剖分。FE 部分的网格尺寸为 $h=\lambda_0/34$，BI 部分的网格尺寸为 $h=\lambda_0/16$。

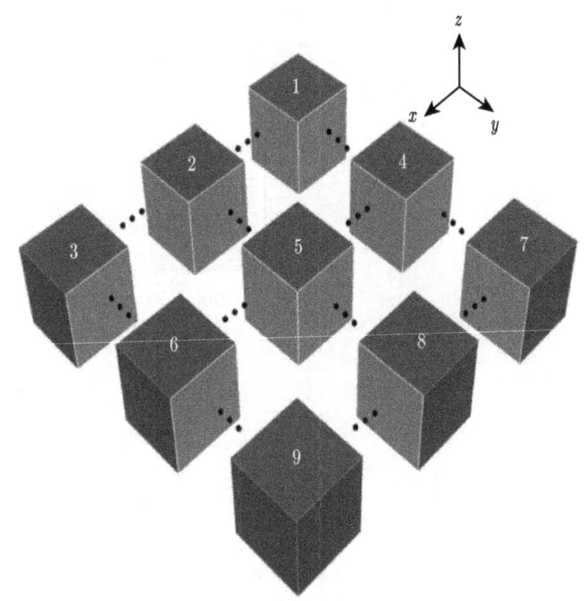

图 5-32　大规模 FSS 二维阵列中 9 种不同的 FE-BI 特征子区域 (后附彩图)

平面波的入射角度为 $\theta=0°$、$\phi=0°$，电场沿 $\hat{x}$ 方向。为了研究该 FSS 的频选特性，我们将考虑两个频率：9.0GHz 和 15.0GHz。另外，我们还计算一个金属平板作为参考，即将 FSS 中的狭缝用 PEC 填满。在具体计算时，以一个 3×2 的小阵列作为一个子区域，因此一共获得 225 个 FE-BI 子区域。非共形完全型区域分解合元极方法计算过程中的详细计算信息列于表 5-5 中。对于所有的计算，该方法的计算资源消耗比较适中，而且只需很少的迭代步数便可以收敛到 10^{-3}。通过该方法计算获得的金属平板和狭缝型 FSS 阵列在两个频率下的双站 RCS 如图 5-33。显然，计算结果完全符合 FSS 在不同频率下的物理现象：在 9.0GHz 时透射，而在 15.0GHz 时反射。

表 5-5 非共形完全型区域分解合元极方法在计算大规模 FSS 阵列和金属板时的计算信息

频率/GHz	目标	阵列规模	子区域数目	未知数 (FE/BI)	迭代步数	消耗内存 /GB	计算时间 /hh:mm:ss
9.0	金属平板	45 × 30	255	23 770 481/	63	40.60	01:25:30
	FSS			527 292	48		01:08:16
15.0	金属平板	45 × 30	255	76 539 278/	57	190.30	12:18:45
	FSS			1 409 928	59		12:33:52

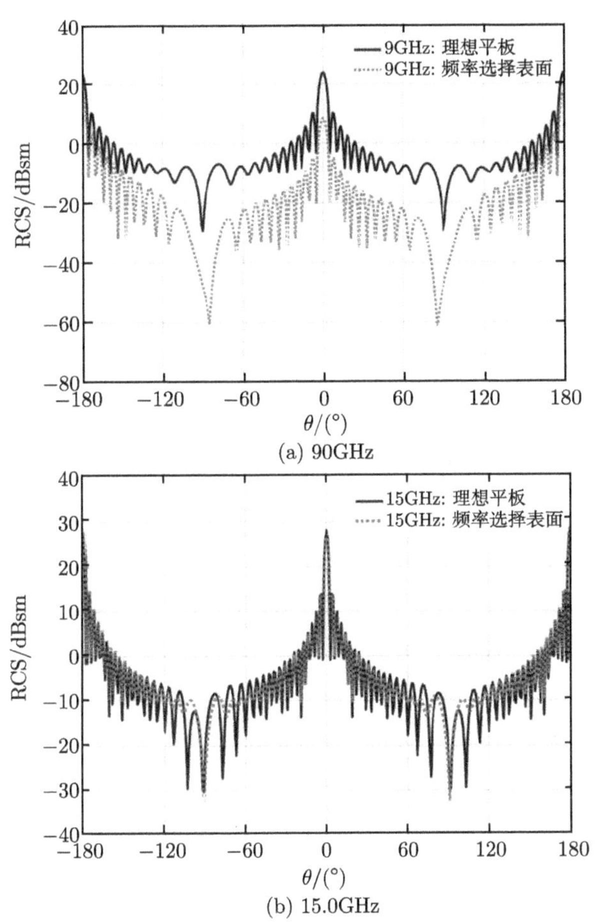

(a) 90GHz

(b) 15.0GHz

图 5-33 规模为 45 × 30 的金属平板和狭缝型 FSS 阵列在 x-z 平面上的 VV 极化双站 RCS

6. Vivaldi 阵列天线内嵌在 FSS 天线罩下的辐射

最后，我们通过分析一个 Vivaldi 天线阵列在内部嵌有环形 FSS 的天线罩下的辐射特性，来展示本章提出的非共形完全型区域分解合元极方法的现实应用性。具有 10 × 10 单元的 Vivaldi 天线阵列与一个嵌有环形 FSS 的半圆形天线罩的结构和尺寸如图 5-34 所示。Vivaldi 天线单元的厚度为 1.58mm，馈电同轴的内半径为 0.25mm，外半径为 0.575mm，采用文献[16] 和 [17]提出的波导馈电模型进行激励。天线单元在 $\hat{x}$ 轴方向上的间距为 9.2mm。天线罩材料的介电常数为 2.0。天线的工作频率分别设为 6.0 GHz 和 7.9 GHz。

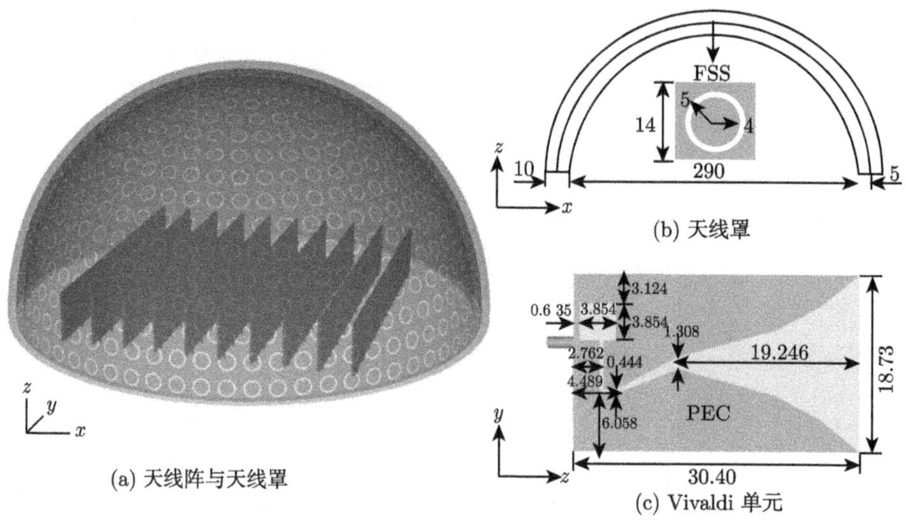

图 5-34　Vivaldi 阵列天线与复合天线罩的结构和具体尺寸 (单位: mm)

在该算例中，我们采用两种区域分解方式：使用基于图形学的 METIS 分解天线罩，使用基于几何形状的方式分解具有周期性特点的天线阵列。天线罩首先使用四面体进行整体剖分，然后将所有四面体分解为 60 个子区域。Vivaldi 天线阵列则采用 9 种特征子区域来聚合成 100 个子区域。网格的平均边长均为 $h = \lambda_0/20$。

表 5-6　非共形完全型区域分解合元极方法在计算天线罩和 Vivaldi 天线阵列时的计算信息

频率/GHz	目标	未知数 (FE/BI)	迭代步数	消耗内存/GB	计算时间 /hh:mm:ss
6.0	单独天线	2 954 332/136 014	58	11.75	00:16:13
	天线和天线罩	7 545 091/488 036	195	180.37	07:17:41
7.9	单独天线	2 954 332/136 014	62	8.17	00:14:22
	天线和天线罩	7 545 091/488 036	177	180.94	07:14:57

为了进行对比，我们还计算了单独的天线阵列。在计算过程中，迭代求解器的截断容差设为 10^{-3}。表 5-6 列出了计算过程中的详细计算信息。我们可以看到，在具有天线罩的情况下迭代步数符合预期增加，这主要是由天线阵列和天线罩的相互作用以及子区域的尺寸较小引起的。在不同频率下，单独的 Vivaldi 天线阵列和在嵌有环形 FSS 的天线罩覆盖下的天线阵列的方向性增益在图 5-35 中进行比

较。在透射频率为 7.9 GHz 时，天线罩几乎没有改变该天线的辐射模式，但是在 6.0 GHz 时，可以明显看出天线罩对辐射波的反射作用。

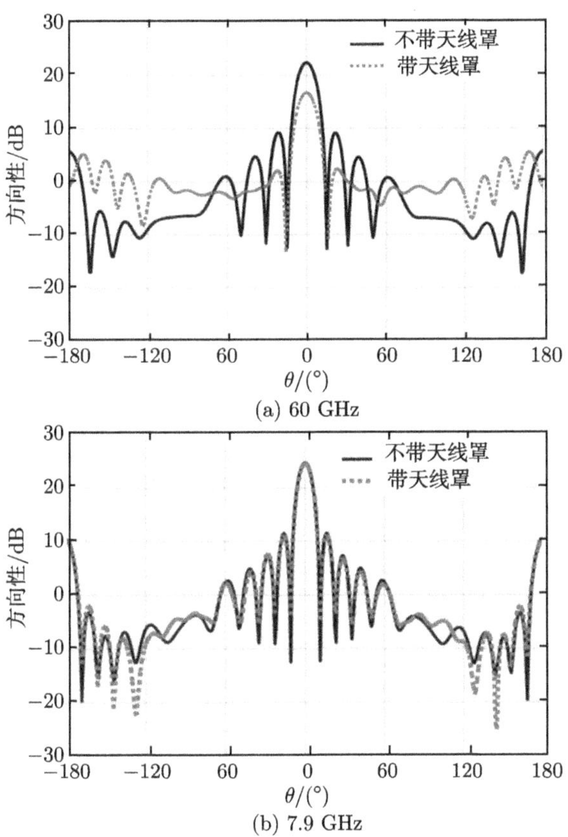

(a) 60 GHz

(b) 7.9 GHz

图 5-35 单独 Vivaldi 天线阵列和其在复合天线罩覆盖下在 x-z 平面上的方向性增益

问 题

1. 依据 5.1.1 小节讲述的混合有限元和物理光学方法，编写一个程序，计算一个带腔金属体的雷达散射截面。

2. 在上述问题中，比较一下用互易原理和用半空间格林函数计算远场的误差。

3. 本章 5.2.2 小节讲述了混合电磁积分方程与磁场积分方程方法。研究影响这个混合方法收敛速度的因素。

4. 本章 5.2.3 小节讲述了混合有限元和多模式匹配方法。考虑影响该方法精度的因素。试提出一种控制该方法精度的方法。

参考文献

[1] Thiele G A, Newhouse T H. A hybrid technique for combining moment methods with the geometrical theory of diffraction[J]. IEEE Trans. Antennas Propagat, 1975, 23(1): 62～69.

[2] Jin J M, Ni S S, Lee S W. Hybridization of SBR and FEM for scattering by large bodies with cracks and cavities[J]. IEEE Trans. Antennas Propagat, 1995, 43(10): 1130～1139.

[3] Jin J M, Ling F, Carolan S, et al. A hybrid SBR/MoM for analysis of scattering by small protrusion on a large conducting body[J]. IEEE Trans. Antennas Propagat, 1998, 46(9): 1349～1357.

[4] Sheng X Q, Jin J M. A hybrid FEM/SBR method to compute scattering by large bodies with small protruding scatterers[J]. Microwave Opt. Technol. Lett., 1997, 15(2): 78～84.

[5] Jakobus U, Landstorfer F M. Improved PO-MM hybrid formulation for scattering from three-dimensional perfectly conducting bodies of arbitrary shape[J]. IEEE Trans. Antennas Propagat, 1995. 43(2): 162～169.

[6] Sheng X Q, Jin J M, Song J M, et al. On the formulation of hybrid finite-element boundary-integral methods for 3D scattering[J]. IEEE Trans. Antennas Propagat, 1998, 46(3): 303～311.

[7] Sheng X Q, Yung E K N. Implementation and experiments of a hybrid algorithm of the MLFMA-enhanced FE-BI method for open-region inhomogeneous electromagnetic problems[J]. IEEE Trans. Antennas Propagat, 2002, AP-50(2): 163～167.

[8] Sheng X Q, Yung E K N. On the computing algorithms of the hybrid FEM/MLFMA[J]. Microwave Opt. Tech. Lett., 2002, 33(4): 265～268.

[9] Sheng X Q, Yung E K N, Chan C H, et al. Scattering from large bodies with cracks and cavities by fast and accurate hybrid finite-element boundary-integral method[J]. IEEE Trans. Antennas Propagat, 2000, 48(8): 1153～1160.

[10] Hodges R E, Rahmat-Sammi Y. An iterative current-based hybrid method for complex structures[J]. IEEE Trans. Antennas Propagat, 1997, AP-45(2): 265～276.

[11] Xu S J, Sheng X Q. Coupling of edge-element and mode-matching for multistep dielectric discontinuity in guiding structures[J]. IEEE Trans. Microwave Theory Tech., 1997, 45(2):284～287.

[12] 盛新庆, 徐善驾. 周期性结构的边缘元分析 [J]. 电子学报, 1997, 25(12): 70～73.

[13] Gao H W, Peng Z, Sheng X Q. A geometry-aware domain decomposition preconditioning for hybrid finite element-boundary integral method[J]. IEEE Transactions on Antennas and Propagation, 2017, 65(4): 1875～1885.

[14] Gao H W, Yang M L, Sheng X Q. Nonconformal FETI-DP domain decomposition methods for FE-BI-MLFMA[J]. IEEE Transactions on Antennas and Propagation, 2016,

64(8): 3521～3532.

[15] Yang M L, Gao H W, Sheng X Q. Parallel domain-decomposition-based algorithm of hybrid FE-BI-MLFMA method for 3-D scattering by large inhomogeneous objects[J]. IEEE Trans. Antennas Propagation, 2013, 61(9): 4675～4684.

[16] Liu J, Jin J M, Yung E K, et al. A fast, high order three-dimensional finite-element analysis of microwave waveguide devices[J]. Microw. Opt. Technol. Lett., 2002, 32(5): 344～352.

[17] Lou Z, Jin J M. An accurate waveguide port boundary condition for the time-domain finite-element method[J]. IEEE Trans. Microw. Theory Tech., 2005, 53(9): 3014～3023.

[18] Georgakopoulos S V, Balanis C A. Cosite interference between wire antennas on helicopter structures and rotormodulation effects: FDTD versus measurements[J]. IEEE Trans. Electromagn. Compat., 1999, 41(3): 221～233.

索　引

彩　　图

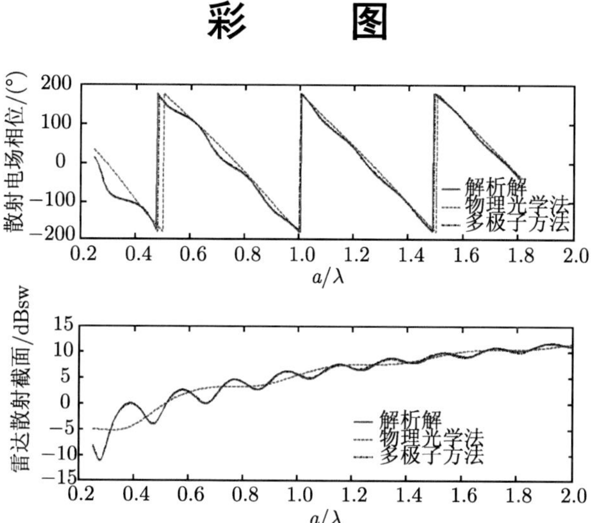

图 2-16　几种方法计算金属球散射场相位和幅值之比较

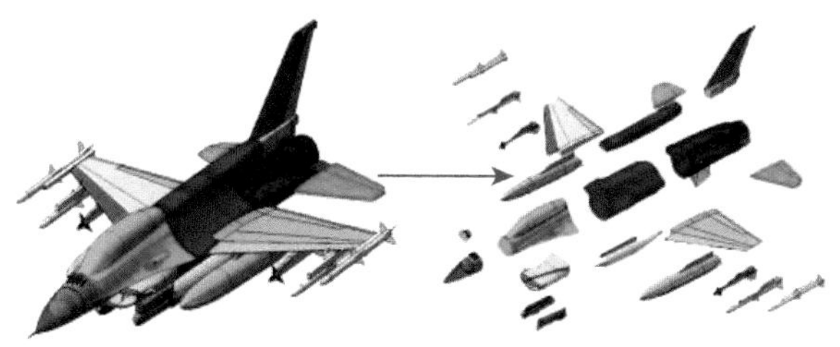

图 2-28　飞机结构分解示意图

图 2-29　多尺度模型 —— 带天线机翼

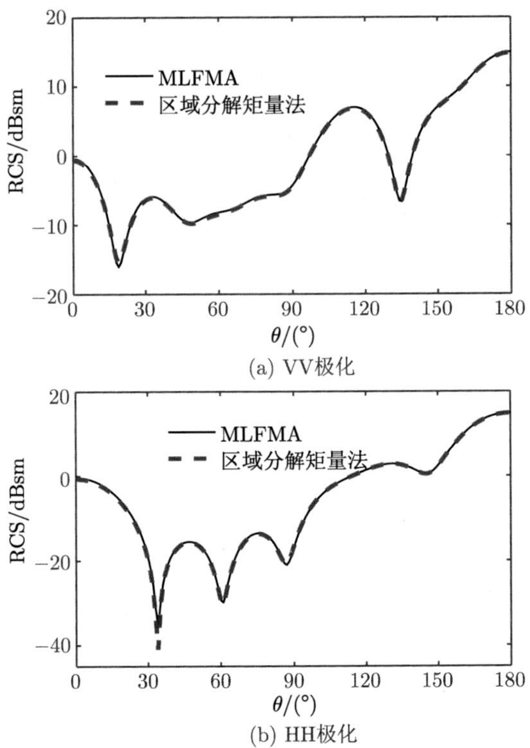

(a) VV极化

(b) HH极化

图 2-35　导体锥的双站 RCS

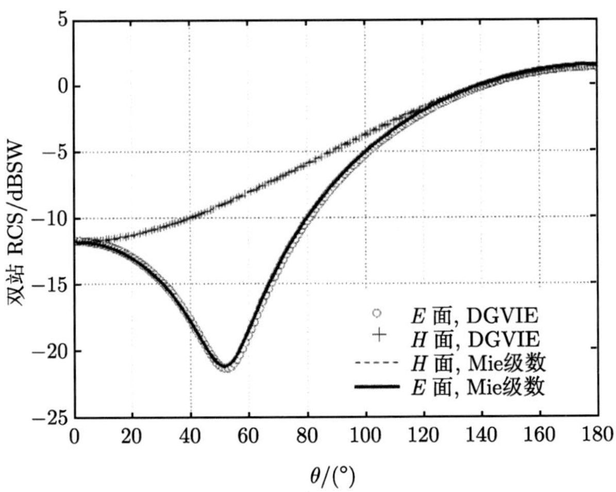

图 2-49　三层介质球的双站 RCS

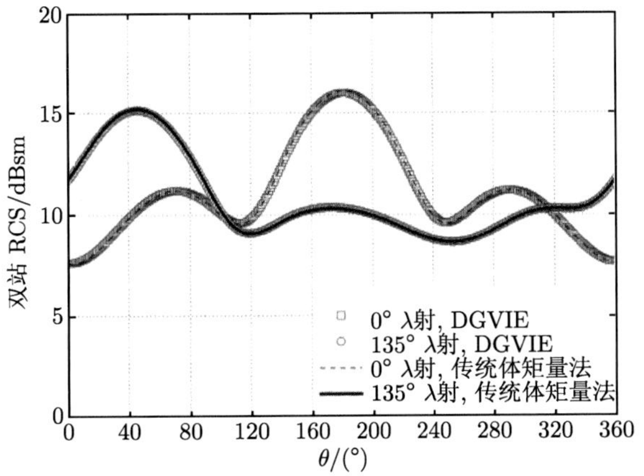

图 2-52　组合介质模型的双站 RCS

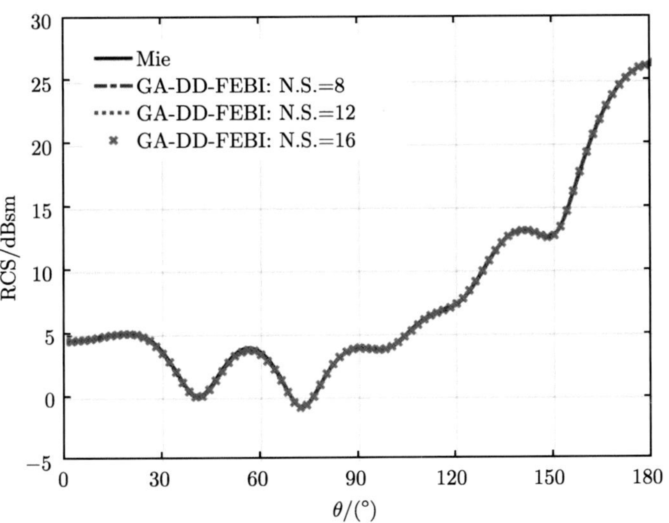

图 5-21　一个均匀介质球的 VV 极化双站 RCS

N.S. 表示子区域数目

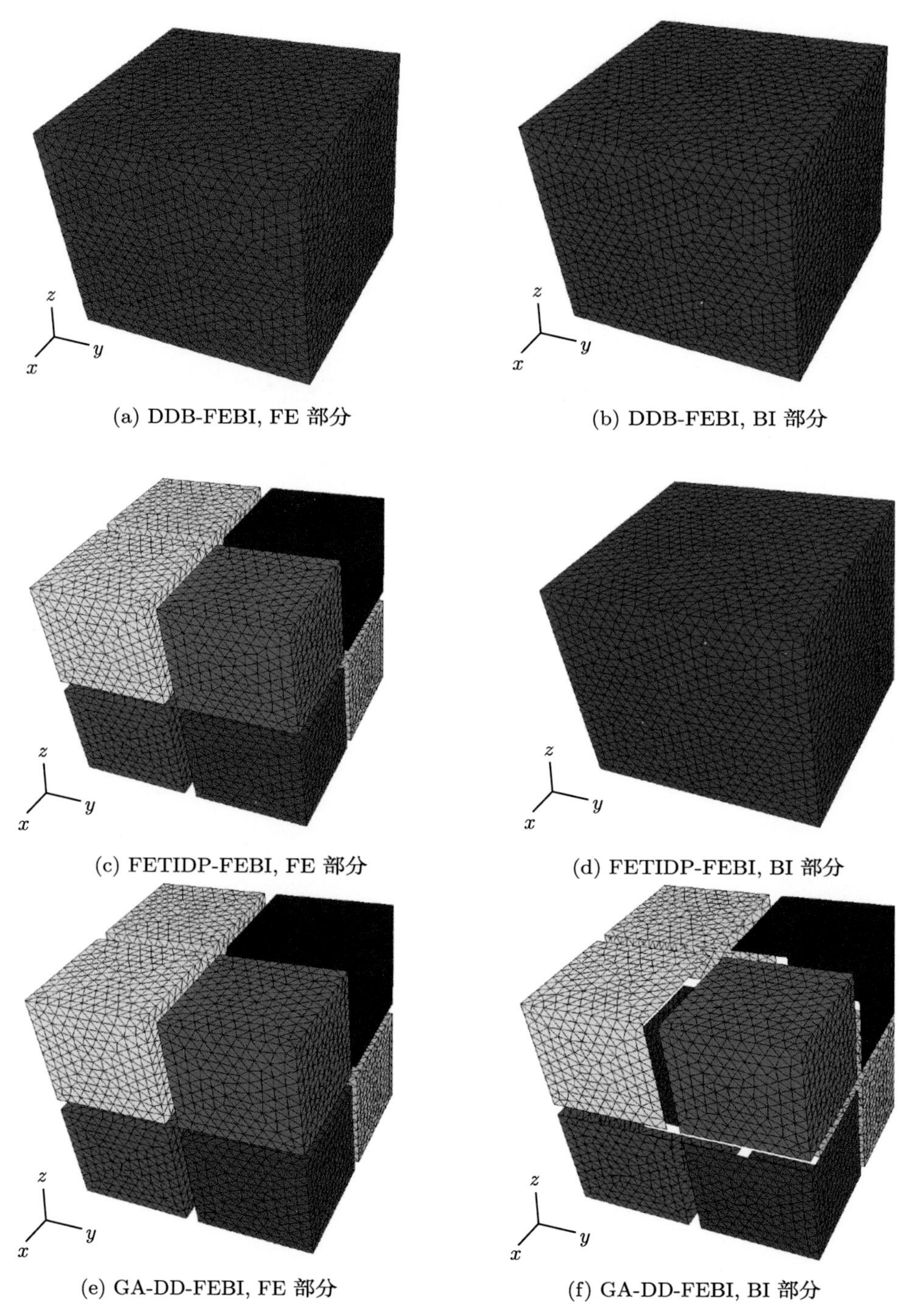

(a) DDB-FEBI, FE 部分

(b) DDB-FEBI, BI 部分

(c) FETIDP-FEBI, FE 部分

(d) FETIDP-FEBI, BI 部分

(e) GA-DD-FEBI, FE 部分

(f) GA-DD-FEBI, BI 部分

图 5.25　不同区域分解合元极方法的区域分解策略

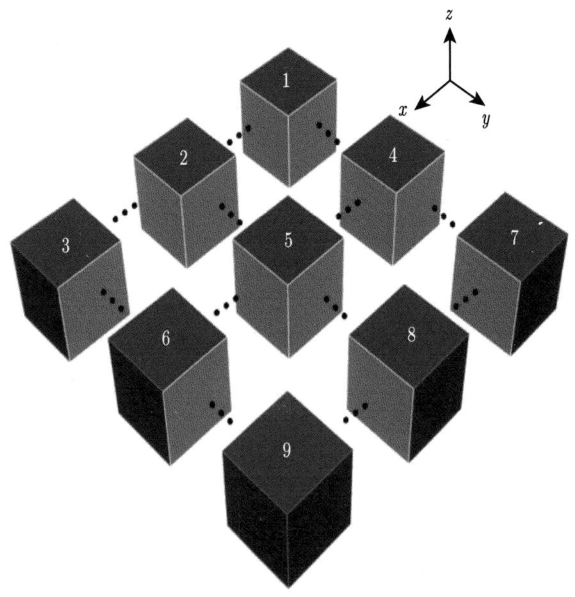

图 5-32　大规模 FSS 二维阵列中 9 种不同的 FE-BI 特征子区域